# Nutrition

# 알/기/쉬/운 영양학

윤동화 · 염걸 · 조희숙 · 김은주 · 정인철 공저

光文閣
www.kwangmoonkag.co.kr

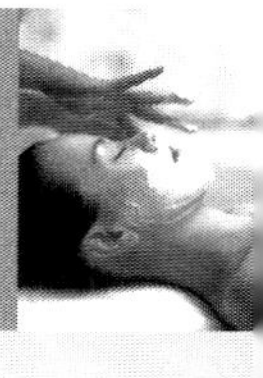

# 머리말

건강을 유지하는 것은 가정을 유지하고, 사회를 유지함으로써 국가를 유지할 수 있는 원동력이다. 우리가 매일 섭취하는 식품은 세 가지의 기능으로 분류하는데, 식품의 가장 중요한 제1의 기능은 생명을 유지하기 위하여 인체에 영양소를 공급하는 것이고, 제2의 기능은 인체의 감각기능을 충족시켜 줄 수 있는 기호성이다. 그리고 경제성장으로 인한 소득증대가 식품을 단순히 영양을 공급하고, 기호성이 우수한 것만으로는 부족하다는 소비자들의 욕구에 따라 식품 섭취로 인한 생체방어, 생체리듬의 조절, 질병 예방 및 회복 등의 생체 조절 기능을 충분히 발현할 수 있는 제3의 기능에 관심이 집중되고 있다. 그러나 건강 유지를 위한 영양 공급, 즉 제1의 기능이 불충분하다면 제2 및 3의 기능은 그 목적을 다할 수 없다.

우리나라는 과거에 비하여 물질적인 풍요와 열량 소비의 부족으로 영양 과잉 시대에 접어들었고, 이로 인한 비만, 고혈압, 당뇨병, 동맥경화증 같은 질병으로 인한 사망률이 증가하고 있다. 이러한 과다한 풍족함으로 인한 질병으로 사회적인 비용이 많이 들게 되었다. 그러나 아직 영양 부족으로 인하여 발생하는 질병, 그리고 기아에 의한 사망 등에서 벗어나지 못하는 나라들이 있다. 이러한 의미에서 영양학은 영양의 불균형에 의한 질병 및 사망에 따른 사회적 비용을 줄이고, 건강하면서 행복한 삶을 영위할 수 있는 기초 학문이면서, 인체의 기능을 다루는 생리학, 생화학, 보건학, 간호학, 의학, 약학 등에도 적용되는 가장 실용적인 학문이다.

이 책은 각 영양소에 대한 기초 지식과 함유 식품뿐만 아니라 비만관리를 위한 식이요법, 건강한 식생활을 통한 피부미용과 건강관리법에 대해서도 다루었으며, 5대 영양소인 탄수화물, 단백질, 지방, 비타민, 무기질의 기능, 체내대사, 과다증 및 결핍증, 급원식품 등을 학술논문, 인터넷 등을 참고하여 대학생들이 쉽게 이해할 수 있도록 저술하였으며, 아울러 영양소들이 그 기능과 대사를 할 수 있도록 보조 역할을 하는 물의 중요성과 기능에 대하여서도 언급하였다.

이 책이 출간되는데 많은 도움을 주신 광문각출판사 박정태 사장님과 임직원들께 진심으로 감사드리며, 아무쪼록 이 책을 통하여 영양에 관한 잘못된 인식을 바로잡고, 영양학을 기초 학문으로 하는 대학의 관련 학과 교재로 또한 건강 유지에 관심이 있는 분들에게 조금이라도 도움이 되었으면 한다.

2012년 8월

저자 일동

# 목차

# 목차

## 제9장 에너지대사 및 비만 …… 219



## 제10장 영양과 미용 …………… 247



## 제11장 기호식품과 영양 …… 277

CHAPTER 01

# 서론

## 1. 건강과 생명

### 1) 건강의 정의

세계보건기구(WHO, 1946)에 의하면 “건강이란 단지 질병이 없거나 허약하지 않은 상태를 뜻하는 것이 아니고 신체적, 정신적, 그리고 사회적으로 완전히 안정된 상태에 놓여있는 것”으로 정의하고 있다. 그리고 1957년에는 건강을 “유전적으로나 환경적으로 주어진 조건하에서 적절한 생체 기능을 나타내고 있는 상태”라고 하였다.

건강은 개인, 가정, 국가적 번영에 필요한 가장 기본이 되는 조건이다. 인간은 자신이 속해 있는 사회에서 활기찬 생활과 적극적인 노력으로 한 단계 발전하려는 욕구를 가지고 있는데, 이러한 욕구가 달성되기 의해서는 건강한 삶을 영위해야만 가능하다. 건강하게 살기 위해서는 질병의 원인을 파악하고 예방하는 노력이 필요하다. 질병은 유전적 요인과 환경적 요인에 의하여 발생하는데, 예방을 위해서는 환경적 요인을 개선시키는 것이 무엇보다 중요하다.

#### (1) 질병 발생 원인

**1** 영양 불균형에 의한 만성 질환

- 비만 : 영양 과잉
- 동맥경화 : 영양 불균형에 의한 혈관 이상
- 당뇨병 : 영양 불균형에 의한 췌장 기능 이상

- 심근경색 : 영양 불균형에 의한 심장 기능 이상
- 만성퇴행성 질환 : 영양 불균형에 의한 면역계 손상

**2** 스트레스에 의한 질병

몸의 외부에서 가해진 자극에 의하여 상해가 생기고, 이것을 막기 위한 반응들이 나타나는데 이것을 스트레스라 하며, 스트레스는 상해와 방어를 합한 것이다. 이러한 상해와 방어 반응이 반복적으로 나타나면 여러 호르몬의 분비가 조화를 이루지 못하게 되고, 이것으로 인한 질병이 발생한다.

- 스트레스에 의한 질병 : 류머티즘, 고혈압, 당뇨병, 신장염, 위궤양, 심장병, 간장병, 신경장애 등
- 스트레스 완화 영양소 : 비타민 C 및 $B_1$, 칼슘, 불포화지방산 등

**3** 음주에 의한 질병

소량의 음주는 소화를 촉진하고 심장질환을 예방하는 효과가 있는 것으로 알려져 있지만, 장기간 과음을 하게 되면 각종 성인병의 원인이 된다.

- 음주에 의한 질병 : 혈압상승, 동맥경화, 고지혈증, 간경화, 간암 등

**4** 흡연에 의한 질병

담배 연기에는 많은 양의 니코틴, 타르, 일산화탄소, 암모니아 등을 포함한 100여 종의 독성물질이 함유되어 있고, 이중 12종은 치명적인 발암물질인 것으로 알려져 있으며, 흡연 시 비타민 C의 손실이 많아지기 때문에 질병이 발생하기 쉽다.

- 흡연에 의한 질병 : 성장장애, 심근경색, 심장마비, 만성기관지염, 각종 호흡기 질환, 뇌졸중, 후두암, 폐암, 췌장암, 방광암, 전립선암 등

**5** 노화에 의한 질병

인간은 20~30세에 가장 왕성한 시기를 보내다가 30세 이후부터는 노화가 진행되는데 노화 현상은 세포의 기능이 상실되면서 나타난다. 노화를 방지하기 위해서는 대사 과정에서 생기는 DNA, 단백질, 지방의 산화적 손상을 줄이는 것이다.

- 노화방지 물질 : 비타민 E 및 C, 플라보노이드, 사포닌, 페놀화합물, 리놀레산 등

## 2) 평균수명

인간은 식품에 함유되어 있는 영양소를 통하여 생명과 건강을 유지하고 있다. 특히 평균수명이 2007년 현재 남자 74.4세, 여자 81.8세, 전체 평균 78.1세로 10년 전인 1997년에 비하여 남자는 3.8세, 여자는 3.7세, 전체 평균은 3.7세 증가되었고(표 1.1 참조), 더 건강하면서 오래 살 수 있는 방법은 무엇인가에 대한 고민은 과거나 현재, 미래에도 영원한 연구 과제가 될 것이다.

유엔인구기금(UNFPA)과 인구보건복지협회가 전 세계적으로 동시에 발표한 "2007 세계 인구 현황보고서"에 따르면 한국인 평균수명은 세계 순위가 남자는 30위, 여자는 18위로 조사되었다. 남자 세계 1위 평균수명 국가는 홍콩으로 79.2세이며, 여자는 일본으로 86.3세이고, 세계보건기구(WHO)의 "2007 세계보건통계(2005년 통계기준)"에 따르면 전체 평균수명이 가장 긴 나라는 일본으로 82.5세이며, 한국은 78.5세로 세계 26위를 한 것으로 보고하였다.

[표 1.1] 한국인의 평균수명

| 구분 | 1973 | 1983 | 1993 | 1995 | 1997 | 2000 | 2007 | 2010 | 2020 |
|---|---|---|---|---|---|---|---|---|---|
| 남 | 59.6 | 63.2 | 68.8 | 69.6 | 70.6 | 72.1 | 74.4 | 75.5 | 77.5 |
| 여 | 67.0 | 71.5 | 76.8 | 77.4 | 78 1 | 79.5 | 81.8 | 82.2 | 84.1 |
| 전체 | 63.1 | 67.1 | 72.8 | 73.5 | 74.4 | 75.9 | 78.1 | 78.8 | 80.8 |

자료 : 통계청(2007년)

OECD(경제협력개발기구) 가입 국가들의 건강과 관련된 자료를 표 1.2에서 보면, 평균수명, 영아 사망률, 암에 의한 사망률은 OECD 국가들의 평균과 비슷하지만 뇌혈관 질환에 의한 사망률은 인구 10만 명당 95.8명으로 OECD 평균 60.4명보다 월등히 높다. 그러나 허혈성 심질환에 의한 사망률은 OECD 평균이 인구 10만 명당 101.8명인데 비하여 우리나라는 34.9명으로 낮은 경향이었다.

그리고 과체중과 비만 인구 비율은 OECD 평균이 47.6%인데 비하여 한국은 30.5%로 OECD 평균을 하회하고 있어서 아직까지는 비만에 대하여 크게 우려를 하지 않아도 될 것으로 보인다. 그러나 경제성장으로 인한 육식 섭취가 빈번해 지면서 비만에 대한 대책을 마련하여야 하며, 어린이들의 'Junk Food' 섭취 과다로 인한 성격 변화, 성장장애, 잔병 다발 등에 대한 대책도 정부 차원에서 마련하여야 할 것이다.

[표 1.2] OECD Health Data

| 구분 | | OECD | 한국 | 최대국 | | 최소국 | |
|---|---|---|---|---|---|---|---|
| 건강상태 | 평균수명(년) | 78.6 | 78.5 | 82.0 | 일본 | 71.4 | 터키 |
| | 영아 사망률(출생 1000명당) | 5.4 | 5.3 | 23.6 | 터키 | 2.3 | 아이슬란드 |
| | 암에 의한 사망률(인구 10만 명당) | 170.6 | 162.3 | 244.8 | 헝가리 | 137.8 | 핀란드 |
| | 뇌혈관질환에 의한 사망률 | 60.4 | 95.8 | 129.5 | 헝가리 | 29.2 | 스위스 |
| | 허혈성심질환에 의한 사망률 | 101.8 | 34.9 | 266.8 | 슬로바키아 | 29.5 | 일본 |
| | 건강 상태가 양호하다는 생각(%) | 68.6 | 47.4 | 89.6 | 뉴질랜드 | 34.4 | 슬로바키아 |
| 보건의료자원 | 총 병상수(인구 1000명당) | 5.6 | 7.9 | 14.1 | 일본 | 1.7 | 멕시코 |
| | 활동 의사 | 3.0 | 1.6 | 4.9 | 그리스 | 1.5 | 터키 |
| | CT스캐너(인구 100만 명당) | 20.6 | 32.2 | 92.6 | 일본 | 3.4 | 멕시코 |
| | MRI장비 | 9.8 | 12.1 | 40.1 | 일본 | 1.3 | 멕시코 |
| | 의대 졸업자(인구 10만 명당) | 10.1 | 9.0 | 20.4 | 벨기에 | 5.5 | 캐나다 |
| 의료이용 | 의사의 외래진료(인구 1인당) | 6.8 | 11.8 | 13.8 | 일본 | 2.5 | 멕시코 |
| | 입원환자 1인당 평균 입원일(일) | 9.9 | 13.5 | 36.7 | 일본 | 4.0 | 멕시코 |
| | 생존 태아 천명당 제왕절개 건수 | 239.3 | 352.3 | 393.0 | 멕시코 | 136.4 | 네덜란드 |
| 보건의료비용 | 국민의료비 GDP 대비(%) | 9.0 | 6.0 | 15.3 | 미국 | 6.0 | 한국 |
| | 공공지출 비율(%) | 72.5 | 53.0 | 90.6 | 룩셈부르크 | 42.8 | 그리스 |
| | 가계지출 비율(%) | 19.3 | 27.3 | 31.9 | 멕시코 | 8.9 | 프랑스 |
| | 의약품 지출 비율(%) | 17.2 | 27.3 | 31.9 | 슬로바키아 | 8.9 | 룩셈부르크 |
| | 1인당 국민의료비 지출 | 2759.0 | 1318.0 | 6401 | 미국 | 586.0 | 터키 |
| 비의료 | 주류 소비량(1인당 ) | 9.5 | 8.1 | 15.5 | 룩셈부르크 | 1.3 | 터키 |
| | 흡연 인구 비율(%) | 24.3 | 25.3 | 38.6 | 그리스 | 15.9 | 스웨덴 |
| | 과체중과 비만 인구 비율(%) | 47.6 | 30.5 | 69.2 | 멕시코 | 23.3 | 일본 |

자료 : WHO "2007 세계보건통계(2005년 통계기준)"

Junk Food

즉석 식품, 햄버거, 피자, 콜라, 튀김 등 대부분의 인스턴트식품을 Junk Food라고 한다. 칼로리에 비하여 영양소가 부족한 음식으로 장기간 섭취할 경우 영양 불균형으로 인한 다양한 병적 증상이 유발된다. 특히 아동들의 경우 집중력 저하, 성격 변화, 성장장애, 장염, 감기 등의 잔병이 잘 발생한다.

### 3) 주요 사망 원인

식품을 통한 인간의 건강에 대한 욕구는 경제가 성장하고, 사회가 발전할수록 더욱 증가할 것이며, 건강을 유지하기 위해서는 적당한 운동 및 휴식, 필요한 영양소의 균형적인 공급이 있어야만 가능할 것이다. 그러나 최근의 식품 소비는 영양에 대한 이해 부족 또는 특정 영양분의 과용으로 균형이 있는 식사보다는 기호성에 치우친 식습관을 갖거나, 매스컴의 발달로 특정 식품이나 영양소의 오해에 의한 과잉 섭취가 오히려 건강을 해치게 되는 경우가 있다. 2007년 통계청 자료의 "2007년 사망 및 사망 원인 통계 결과(표 1.3 참조)"를 보면 악성 신생물(암)〉뇌혈관질환〉심장질환〉자살의 순으로 높았다. 십년 전과 비교해 보면 암, 뇌혈관 질환 및 심장질환은 사망 원인의 순위가 바뀌지 않았으나, 자살은 1997년도에 인구 10만 명당 14.1명에서 2007년에는 24.6명으로 크게 증가하여 사망 원인 4위를 차지했다. 그리고 당뇨병에 의한 사망은 10년 전보다 증가하였으나 간질환에 의한 사망은 감소하였다.

[표 1.3] 2007년 사망 및 사망 원인 통계결과

| 구분 | 1997년 | 2006년 | 2007년 |
|---|---|---|---|
| 1 | 암(112.7) | 암(134.8) | 암(137.5) |
| 2 | 뇌혈관 질환(73.1) | 뇌혈관질환(61.4) | 뇌혈관질환(59.6) |
| 3 | 심장질환(35.6) | 심장질환(41.9) | 심장질환(43.9) |
| 4 | 교통사고(33.3) | 당뇨병(23.7) | 자살(24.6) |
| 5 | 간질환(26.0) | 자살(23.0) | 당뇨병(22.9) |
| 6 | 당뇨병(18.8) | 교통사고(16.0) | 교통사고(15.5) |
| 7 | 만성하기도 질환(13.5) | 간질환(15.6) | 만성하기도 질환(15.3) |
| 8 | 자살(13.0) | 만성하기도 질환(14.5) | 간질환(14.9) |
| 9 | 고혈압성 질환(9.6) | 고혈압성 질환(9.5) | 고혈압성 질환(11.0) |
| 10 | 호흡기 결핵(7.1) | 폐렴(9.4) | 폐렴(9.3) |

자료: 통계청　　*만성하기도 질환 : 기관지, 천식, 폐기종 등

단위 : 인구 10만 명당

전체 사망자 중 3대 사망 원인인 암, 뇌혈관질환, 심장질환으로 사망한 경우가 전체 사망자의 47.6%였다. 암으로 인한 사망의 경우 인구 10만 명당 폐암(28.8명), 간암(22.4명), 위암(22.0명), 대장암(12.8명)의 순으로 많았고, 남자는 폐암(42.8명), 간암(33.9명), 위암(28.9명)의 순으로, 여자는 위암(15.1명), 폐암(14.8명), 대장암(11.6명)의 순으로 사망률이 높았다(그림 1.1 참조).

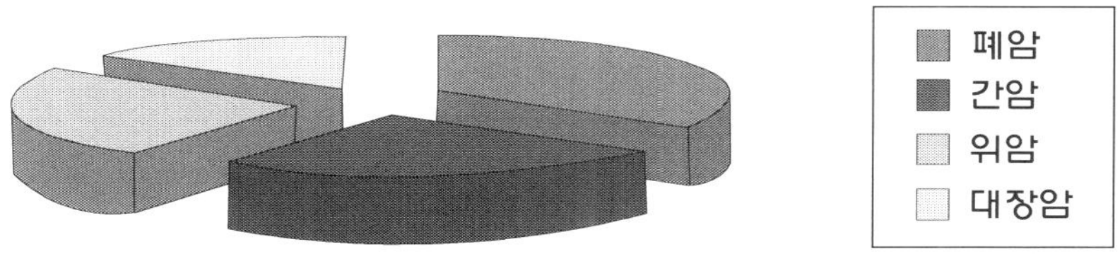


[그림 1.1] 인구 10만 명당 암 종류별 사망률

주요 만성질환의 경우 10만 명당 사망자 수는 표 1.4에 표시하였다. 통계청의 "사망 원인 통계연보"에 의하면 사망률이 가장 높은 만성질환은 뇌혈관질환으로서 2006년에 인구 10만 명당 60명이 넘는다. 뇌혈관에 의한 사망률은 2002년까지 지속적으로 증가해서 그해 인구 10만 명당 77.2명을 기록한 후 2003년부터 사망률이 감소하기 시작하여 2006년에는 인구 10만 명당 61.4명을 기록하였다. 그리고 사망률이 2000년에 비하여 비슷하거나 더 높은 만성 질병은 심장질환과 당뇨병이었으며, 간질환은 2000년에 비하여 많이 감소하였다. 특히 남자의 경우 여자보다 월등히 높은 만성질환 사망률은 간질환으로서 여자보다 4배 이상 높은 사망률을 보였다. 이것은 스트레스와 과도한 음주가 원인인 것으로 판단되고, 간질환이 세월이 지나면서 급격히 감소하는 것은 의학의 발달과 음주문화의 변화가 원인으로 생각된다.

따라서 양호한 건강 상태와 생명력을 유지하기 위해서는 개인의 식습관 및 영양 상태를 잘 파악하고, 개개의 식품 및 재료가 가지는 영양소에 대한 정보를 충분히 활용하여야 한다. 학문이 발전하면서 영양학에 대한 연구도 심도 있게 이루어졌지만, 영양 과부족이 인체에 미치는 영향에 대하여 꾸준한 연구가 필요하며, 특히 평균수명의 증가에 의한 인공합성 식품첨가물에 대한 허용량도 재정립되어야 할 것이다. 그리고 의학의 발달, 음주문화, 금연문화 등이 긍정적인 방향으로 자리매김하고 있기 때문에 질병이 없는 쾌적한 생활과 고령 인구가 늘어가지만 사회복지제도의 개선으로 앞으로의 미래는 밝을 것으로 생각된다.

[표 1.4] 주요 만성질환 사망률

| 만성질환 | | 1996년 | 2000년 | 2001년 | 2002년 | 2003년 | 2004년 | 2005년 | 2006년 |
|---|---|---|---|---|---|---|---|---|---|
| 고혈압성 질환 | 남 | 12.0 | 6.7 | 7.6 | 7.0 | 7.2 | 6.9 | 6.6 | 6.6 |
| | 여 | 15.7 | 11.2 | 12.8 | 14.3 | 14.2 | 13.9 | 12.1 | 12.4 |
| | 평균 | 13.8 | 8.9 | 10.2 | 10.6 | 10.7 | 10.4 | 9.3 | 9.5 |
| 뇌혈관질환 | 남 | 71.0 | 69.4 | 71.0 | 72.7 | 71.1 | 66.7 | 61.2 | 59.2 |
| | 여 | 78.4 | 77.1 | 76.7 | 81.7 | 80.0 | 73.9 | 67.3 | 63.7 |
| | 평균 | 74.7 | 73.2 | 73.8 | 77.2 | 75.5 | 70.3 | 64.3 | 61.4 |
| 심장질환 | 남 | 38.4 | 40.2 | 35.9 | 38.5 | 36.8 | 38.8 | 41.0 | 42.0 |
| | 여 | 32.9 | 36.8 | 32.5 | 35.8 | 34.4 | 35.0 | 38.2 | 40.9 |
| | 평균 | 35.7 | 38.5 | 34.2 | 37.2 | 35.6 | 36.9 | 39.6 | 41.5 |
| 간질환 | 남 | 44.0 | 36.9 | 35.6 | 35.2 | 33.2 | 31.0 | 27.5 | 25.1 |
| | 여 | 10.5 | 8.7 | 8.8 | 8.6 | 7.9 | 7.1 | 7.1 | 6.0 |
| | 평균 | 27.3 | 22.9 | 22.3 | 22.0 | 20.6 | 19.1 | 17.3 | 15.6 |
| 당뇨병 | 남 | 17.4 | 22.5 | 23.5 | 24.3 | 24.8 | 24.1 | 24.4 | 23.8 |
| | 여 | 17.3 | 22.7 | 24.2 | 26.0 | 25.3 | 24.5 | 24.0 | 23.7 |
| | 평균 | 17.4 | 22.6 | 23.8 | 25.1 | 25.0 | 24.3 | 24.2 | 23.7 |

자료: 통계청, 「사망원인 통계연보」, 인구 10만 명당 사망자 수

## 2. 영양 및 영양소의 정의

인간은 생명을 유지하면서 건강한 삶을 영위하며, 태어나서 성장 및 발육을 하기 위해서는 외부에서 음식물을 섭취하여 체내에서 생활에 필요한 형태로 변화시켜 이용하여야 한다. 즉, 성장, 활동, 건강 유지 등의 여러 현상을 이끌어 가는 것을 영양(nutrition)이라고 한다.

세계보건기구(WHO)에 의하면 영양은 "생명이 있는 유기체가 생명의 유지, 성장, 발육, 장기, 조직의 정상적인 기능의 유지, 에너지 생성을 위한 음식물을 이용하는 과정"이라 정의하고 있고, 미국 의학협회 식품영양위원회(The Council on Food and Nutrition of the American Medical Association)는 영양을 "식품에 함유된 영양소 및 성분이 건강과 질병에 미치는 작용, 상호작용, 균형 또는 인체가 식품 성분을 섭취, 소화, 이동, 이용, 배설 등을 하는 전 과정"으로 규정하고 있다.

이러한 영양의 목적을 위하여 섭취하는 물질을 영양소(nutrient)라 한다. 즉, 영양은 상태나 과정을 의미하고, 영양소는 물질을 의미한다.

# 3. 영양소의 종류 및 체내 역할

## 1) 영양소의 종류

일반적으로 영양소라고 하면 탄수화물(carbohydrate), 단백질(protein), 지질(lipid), 비타민(vitamin) 및 무기질(mineral)을 5대 영양소라고 하고, 물(water)을 포함하여 6대 영양소라고도 한다. 그러나 물은 체내에서 용매, 영양소 및 노폐물 운반, 체온유지 등 인간의 생명 유지에 필수적이기는 하지만 직접 물을 섭취하지 않아도 음식물 섭취로 공급되기 때문에 영양소가 아니라는 의견도 있다.

## 2) 영양소의 체내 역할

영양소의 종류에 따라서 체내에서의 역할도 다르다. 이들 영양소를 체내의 역할에 따라 분류하자면 에너지 공급원으로서의 역할, 인체 구성의 역할, 생리적 기능 조절 역할 등 크게 세 가지로 분류할 수 있다(표 1.5 참조).

[표 1.5] 영양소의 체내역할

| 체내 역할 | 영양소 |
|---|---|
| 에너지 공급원(열량소) | 탄수화물, 지질, 단백질 |
| 인체 구성(구성소) | 물, 단백질, 지질, 무기질, 탄수화물 |
| 생리적 기능 조절(조절소) | 비타민, 무기질, 단백질, 물 |

### (1) 에너지 공급

체내의 화학반응에 의하여 에너지를 생산하는 영양소로 탄수화물, 단백질, 지질을 말하며, 열량소(energy yielding nutrients)라 한다. 이들의 에너지 생산은 표 1-6과 같다.

[표 1.6] 열량 영양소의 생산 에너지

| 열량 영양소 | 생산 에너지(g당) |
|---|---|
| 탄수화물 | 4kcal |
| 지질 | 9kcal |
| 단백질 | 4kcal |

### (2) 인체 구성의 역할

인체의 조직 형성, 보수, 혈액 및 골격 형성에 관여하는 영양소로서 탄수화물, 지질, 단백질, 무기질, 물이 여기에 속하며, 구성소(constitution nutrient)라고 한다. 이들은 표 1.7과 같이 인체의 일부분을 구성하고 있다.

[표 1.7] 구성소의 인체 구성

| 구성소 | 인체 구성 |
|---|---|
| 물 | 조직, 세포, 체액 속 등 |
| 단백질 | 근육의 대부분, 뼈, 혈액, 세포막 등 |
| 지질 | 피부 밑, 장기 주위, 신경조직 등 |
| 무기질 | 뼈, 이, 체세포, 체액 등 |
| 탄수화물 | 근육, 혈액 등 |

### (3) 생리적 기능조절

인체의 생리적 기능을 조절하는 영양소로서 비타민, 무기질, 단백질, 물 등이 여기에 속한다. 조절소(regulatory nutrients)로 불린다.

**★ 열량을 계산해 봅시다**

소고기 등심 100g에는 탄수화물 1g, 단백질 19g, 지방 12g이 함유되어 있다. 소고기 100g의 칼로리는 얼마인가?

탄수화물 1g × 4kcal = 4kcal
단 백 질 19g × 4kcal = 76kcal
지 방 12g × 9kcal = 98kcal

합 계 178kcal

**★ 열량을 계산해 봅시다**

오늘 점심으로 라면(150g)을 끓여서 먹고, 남은 국물에 밥(100g)을 넣어 먹으면서 반찬으로 배추김치 50g을 먹었다. 나의 오늘 점심식사의 열량은 얼마쯤 될까?
(라면 : 탄수화물 61.4%, 단백질 8.6%, 지방 14.1%, 밥 : 탄수화물 50%, 단백질 3.5%, 지방 0.8%, 김치 : 탄수화물 2.5%, 단백질 2.0%, 지방 0.5%)

라면 탄수화물 150g × 61.4% = 92.1g × 4kcal = 368.4kcal
단 백 질 150g × 8.6% = 12.9g × 4kcal = 51.6kcal
지 방 150g × 14.1% = 21.15g× 9kcal = 190.35kcal

합 계 368.4 + 51.6 + 190.35 = 610.35kcal

밥 탄수화물 100g × 50% = 50g × 4kcal = 200kcal
단 백 질 100g × 3.5% = 3.5g × 4kcal = 14kcal
지 방 100g × 0.8% = 0.8g × 9kcal = 7.2kcal

합 계 200 + 14 + 7.2 = 221.2kcal

김치 탄수화물 50g × 2.5% = 1.25g × 4kcal = 5.0kcal
단 백 질 50g × 2.0% = 1g × 4kcal = 1.0kcal
지 방 50g × 0.5% = 0.25g × 9kcal = 2.25kcal

합 계 5 + 1 + 2.25 = 8.25kcal

총 열량 = 라면(610.35kcal) + 밥(221.2kcal) + 김치(8.25kcal) = 839.8kcal

# 4. 영양 상태

영양 상태는 체내에서 필요한 영양소의 공급과 기능에 따라서 바람직한 영양 상태, 영양 결핍 상태, 영양 과잉 상태 등 세 가지로 분류할 수 있다.

## 1) 바람직한 영양 상태

영양소들이 인체에 충분히 공급되어 그 기능이 100% 활용됨으로써 체내의 정상적인 대사 과정이 진행되고, 여분은 체내에 저장되어 있는 상태를 바람직한 영양 상태로 정의하고 있다.

## 2) 영양 결핍 상태

영양소의 공급이 인체에서 필요한 만큼 공급하지 못하여 체내에 저장되어 있는 양이 결핍되어 영양소의 기능을 제대로 하지 못할 때가 영양 결핍 상태이다. 체내에 저장되어 있는 영양소의 양이 감소하면 대사 과정에 문제가 생기게 되고 그에 따른 생화학적인 병변이 발생하여 준 임상적인 상태가 되는데, 이러한 원인은 영양소 섭취의 불균형에도 문제가 있지만 현대 사회가 처해있는 상황으로서 정신적 스트레스 증가, 운동 부족, 불규칙적인 식습관, 가공식품의 이용 증가, 환경오염 등도 그 원인이 되고 있다. 영양 결핍 상태가 지속되면 피부, 머리카락, 손톱, 혀, 입 등에 임상적인 증상이 나타난다. 예를 들면 비타민 C가 결핍되면 입 주위에 종창이 나타나고, 동물성 단백질 섭취가 부족해지면 황(S)이 결핍되기 쉬워 각질, 털, 손톱, 발톱 등에 문제가 생길 수 있다.

## 3) 영양 과잉 상태

영양소를 장기간 필요량 이상으로 과잉 섭취하였을 경우 인체에 나쁜 영향을 미칠 수 있다. 예를 들면 비타민 A는 피부점액을 분비하여 윤활제의 역할을 함으로서 박테리아 감염을 방지하는 역할을 하거나, 시홍(rhodopsin)을 형성하여 시각에 도움을 주지만 과잉으로 섭취하였을 경우 탈모, 두통, 구토, 불쾌, 불안, 식욕부진, 피부

이상 등의 증세를 일으킬 수 있다.

## 4) 식사 구성안

### (1) 1일 섭취 횟수

영양소 권장량은 개인의 연령 및 성별에 따라서 변화하기 때문에 영양소의 필요량을 충족시키기 위하여서는 식사 구성안이 개인에 따라서 달라져야 한다. 하루의 식사 구성은 일반적인 대다수의 사람들에게 적용시킬 수 있는 식사 지침으로서 연령별로 주요 영양소의 섭취 권장량을 고려하여 하루에 섭취해야 할 각 식품군의 1일 섭취 횟수를 제시한 것이다. 청소년, 성인. 노인, 임산부의 1일 식사 구성안의 예는 표 1.8과 같다.

[표 1.8] 식사 구성안의 예(1일 섭취 횟수)

| | 청소년 | | 성인 | | 노인 | | 임산부 |
|---|---|---|---|---|---|---|---|
| | 남 (2,700kcal) | 여 (2,100kcal) | 남 (2,500kcal) | 여 (2,000kcal) | 남 (2,000kcal) | 여 (1,700kcal) | (2,350kcal) |
| 곡류 및 전분류 | 5 | 3.5 | 5 | 4 | 4 | 3.5 | 4 |
| 채소 및 과일류 | 8 | 6 | 7 | 6 | 7 | 6 | 7 |
| 단백질 식품 | 6 | 5 | 5 | 4 | 4 | 3 | 6 |
| 우유 및 유제품 | 2 | 2 | 1 | 1 | 1 | 1 | 2 |
| 유지, 견과, 당류 | 5 | 4 | 5 | 4 | 4 | 3 | 4 |

### (2) 식품군의 분류

식품군은 한국인의 대표적인 식사 패턴, 영양소 함량, 영양소 섭취의 기여 정도 등을 고려하여 다음과 같이 다섯 가지로 분류하였다.

① 곡류 및 전분류
② 채소 및 과일류
③ 단백질식품(고기, 계란, 생선, 콩류)
④ 우유 및 유제품
⑤ 유지, 견과 및 당류

### (3) 식사 구성안을 위한 1인 1회 분량 설정

우리나라 2005년 국민영양조사 자료를 기초로 각 식품군별 섭취량이 높고, 각 영양소별 기여도가 높으면서 연령별로 상용하는 식품을 대표 식품으로 선정하였다(그림 1.2 참조).

[그림 1.2] 식품군별 대표 식품의 1인 1회 분량

| 식품군 | 1인 1회 분량 | | | | | |
|---|---|---|---|---|---|---|
| 곡류 및 전분류 |  | | | | | |
| | 밥 1공기 (210g) | 국수 1대접 (건면 90g) | 식빵 2쪽 (100g) | 떡 2편 (절편 50g) | 밤(대) 3개(60g) | 씨리얼 1접시(30g) |
| 고기, 생선, 달걀 및 콩류 | 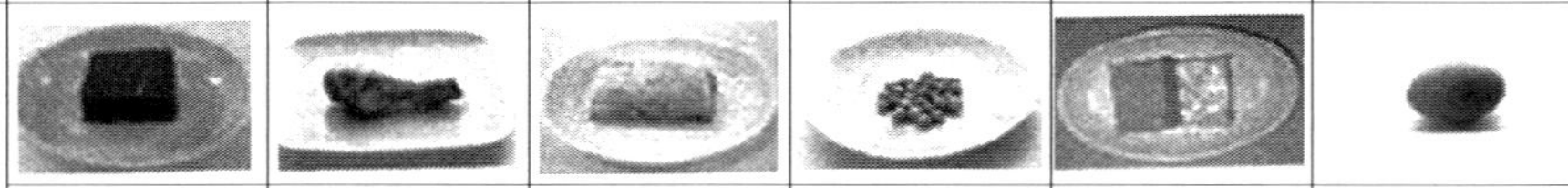 | | | | | |
| | 육류 1접시 (생 60g) | 닭고기 1조각(생 60g) | 생선 1토막 (생 50g) | 콩 20g | 두부 2조각 (80g) | 달걀 1개 (50g) |
| 채소류 | 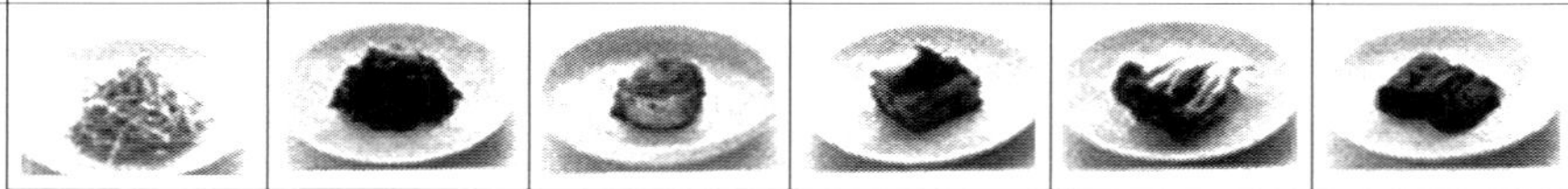 | | | | | |
| | 콩나물 1접시(생 70g) | 시금치나물 1접시(생 70g) | 배추김치 1접시(생 40g) | 오이소박이 1접시(생 60g) | 버섯 1접시(생 30g) | 물미역 1접시(생 30g) |
| |  | | | | | |
| | 사과(중) 1/2개(100g) | 귤(중) 1개(100g) | 참외(중) 1/2개(200g) | 포도 1/3송이(100g) | 오렌지주스 1컵(100g) | |
| 우유 및 유제품 |  | | | | | |
| | 우유 1컵(200g) | 치즈 1장(20g) | 호상요구르트 1/2컵(110g) | 액상요구르트 3/4컵(150g) | 아이스크림 1컵(100g) | |
| 유지, 견과 및 당류 |  | | | | | |
| | 식용류 1작은술(5g) | 버터 1작은술(5g) | 마요네즈 1작은술(5g) | 땅콩(10g) | 아이스크림 1컵(100g) | |

자료: 한국영양학회, 한국인 영양섭취기준(2005)

★ 참고

한국인의 식사지침(한국영양학회)

1. 다양한 식품을 골고루 먹자.
2. 정상체중을 유지하자.
3. 단백질을 충분히 섭취하자.
4. 지방은 총 에너지 섭취량의 20% 정도로 섭취하자.
5. 우유를 매일 마시자.
6. 짜게 먹지 않는다.
7. 치아 건강을 유지하자.
8. 술, 담배, 카페인 음료를 절제하자.
9. 식생활 및 일상생활의 균형을 유지하자.
10. 식사는 즐겁게 하자

# 5. 영양 상태 판정

영양 상태 판정은 신체 계측법(anthropometric method), 생화학적 방법(biochemical method), 임상적 방법(clinical method), 식사조사법(dietary survey) 등이 있다. 이들 외에도 영양 상태에 영향을 줄 수 있는 사회적 요인, 환경적 요인, 질병 등에 관한 조사도 고려되어야 할 것이다.

## 1) 신체 계측법(anthropometric method)

신체의 발달은 영양 상태 및 연령에 따라 다르게 나타난다. 신체 계측법은 비교적 쉽게 대상자의 영양 상태를 평가하는데 이용되며, 성장 정도를 측정하는 방법과 신체구성을 측정하는 두 가지 방법이 있다. 여기서 얻은 결과 값들은 영유아나 어린이들의 성장 발달을 반영하는 기준이 될 수 있으며, 성인들의 비만 정도를 예측하는 지표가 될 수 있다.

### (1) 성장 정도 측정

**1** 신장

성장기 영유아나 어린이의 영양 상태를 나타내는 지표로 이용되고 있으며, 어린이의 키가 작으면 일반적으로 영양불량과 관련이 있는 것으로 판단한다. 물론 신체의 발달은 유전적인 요인이 미치는 영향이 크므로 유전적 요인도 함께 고려할 사항이다.

**2** 머리둘레

출생 후 2년까지의 유아를 대상으로 측정하며, 만성적인 단백질과 에너지의 결핍 여부를 판정하는 지표로 이용된다.

**3** 체중

체중은 성장기 어린이의 영양 상태나 비만도를 예측하는 지표로 이용되지만, 성인의 경우는 체중만으로 영양 상태를 판정하기 어렵다. 체중을 이용한 성인의 비만 정도 판정 지표는 표 1.9와 같다.

[표 1.9] 체중을 이용한 성인의 비만 정도

| 성인의 비만 정도 = [(실제 체중 − 표준 체중)/표준 체중×100] | |
|---|---|
| ± 10% | 정상 체중 |
| ± 10~19% | 체중 초과 또는 약간 수척 |
| ± 20% 이상 | 비만 또는 수척 |

**4** 체중과 신장

성인은 체중과 함께 연령 및 신장을 고려하여 비만 정도를 평가한다. 주로 사용되는 방법은 상대 체중[relative weight, 실제 체중(kg)/신장(m)×100]을 이용하는 방법으로서 90~120% 범위의 상대 체중은 정상적인 상태로 판정한다. 비만 지수[reference weight, 실제 체중(kg)−기준 체중(kg)/기준 체중(kg)×100]로 계산하며 비만 지수가 20% 이상이면 비만으로 판정한다.

체질량지수[BMI : body mass index, 체중(kg)/신장($m^2$)]로 계산한다. 표 1.10은 세계보건기구(WHO) 및 대한비만학회에서 발표한 성인의 BMI에 의한 체중 분류를 나타낸 것으로 비만 정도를 예측할 수 있다. BMI 지수가 20.0~25.0 사이이면 사망률이 가장 낮고, 25.0 이상에서는 심장병, 고혈압, 당뇨병 등에 의한 사망률이 서서히 증가하고, 30.0 이상에서는 사망률이 급격하게 증가한다.

[표 1.10] 성인의 BMI에 의한 체중의 분류

| BMI(kg/$m^2$) | 구분 A | BMI(kg/$m^2$) | 구분 B |
|---|---|---|---|
| 18.5~24.9 | 정상 체중 | 18.5~22.9 | 정상 체중 |
| 25.0~29.9 | 과체중 | 23.0~24.9 | 과체중 |
| 30.0~34.9 | 1단계 비만 | 25.0~29.9 | 1단계 비만 |
| 35.0~39.9 | 2단계 비만 | 30.0~34.9 | 2단계 비만 |
| ≥40.0 | 고도 비만 | ≥35.0 | 고도 비만 |

자료 A: WHO B: 대한비만학회

표준 체중을 구하는 가장 일반적인 방법으로는 남자[신장(m)×신장(m)×22], 여자[신장(m)×신장(m)×21]의 방법이 있다. 신장에 따른 표준 체중은 표 1.11 및 표 1.12와 같이 남성의 경우 키가 170㎝일 경우 64㎏이고, 여자는 160㎝일 경우 54㎏이 표준 체중이다.

[표 1.11] 표준 체중

| 신장(cm) | 체중(kg) | | 신장(cm) | 체중(kg) | |
|---|---|---|---|---|---|
| | 남 | 여 | | 남 | 여 |
| 150 | 50 | 47 | 166 | 61 | 58 |
| 152 | 51 | 49 | 168 | 62 | 59 |
| 154 | 52 | 50 | 170 | 64 | 61 |
| 156 | 54 | 51 | 172 | 65 | 62 |
| 158 | 55 | 52 | 174 | 67 | 64 |
| 160 | 56 | 54 | 176 | 68 | 65 |
| 162 | 58 | 55 | 178 | 70 | 67 |
| 164 | 59 | 56 | 180 | 71 | 68 |

학생들의 평균 신장, 체중, 흉위 및 신체질량지수(BMI)를 1995년부터 2005년까지 조사한 실태는 표 1.13과 같다. 고등학교 2학년 학생의 경우 1995년보다 2005년도가 신장이 남자는 2.4cm, 여자는 1.3cm 더 커졌으며, 몸무게는 남자는 4.7kg, 여자는 1.7kg 증가하였다. 초등학교 5년생들의 신장은 10년 동안 남자 2.4cm, 여자 2.3cm 더 커졌으며, 몸무게는 남자가 3.9kg, 여자가 2.8kg 증가한 경향이었다. 신장과 몸무게의 증가 수준은 신장보다 체중이 더 증가한 것으로 나타났으며, 이것은 과거 10년 전보다 영양 섭취가 많아졌다는 것을 의미한다.

[표 1.12] 표준 체중표(여성)

| 신장(cm) | 매우 비만 | 보통 비만 | 이상적인 체중 | | | 보통 마름 | 매우 마름 |
|---|---|---|---|---|---|---|---|
| | 30% | 20% | 10% | 표준체중 | 10% | 20% | 30% |
| 150 | 66.3 | 61.2 | 56.1 | 51.0 | 45.9 | 40.8 | 35.7 |
| 151 | 66.8 | 61.7 | 56.5 | 51.4 | 46.3 | 41.1 | 36.0 |
| 152 | 67.5 | 62.3 | 57.1 | 51.9 | 46.7 | 41.5 | 36.3 |
| 153 | 68.0 | 62.8 | 57.5 | 52.3 | 47.1 | 41.8 | 36.6 |
| 154 | 68.6 | 63.4 | 58.1 | 52.8 | 47.5 | 42.2 | 37.0 |
| 155 | 69.2 | 63.8 | 58.5 | 53.2 | 47.9 | 42.6 | 37.2 |
| 156 | 69.8 | 64.4 | 59.1 | 53.7 | 48.3 | 43.0 | 37.6 |
| 157 | 70.5 | 65.0 | 59.6 | 54.2 | 48.8 | 43.4 | 37.9 |
| 158 | 71.1 | 65.6 | 60.2 | 54.7 | 49.2 | 43.8 | 38.3 |
| 159 | 71.8 | 66.2 | 60.7 | 55.2 | 49.7 | 44.2 | 38.6 |
| 160 | 72.4 | 66.8 | 61.3 | 55.7 | 50.1 | 44.6 | 39.0 |
| 161 | 73.1 | 67.4 | 61.8 | 56.2 | 50.6 | 45.0 | 39.3 |
| 162 | 73.8 | 68.2 | 62.5 | 56.8 | 51.1 | 45.4 | 39.8 |
| 163 | 74.5 | 68.8 | 63.0 | 57.3 | 51.6 | 45.8 | 40.1 |
| 164 | 75.3 | 69.5 | 63.7 | 57.9 | 52.1 | 46.3 | 40.5 |
| 165 | 76.2 | 70.3 | 64.5 | 58.6 | 52.7 | 46.9 | 41.0 |
| 166 | 77.0 | 71.0 | 65.1 | 59.2 | 53.3 | 47.4 | 41.4 |
| 167 | 77.9 | 71.9 | 65.9 | 59.9 | 53.9 | 47.9 | 41.9 |
| 168 | 78.7 | 72.6 | 66.6 | 60.5 | 54.5 | 48.4 | 42.4 |
| 169 | 79.7 | 73.6 | 67.4 | 61.3 | 55.2 | 49.0 | 42.9 |
| 170 | 80.6 | 74.4 | 68.2 | 62.0 | 55.8 | 49.6 | 43.4 |
| 171 | 81.6 | 75.4 | 69.1 | 62.8 | 56.5 | 50.2 | 44.0 |
| 172 | 82.7 | 76.3 | 70.0 | 63.6 | 57.2 | 50.9 | 44.5 |
| 173 | 83.7 | 77.3 | 70.8 | 64.4 | 58.0 | 51.5 | 45.1 |
| 174 | 84.9 | 78.4 | 71.8 | 65.3 | 58.8 | 52.2 | 45.7 |
| 175 | 86.1 | 79.4 | 72.8 | 66.2 | 59.6 | 53.0 | 46.3 |

[표 1.13] 학생들의 평균 신장, 체중, 흉위 및 신체질량지수(BMI)

| 학년 | 년도 | 신장(cm) | | 체중(kg) | | 흉위(cm) | | BMI | |
|---|---|---|---|---|---|---|---|---|---|
| | | 남 | 여 | 남 | 여 | 남 | 여 | 남 | 여 |
| 초등학교 5년 | 1995 | 140.6 | 141.4 | 35.5 | 35.3 | 69.0 | 68.4 | 18.0 | 17.7 |
| | 2000 | 141.9 | 142.3 | 37.8 | 36.3 | 70.6 | 68.5 | 18.8 | 17.9 |
| | 2001 | 142.2 | 142.5 | 38.1 | 36.8 | 70.9 | 68.9 | 18.8 | 18.1 |
| | 2002 | 142.4 | 143.1 | 38.7 | 37.6 | 71.2 | 69.6 | 19.1 | 18.4 |
| | 2003 | 142.9 | 143.5 | 39.2 | 37.8 | 71.8 | 69.9 | 19.2 | 18.4 |
| | 2004 | 142.9 | 143.7 | 39.3 | 37.2 | 71.6 | 70.1 | 19.2 | 18.0 |
| | 2005 | 143.0 | 143.7 | 39.4 | 38.1 | 71.7 | 70.0 | 19.3 | 18.5 |
| 중학교 2년 | 1995 | 159.5 | 156.2 | 49.8 | 48.8 | 77.4 | 79.2 | 19.6 | 20.0 |
| | 2000 | 161.8 | 157.3 | 52.9 | 49.9 | 79.3 | 78.8 | 20.2 | 20.2 |
| | 2001 | 162.2 | 157.5 | 53.7 | 50.6 | 79.4 | 79.2 | 20.4 | 20.4 |
| | 2002 | 162.4 | 157.5 | 54.7 | 51.1 | 80.4 | 79.7 | 20.7 | 20.6 |
| | 2003 | 162.5 | 157.6 | 55.0 | 51.1 | 81.0 | 79.9 | 20.8 | 20.6 |
| | 2004 | 163.3 | 157.7 | 55.7 | 51.1 | 80.9 | 79.8 | 20.9 | 20.5 |
| | 2005 | 163.2 | 157.9 | 55.7 | 51.0 | 81.2 | 79.9 | 20.9 | 20.5 |
| 고등학교 2년 | 1995 | 170.4 | 159.4 | 61.4 | 53.5 | 85.8 | 82.5 | 21.1 | 21.1 |
| | 2000 | 172.2 | 160.2 | 63.2 | 54.2 | 86.9 | 82.1 | 21.3 | 21.1 |
| | 2001 | 172.2 | 160.2 | 63.4 | 54.3 | 87.1 | 81.6 | 21.4 | 21.2 |
| | 2002 | 172.5 | 160.3 | 64.7 | 54.8 | 87.4 | 82.1 | 21.7 | 21.3 |
| | 2003 | 172.6 | 160.6 | 65.6 | 54.9 | 87.7 | 82.1 | 22.0 | 22.0 |
| | 2004 | 172.7 | 160.6 | 66.3 | 55.2 | 87.7 | 82.5 | 22.0 | 22.0 |
| | 2005 | 172.8 | 160.7 | 66.1 | 55.2 | 87.1 | 82.6 | 22.1 | 21.4 |

자료: 교육인적자원부 한국교육개발원, 「교육통계연보」1995~2005년

## (2) 신체구성의 측정

**1** 피부 두겹집기(skinfold thickness)

캘리퍼(caliper)라는 두께 측정용 장치(그림 1.3 참조)를 이용한 접혀진 피하지방의 두께를 측정하는 것으로 체지방의 축적정도를 간접적으로 측정할 수 있는 방법이다. 측정 부위는 주로 이두근, 삼두근, 견갑골 아래, 옆 중심선 부위, 장골 윗부분, 복부, 장딴지 가운데 부분, 넓적다리 등이다.

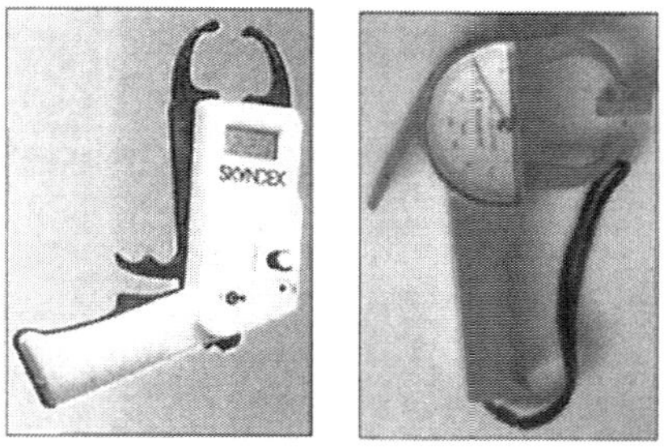


[그림 1.3] 캘리퍼(caliper)

**2** 상완위(mid-arm circumference)

상완은 뼈, 이두근, 삼두근이 피하지방에 둘러싸여 있어 팔꿈치를 펴기와 굽히기를 하는 부위로서 상완은 영양상태를 평가하는 척도가 되며, 줄자로 측정한다.

**3** 허리-엉덩이 둘레 비율(waist-hip circumference ratio: WHR)

복부 지방량을 예측할 수 있는 지표로서 여자의 경우 WHR이 0.85 이상, 남자는 0.95 이상이면 복부 비만이며, WHR이 1.0 이상이면 대사성 질환의 발생위험이 높다고 예측한다. WHR로 표 1.14와 같이 하체형 비만과 상체형 비만으로 분류할 수 있다.

[표 1.14] WHR을 이용한 비만의 분류

| 비만 진단 | WHR값 |
|---|---|
| 하체형 비만 | 여성 : 0.80 이하 |
| 상체형 비만 | 남성 : 0.95 이상 |
| | 여성 : 0.85 이상 |

**4** 수중체중법(underwater weighing)

수중체중법은 아르키메데스의 원리인 부력을 이용한 신체의 밀도를 측정하여 체조성을 측정하는 방법이다.

**5** 생체전기저항법(bioelectrical impedance analysis)

신체에 해롭지 않을 정도의 약한 전류를 측정 대상자의 손과 발을 통하여 흐르게 한 다음 되돌아오는 저항을 측정하는 방법으로서, 지방이나 세포막 같은 비전도성 조직에 의하여 저항이 나타나는 것을 이용하여 체지방량을 측정하는 방법이다.

### 2) 생화학적 방법(biochemical method)

조사 대상자로부터 채취한 혈액, 소변, 대변 등의 분비물, 조직 내의 영양소나 그 대사 산물의 농도 측정, 체내 효소활성 등을 분석하여 정상치와 비교하여 영양 상태를 평가하는 방법이다. 생화학적 방법은 다른 영양 상태 판정법보다 더 정확한 객관적인 결론을 얻을 수 있지만 분석을 위한 설비비가 많이 들고, 섬세한 기술이 요구되는 단점이 있다.

이들 분비물이나 조직 내의 영양소에서 단백질 영양 상태, 무기질 영양 상태, 비타민 영양 상태 등의 영양 상태 판정을 하게 된다.

### 3) 임상적 방법(clinical method)

영양 상태의 부족으로 나타나는 신체의 이상 증후, 즉 안색, 머리카락의 윤기, 입 주위의 종창, 손톱의 갈라짐, 피부의 각질 상태, 동공의 색 등 외관적으로 나타나는 임상 증후를 전문가에 의하여 시각적으로 판단하는 방법으로서 영양 상태의 부족이 많이 진행된 상태에서 판정이 가능하다.

예를 들면 영양 실조에 의하여 모발이 가늘고, 윤기가 없으며, 숱이 적고 빠지기 쉽다. 비타민 $B_2$가 결핍되면 코 주위에 지방이 끼고, 비타민 C가 부족하면 잇몸에 피가 나거나 허물어지는 상태가 발생한다. 비타민 A가 부족하면 피부 건조증과 모낭각화증이 일어나며, 저영양 상태에서는 피부 탄력성이 소실되고, 비타민 $B_2$가 부족하면 음낭 및 음부의 피부병 발생이 용이해진다. 철분 결핍에 의한 손톱이 숟가락

처럼 휘어지는 상태, 요오드 결핍에 의한 갑상선 비대증, 영양실조에 의한 근육 쇠약, 부종, 저체중 현상이 나타난다.

## 4) 식사 섭취 조사법(dietary survey)

### (1) 24시간 회상법

하루 동안 섭취한 식품의 종류와 양을 통하여 섭취량을 추정하고, 식분성분표를 이용하여 하루의 영양소 섭취량을 계산하는 방법이다.

### (2) 식사 기록법

섭취한 식품의 종류와 양을 조사 대상자가 스스로 기록하고, 이것을 이용하여 조사 기간 동안의 영양소 섭취량을 계산하는 방법이다.

### (3) 식품 섭취 빈도법

일상적으로 섭취하는 식품의 내용을 질적으로 파악하기 위하여 사용 빈도가 높고, 해당 영양소의 주요 공급원이 되는 식품 목록을 작성하여 섭취 빈도를 1일, 1주일, 1달 등의 섭취 횟수로 나타내어 특정 영양소 섭취 상태를 평가하는데 사용된다.

### (4) 식사력 조사법

장기간 또는 과거 영양소 섭취 패턴을 조사하기 위한 방법으로 개인의 1개월 또는 1년간의 식사 상태를 조사하여 영양소 섭취량을 계산하는 방법이다.

### (5) 실측법

섭취할 음식의 재료별 분량을 미리 저울을 이용하여 측정하고, 식품성분표를 이용하여 하루의 영양소 섭취량을 계산하는 방법이다.

CHAPTER 02

# 소화 및 흡수

인간이 섭취하는 영양소 중에서 무기질, 비타민, 단당류, 아미노산, 지방산, 물 등은 분해되지 않은 상태로 주로 소장을 통하여 체내에 흡수되어 이용된다. 그러나 우리가 섭취하는 영양소의 대부분은 전분과 같은 다당류, 지질, 단백질 등과 같은 고분자 화합물이기 때문에 흡수되기 쉬운 작은 물질로 분해되어야 한다. 이와 같이 영양소를 체내에서 흡수되기 쉬운 형태로 변화시키는 과정을 소화(digestion)라 하고, 소화된 영양소가 체내로 이동하는 것을 흡수(absorption)라 한다.

## 1. 소화기관

인간의 소화기관은 그림 2.1과 같이 입에서 항문까지 연결된 기관으로 음식물이 지나가면서 소화가 일어난다.

소화가 일어나기 위하여 소화액을 만들어 소화관으로 분비하는 소화샘 중에서 침샘은 입으로 침을 분비하며, 침 속에는 아밀라아제(amylase)라는 소화효소가 들어 있다. 위에서는 위액이 분비되며, 여기에는 펩신(pepsin)과 산이 들어 있다. 이자(췌장)는 이자액(췌장액)을 분비하며, 이자액에는 아밀라아제(amylase), 말타아제(maltase), 트립신(trypsin), 리파아제(lipase) 등 여러 가지 효소가 함유되어 있다.

간에서는 쓸개즙(담즙)을 생산하여 쓸개에 저장하였다가 소장으로 분비하는데 쓸개즙에는 소화효소가 들어있지 않고 지방의 소화를 돕는 작용을 한다. 소장에서는 장액을 분비하며, 장액에는 말타아제, 펩티다아제(peptidase) 등의 여러 가지 소화효소가 함유되어 있다.

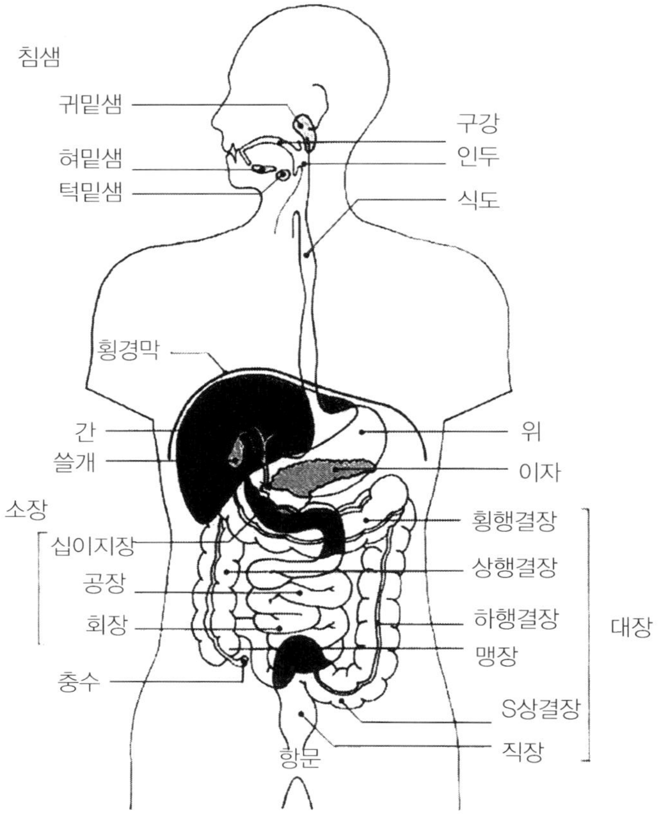


[그림 2.1] 인간의 소화기관

# 2. 소화

## 1) 입에서의 소화

입에서 식도까지를 입에서의 소화로 보며(그림 2.2 참조) 기계적 소화와 화학적 소화로 분류할 수 있다.

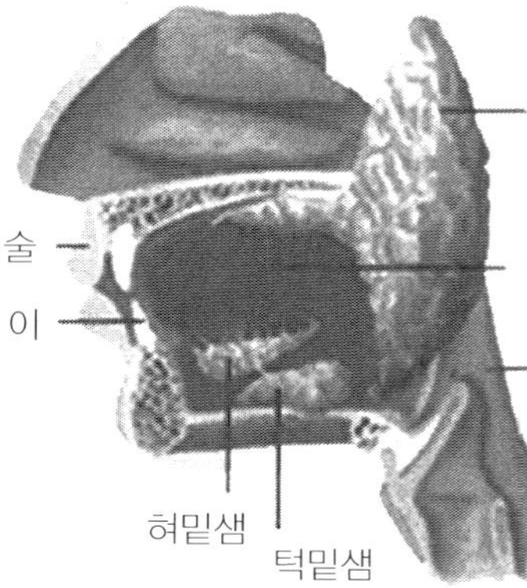


[그림 2.2] 입의 구조

## (1) 기계적 소화

**1** 이 : 음식물을 씹어서 잘게 부수는 역할을 한다.
**2** 혀 : 음식물을 침과 잘 섞어 식도로 넘기는 역할을 한다.
**3** 식도 : 연동운동으로 잘게 부수어진 음식물을 위로 보내는 역할을 한다.

## (2) 화학적 소화

**1** 침샘 : 침샘은 귀밑샘, 혀밑샘, 턱밑샘의 세 쌍이 있으며, 음식물이 입안에 들어오면 반사적으로 침을 분비한다. 침은 하루 약 1.0~1.5ℓ 가 분비되며, 침의 pH는 5.46~6.06의 약산성을 띤다.

**2** 침의 작용

- Ptyalin을 분비하여 전분을 맥아당과 포도당으로 가수분해한다.
- 음식물을 적셔서 부드럽게 하여 삼키기 쉽게 한다.
- 음식물을 녹여 미각을 자극함으로서 맛을 느끼게 한다.
- 입안을 축축하게 유지하여 말하는데 도움을 주고, 항상 입속을 청결하게 씻어준다.

## 2) 위에서의 소화

위에서는 그림 2.3과 같이 연동운동에 의한 기계적 소화와 위액에 의한 화학적 소화가 일어난다.

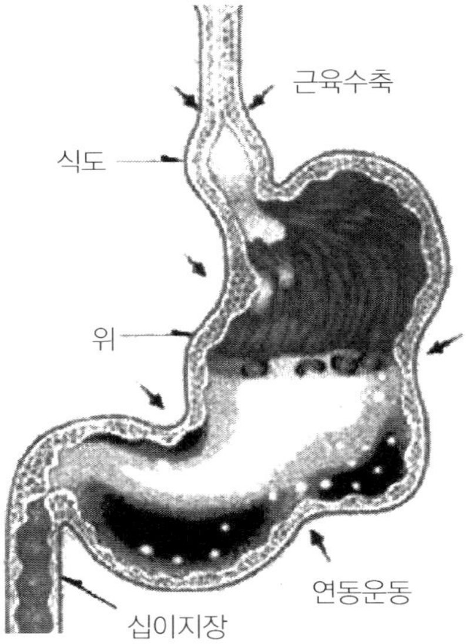


[그림 2.3] 위의 구조

### (1) 기계적 소화

위벽 근육의 수축작용에 의하여 음식물을 위액과 잘 섞어 암죽과 같은 상태를 만든 다음 연동운동에 의하여 음식물을 십이지장으로 보내는 역할을 한다. 위의 연동운동은 20초에 한 번씩 한다. 식후 약 10분부터 십이지장으로 배출되기 시작하여 2~3시간에 걸쳐 약 80%가 배출되며, 위 내용물이 모두 십이지장으로 배출되는데는 보통 3~4시간이 소요된다.

### (2) 화학적 소화

위샘에서 분비되는 위액 중에는 화학적 소화를 담당하는 펩신(pepsin) 및 염산이 들어 있다. 위액의 하루 분비량은 약 2.5~3.5ℓ이다.

1 펩신(pepsin) : 단백질을 펩톤(pepton)으로 분해하며, 강한 산성 상태에서만

소화작용을 나타낸다.

**2** 염산 : 강한 산성으로 음식물 속의 세균을 죽이는 살균작용을 하는 동시에 펩신의 작용을 도와 단백질의 분해를 촉진시킨다.

## 3) 소장에서의 소화

소장에서는 혼합운동과 연동운동에 의한 기계적 소화와 여러 가지 소화효소에 의한 화학적 소화가 일어난다. 소장은 길이가 약 6~7m이고, 직경 2.5㎝의 관으로 십이지장, 공장, 회장으로 구성되어 있다.

### (1) 기계적 소화

**1** 혼합운동 : 소장 벽이 부분적으로 수축과 이완을 반복함으로써 위에서 내려온 음식물이 소화액과 잘 섞이도록 하는 역할을 한다(그림 2.4 참조).

**2** 연동운동 : 소장의 평활근이 자극되면 자극받은 곳의 2~3㎝ 상부는 수축하고, 하부는 이완하면서 소장의 하부 쪽으로 수축과 이완이 파급되는 연동운동이 일어난다. 자극은 1초당 1~2㎝의 속도로 주어지며, 파급 속도는 1초당 4~5㎝이다(그림 2.4 참조).

**3** 급속 연동 운동 : 소장 벽이 어떤 화학물질에 의하여 자극을 받으면 장의 흥분 상태가 고조되어 1초당 25㎝의 강한 연동운동을 일으켜 음식물이 빠른 속도로 이동하는 현상을 말한다. 이것은 부패되거나 오염된 물질이 들어왔을 때 설사를 일으켜 빨리 배출되게 하므로 인체를 보호하는 기능이다.

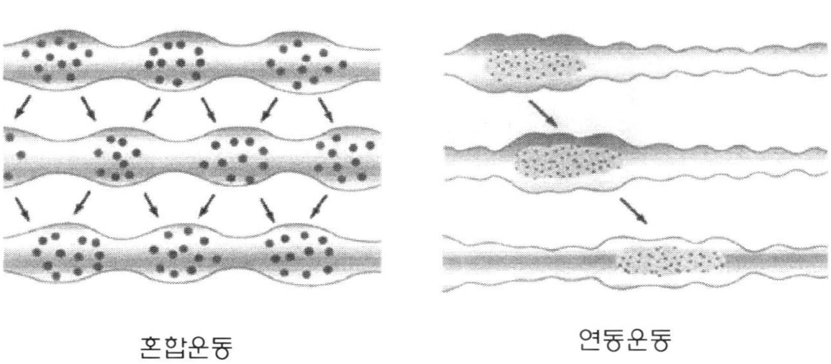


[그림 2.4] 소장의 운동

### (2) 화학적 소화

이자(췌장), 간, 쓸개(담낭), 장에서 만들어진 소화액이 탄수화물, 지질, 단백질을 모두 소화시키며, 이자액(췌장액)과 쓸개즙(담즙)은 그림 2.5와 같이 십이지장에 있는 구멍을 통하여 나온다.

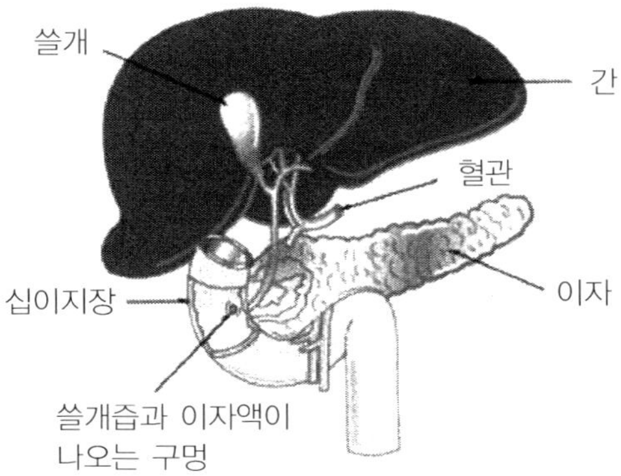


[그림 2.5] 간, 쓸개, 이자 및 십이지장

1. 이자액(췌장액) : 이자(췌장)에서 만들어져 십이지장으로 분비되는 소화액으로서 트립신(trypsin), 리파아제(lipase), 아밀라아제(amylase), 말타아제(maltase) 등의 소화효소가 들어 있어 3대 영양소인 탄수화물, 지질, 단백질을 모두 분해한다. 췌장액은 하루 200~800㎖가 분비되고, pH는 8.0~8.3을 유지하며, 위에서 내려온 산도 높은 내용물을 중화시켜 소장점막의 자가소화를 방지한다.
2. 쓸개즙(담즙) : 간에서 만들어지며, 소화효소는 들어있지 않지만 지방을 작게 부수어 지방분해효소인 리파아제(lipase)의 작용을 돕는다. 담즙은 하루에 250~1,100㎖가 분비되며, pH는 8.0~8.6이다. 담즙은 담즙산염, 담즙색소, 콜레스테롤, 레시틴(lecithin), 무기염, 전해질, 물 등으로 구성되어 있다.
3. 장액 : 소장의 융털돌기 사이에 있는 장샘에서 분비되는 소화액으로서 탄수화물과 단백질을 분해하는 효소가 들어 있다(그림 2.6 참조). 장액의 조성은 효소, 점액, 전해질 등으로 구성되어 있으며, pH는 8.0~8.2이다. 장액에서 분비되는 효소는 amylase, lipase, maltase, lactase, sucrase, nucleotidase, peptidase 등이다.

### (3) 소장 융털의 구조

그림 2.6은 융털의 구조를 나타낸 것이다. 소장 안쪽 벽의 주름 표면에 수없이 많이 돋아 있는 융털은 표면적을 넓혀주기 때문에 소화가 끝난 영양소가 효율적으로 흡수될 수 있는 곳이다.

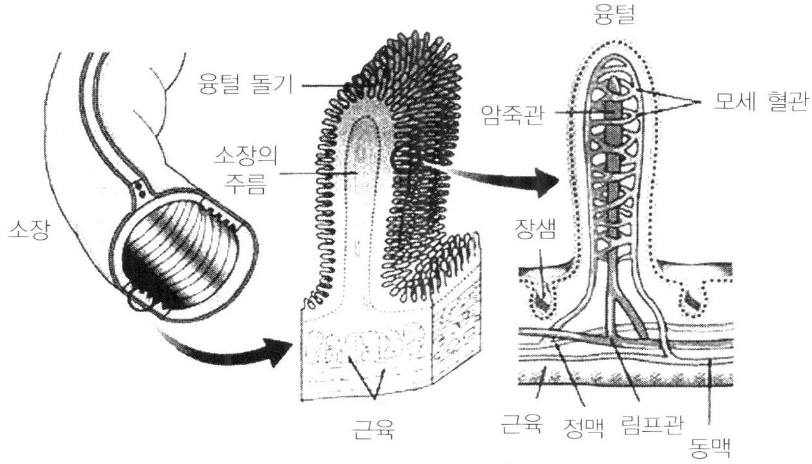


[그림 2.6] 소장 내부와 융털의 구조

## 4) 대장의 역할

### (1) 대장의 구조

대장은 길이가 약 1.5m이고, 지름이 7.5㎝인 굵은 관으로 소장보다 굵으며, 맹장, 결장(상행결장, 횡행결장, 하행결장, 에스상결장), 직장의 순서로 배열되어 있다(그림 2.7 참조).

### (2) 대장의 역할

① 소화효소가 없어서 소화작용은 일어나지 않지만 대장점막에서는 윤활제 역할을 하는 알칼리성 점액을 분비한다.

② 내용물을 항문까지 운반하는 역할을 하는데, 수축운동과 집단운동에 의해서 일어난다. 집단운동은 하루에 3~4회 나타나며, 식후에 위나 십이지장이 팽창하

면 반사적으로 대장근육이 수축되어 대장의 길이가 짧아지는데, 이때 대장의 내용물이 일시적으로 에스상결장과 직장 내로 운반된다. 식후에 일어나기 때문에 식후 변의를 느끼는 것은 바로 집단운동 때문이다. 집단운동이 일어나는데 걸리는 시간은 약 30초의 수축과 2~3분 정도의 이완으로 이루어진다.

③ 소화되지 않은 찌꺼기가 세균에 의하여 분해되어 가스를 발생시킨다.

### (3) 배변

직장은 보통 때는 비어있으나 집단운동에 의하여 결장에 모여 있던 변이 직장으로 들어가게 되면 직장내압이 30~40mmHg로 올라가 배변이 이루어진다.

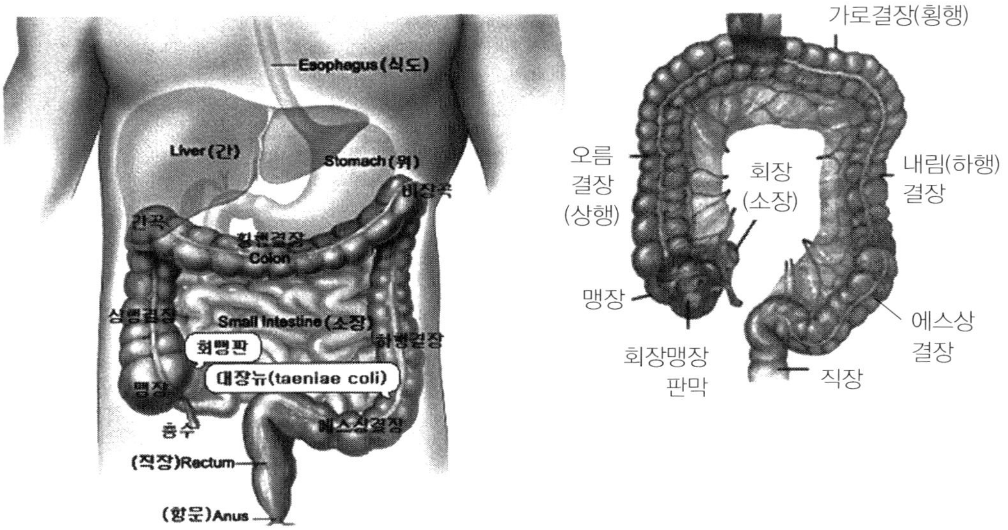


[그림 2.7] 대장의 구조

## 5) 영양소의 최종소화 산물

**1** 탄수화물 : 포도당(침, 이자액, 장액에 의하여 소화됨)

**2** 지방 : 지방산, 글리세롤(이자액에 의함)

**3** 단백질 : 아미노산(위액, 이자액, 장액에 의함)

# 3. 흡수

## 1) 영양소의 흡수

영양소의 흡수는 소장의 융털을 통하여 흡수되는데 흡수되는 영양소 및 장소는 그림 2.8에서와 같다.

### (1) 위에서의 흡수

위에서는 주로 알코올, 일부 비타민, 일부 무기질을 흡수한다.

### (2) 소장의 모세혈관으로 흡수되는 영양소

모세혈관으로 흡수되는 영양소는 포도당, 아미노산, 무기염류, 수용성비타민, 물 등으로 융털의 모세혈관으로 흡수된다.

### (3) 소장의 암죽관으로 흡수되는 영양소

지방산, 글리세롤, 지용성비타민 등은 융털의 암죽관으로 흡수된다.

### (4) 대장에서의 흡수

대장에서는 주로 수분과 전해질을 흡수한다.

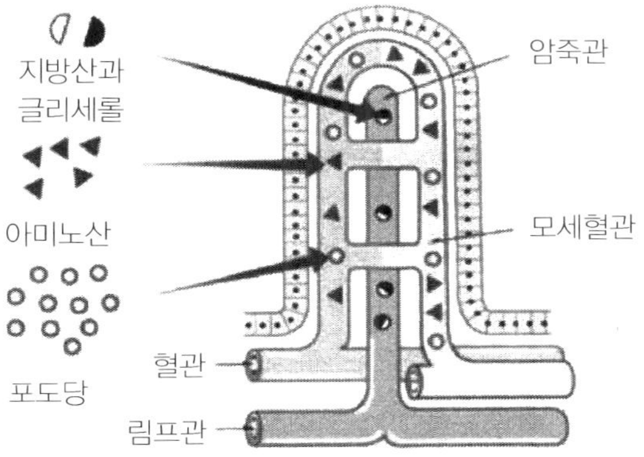


[그림 2.8] 소장 융털에서 영양소의 흡수

## 2) 흡수된 영양소의 이동

영양분이 흡수되기 위해서는 탄수화물은 단당류로, 지질은 지방산과 글리세롤로, 단백질은 아미노산으로 소화되어야 하며, 비타민 및 무기질은 분해되지 않은 상태로 소장의 융털을 통하여 흡수되고, 흡수된 영양소는 심장을 통하여 신체의 각 부분으로 이동한다(그림 2.9, 그림 2.10 참조).

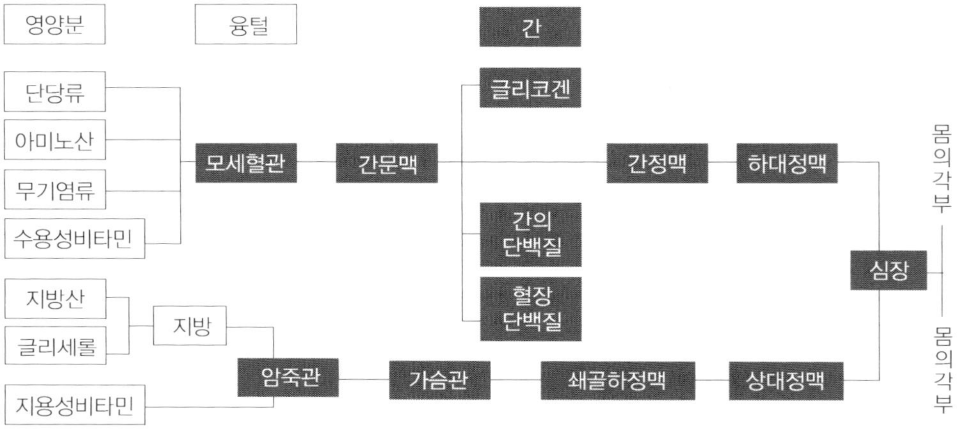


[그림 2.9] 영양소의 흡수 및 이동

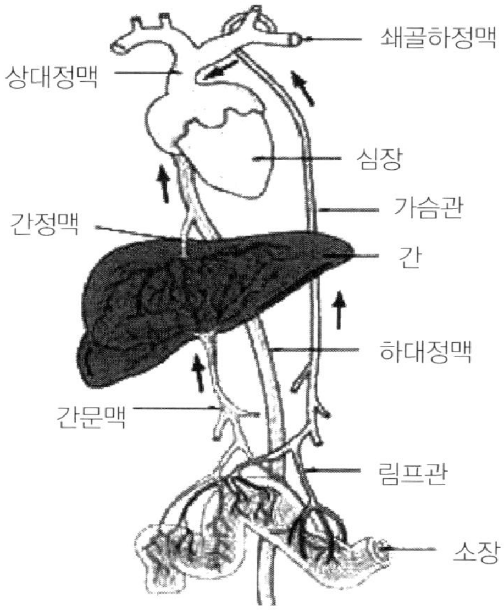


[그림 2.10] 흡수된 영양소의 이동 경로

### 3) 흡수된 영양소의 이용과 저장

**1** 포도당 : 일부는 간에 글리코겐(glycogen)의 형태로 저장되고, 나머지는 온 몸의 조직세포로 운반되어 에너지원으로 이용된다.

**2** 지방산 및 글리세롤 : 지질로 재합성되어 암죽관으로 흡수되며, 온 몸의 조직세포로 운반되어 에너지원으로 이용되거나 피부 밑, 내장 주위 등에 저장된다.

**3** 아미노산 : 단백질로 합성되어 원형질의 재료가 되거나 에너지원으로 이용된다.

**참고**

– 피부미용과 내장기관과의 관계–

피부는 신체의 일부분으로서 우리 몸을 둘러싸고 있는 또 하나의 신체기관이라 할 수 있다. 신체가 건강하고 원활하면 피부도 건강하게 유지되지만 체내에 문제가 생기면 바로 피부에 나타나게 된다.

① 간장

간장은 영양 공급 및 해독작용을 하는 중요한 기관으로서 간장의 기능이 나쁘면 영양공급이 원활하지 못하여 피부에도 충분한 영양을 공급하지 못한다. 피부조직 내의 모세혈관은 영양과 산소가 교환되는 곳으로 간의 기능약화로 유독성 물질이 혈액 속에 들어가면, 유독성 물질은 혈액을 통하여 전신으로 이동해 피부세포가 손상을 입게 된다. 특히 건조해지고, 부종이 나타나며, 심한 경우 반점이 형성되고, 핏줄이 돋아나오며, 부스럼이 생기기도 한다.

② 신장

신장은 체내의 노폐물을 배출하는 기관으로서 신진대사를 통해 독성물질을 체외로 방출하는 역할을 한다. 신장기능이 나쁘면 혈액 속에 노폐물이 잔류하게 되어 피부에 손상을 주고 피부조직 내에 수분의 양이 증가해 얼굴과 온몸이 부어오르는 증상이 나타나므로 탄력이 없어지며, 피부색이 검게 변화하기도 한다.

③ 위장

위장의 소화기능이 약해지면 소화되고 남은 노폐물이 체내와 혈액 속에서 순환한다. 이럴 경우 피부가 거칠어지고, 노폐물이 모세혈관 속에 들어가면 여드름이 생기고, 심하면 곪기도 한다.

④ 내장기관과 경락

- 심장과 폐 : 이마는 심장과 폐를 나타내며, 이마에 뾰루지가 나면 폐 기능을 강화시켜야 한다.
- 위장 : 볼에는 위 경락이 흐르기 때문에 볼에 뾰루지가 많이 나거나 피부 상태가 좋지 않으면 위의 염증이 있을 것으로 의심해야 한다.
- 신장과 자궁 : 입과 턱 주변은 신장과 자궁을 나타내는데 입과 턱 주변의 색이 거무스름해지거나 뾰루지가 생기면 신장과 자궁에 이상이 있는지 체크해 봐야 한다.
- 간장 : 왼쪽 뺨은 간의 상태를 나타내는 것인데 간 기능에 이상이 생기면 왼쪽 뺨에 뾰루지가 생길 수 있다. 이럴 땐 간의 피로를 풀어주고, 간 기능을 강화하는 영양분을 섭취해야 한다.

CHAPTER 03

# 탄수화물

탄수화물은 우리나라 사람들이 가장 많이 섭취하는 에너지원으로서 중요한 역할을 하고 있다. 탄수화물은 에너지원이 되기도 하지만 식이섬유와 같이 고혈압 예방, 콜레스테롤 저하, 혈당 조절, 정장작용 등 인체에 유익한 작용을 하는 것도 있다. 따라서 탄수화물의 체내 기능, 대사작용, 식이섬유의 역할 등을 파악하여 건강한 삶을 영위하는데 도움을 주고자 한다.

## 1. 탄수화물의 정의

탄수화물(carbohydrate)은 우리나라 사람이 섭취하는 총 열량의 60% 이상을 차지하는 주된 에너지 공급원으로서 탄소(C), 수소(H), 산소(O)로 구성되어 있다. 탄수화물은 주로 식물에 존재하는 엽록소(chlorophyll)에서 태양에너지를 이용하여 공기 중의 이산화탄소($CO_2$), 흙속의 물($H_2O$)로부터 광합성작용(photosynthesis)에 의하여 만들어지며, 자연계에 가장 많이 존재하는 유기물이다.

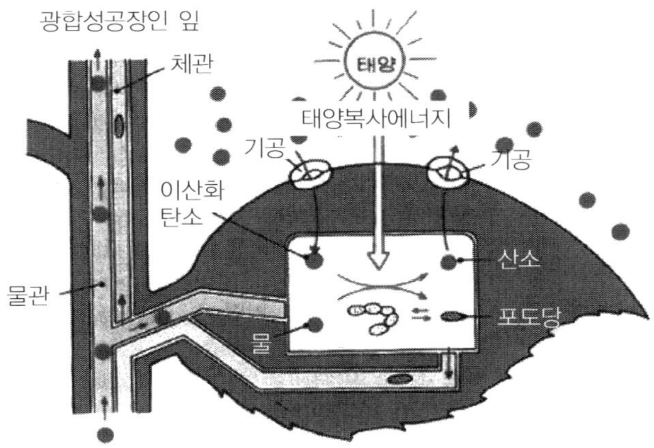


[그림 3.1] 광합성 과정

광합성은 그림 3.1과 같이 엽록소를 가진 식물이 태양의 빛 에너지를 이용하여 물과 이산화탄소로부터 유기물을 합성하는 과정이다. 즉 태양의 빛 에너지가 당 또는 전분 등의 유기물에 화학 에너지로 저장되는 과정이며, 저장된 화학 에너지는 식물의 생활에 필요한 에너지로 사용된다. 이 과정을 화학식으로 나타내면 아래와 같다.

$$6CO_2 + 6H_2O \underset{\text{호흡}}{\overset{\text{광합성}}{\rightleftarrows}} C_6H_{12}O_6 + 6O_2$$

즉, 광합성은 빛 에너지를 이용하여 이산화탄소와 물로부터 포도당을 만드는 과정이며, 호흡은 포도당과 산소를 이산화탄소와 물로 분해하는 광합성의 역반응이다.

탄수화물의 일반식은 $C_n(H_2O)_n$ 또는 $(CH_2O)_n$으로, 구조식에서 보듯이 탄소(C)와 물($H_2O$)의 화합물 같으므로 탄수화물 또는 함수탄소(carbohydrate)라고 이름이 지어졌다. 화학적으로는 한 분자 내에 알콜기(-OH)와 알데하이드기(-CHO) 또는 케톤(=CO)를 가지는 화합물 또는 그 축합물이라는 정의를 내리고 있다.

★ **참고**

최근에는 탄수화물(carbohydrate)을 당질(glucide)이라고도 많이 부르는데, 보건복지부에서 발행되고 있는 한국식품성분표에는 탄수화물을 당질과 섬유로 나누어 표기하고 있기 때문에 엄밀히 말하자면 탄수화물과 당질이 같은 뜻이 아닌 것을 알 수 있다.

# 2. 탄수화물의 분류

탄수화물 중 가수분해에 의하여 더는 분해되지 않는 당을 단당류(monosaccharides)라 하며, 단당류는 탄소의 수가 3~7개의 범위 내에 있는 것으로서 탄소수에 따라 3탄당(triose, $C_3H_6O_3$), 4탄당(tetrose, $C_4H_8O_4$), 5탄당(pentose, $C_5H_{10}O_5$), 6탄당(hexose, $C_6H_{12}O_6$), 7탄당(heptose, $C_7H_{14}O_7$) 등으로 분류한다. 이중 동식물계에 널리 분포되어 있는 단당류는 주로 5탄당(pentose)과 6탄당(hexose)이다. 그리고 이당류(disaccharides)는 단당류 2 분자가 결합한 형태로 존재하며, 올리고당류(oligosaccharides)는 단당류가 3~수분자 결합한 것으로 단당류의 분자수에 따라서 3당류(trisaccharides), 4당류(tetrasaccharides) 등으로 분류한다.

다당류(polysaccharides)는 단당류가 수많이 결합한 거대분자로 자연계에 널리 분포되어 동식물에서 탄수화물의 저장고 역할을 하거나 구조를 유지해 주는 역할을 한다. 다당류는 한 종류의 당으로 구성된 것을 동종다당류(homopolysaccharides)라 하고, 두 종류 이상의 당으로 구성된 것을 이종다당류(heteropolysaccharide)라고 하며, 동종다당류를 단순다당류(simple polysaccharides), 이종다당류를 복합

[표 3.1] 탄수화물의 분류

| 분 류 | 종 류 |
|---|---|
| 단당류<br>(monosaccharides) | 3탄당(triose): glyceraldehyde, dihydroxyacetone<br>4탄당(tetrose): erythrose, erythrulose<br>5탄당(pentose): ribose, xylose, arabinose<br>6탄당(hexose): glucose, fructose, galactose, mannose<br>7탄당(heptose): sedoheptulose |
| 이당류<br>(disaccharides) | maltose<br>lactose<br>sucrose |
| 소당류<br>(oligosaccharides) | 3당류(trisaccharides): raffinose<br>4당류(tetrasaccharides): stachyose |
| 다당류<br>(polysaccharides) | 단순다당류(simple polysaccharides): starch, glycogen, cellulose<br>복합다당류(compound polysaccharides): pectin, chitin, gums |

다당류(compound polysaccharides)라고도 한다(표 3.1 참조).

## 1) 단당류(monosaccharides)

단당류는 탄수화물의 기본 단위이며, 더는 가수분해 될 수 없는 당으로서 탄소 수에 따라 3탄당, 4탄당, 5탄당, 6탄당 등이 있다. 하지만 식품에 가장 흔하게 들어 있는 것이 6탄당이며, 가장 대표적인 것이 포도당(glucose), 과당(fructose), 갈락토오스(galactose) 등이다. 이들의 분자량과 일반 분자식은 $C_6H_{12}O_6$로 모두 같지만 그림 3.2에서에서 보는 것처럼 산소와 수소의 위치가 달라 분자의 모양과 맛이 다르다.

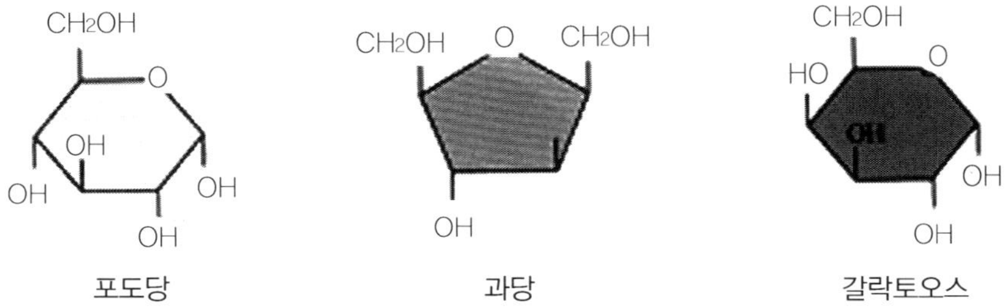


[그림 3.2] 포도당, 과당 및 갈락토오스의 구조

### (1) 포도당(glucose)

포도당은 자연계에 널리 분포하고 있으며, 특히 포도에 많이 함유되어 있어서 포도당이라고 부른다. 신체 내에서 영양학적으로 매우 중요한 단당류이며, 사람의 혈액 중에 있는 포도당을 혈당(blood sugar)이라 하고, 혈액 중에는 항상 0.1%의 포도당이 존재하고 있다.

### (2) 과당(fructose)

과당은 fruit sugar라고도 부르며, 꿀이나 과일 중에 많이 존재한다. 특히 단맛이 강하여 설탕의 단맛을 1로 기준했을 때 과당의 단맛은 약 1.7 정도이다. 최근에는 가공식품 중의 당함량을 낮게 하면서 단맛을 유지하기 위하여 설탕 중의 과당 함량을 높인 고과당이 제조되고 있다.

### (3) 갈락토오스(galactose)

갈락토오스는 유즙에 포도당과 결합된 유당(lactose)의 형태로 존재하며, 거의 유리 상태로는 존재하지 않는다. 동물조직 중에는 세레브로사이드(cerebroside), 강글리오사이드(ganglioside) 등으로 뇌, 신경조직 중에 함유되어 있으며, 간에서는 포도당으로 전환된다.

## 2) 이당류(disaccharides)

이당류는 단당류 두 분자가 결합한 것으로서 산이나 효소에 의하여 가수분해되면 두 분자의 단당류가 만들어 진다.
영양적으로 대표적인 이당류는 자당(glucose+fructose), 맥아당(glucose+glucose), 유당(glucose+galactose)이 있다.

### (1) 자당(설탕, sucrose)

자당은 설탕이라고도 하며, 그림 3.2의 포도당(glucose) 한 분자와 과당(fructose) 한 분자가 결합한 것(그림 3.3 참조)으로서 식물의 과즙, 잎, 줄기, 뿌리 등에 널리 분포되어 있다. 특히 사탕수수나 사탕무에서 추출 정제되어 설탕 형태로 많이 이용되고 있다. 자당은 자당분해효소(sucrase)에 의하여 포도당과 과당으로 가수분해된다.

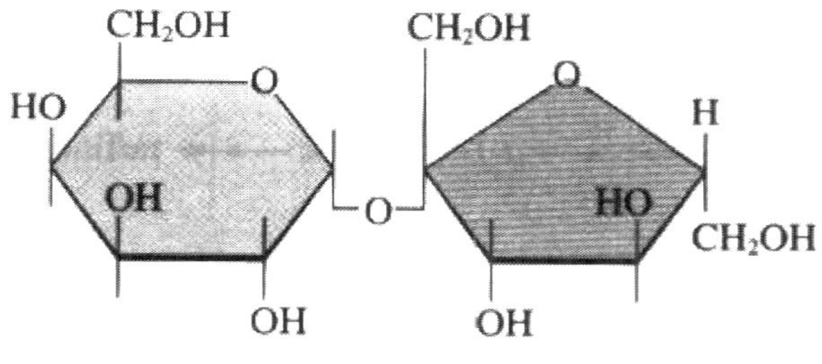


Glucose(포도당)　　Fructose(과당)

[그림 3.3] 자당(Sucrose, 설탕)

### (2) 맥아당(maltose)

맥아당은 밀이나 보리가 발아할 때에 생성되고, 전분이 소화되는 중간 단계에서도 생성되며 감주, 엿 등의 성분이 된다. 그림 3.2의 포도당 두 분자가 결합한 것(그림 3.4 참조)으로 맥아당분해효소(maltase)에 의하여 두 분자의 포도당으로 분해된다. 소화관 내에서는 쉽게 포도당으로 분해되기 때문에 체내에서 소화 흡수가 잘된다.

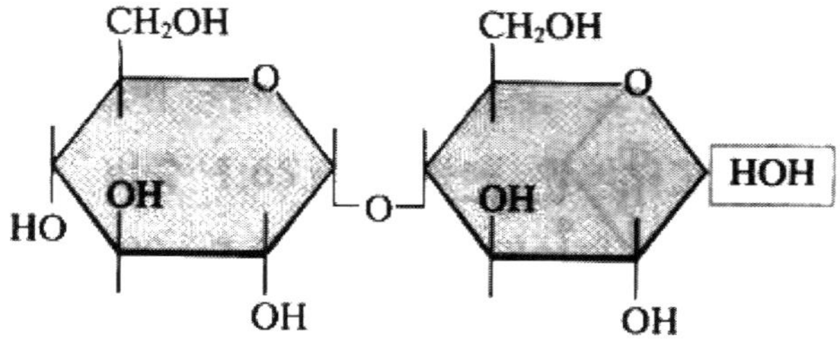


Glucose(포도당) Glucose(포도당)

[그림 3.4] 맥아당(Maltose)

### (3) 유당(lactose)

유당은 그림 3.2의 포도당 한 분자와 갈락토오스 한 분자가 결합된 것(그림 3.5 참조)으로 유당분해효소(lactase)에 의하여 각각 포도당과 갈락토오스로 분해된다. 식물계에는 존재하지 않고 주로 유즙에 존재하기 때문에 젖당(milk sugar)이라고도 한다. 우유에는 3~5%, 모유에는 5~7% 정도가 함유되어 있으며, 유당 분해할 때 생성된 갈락토오스(galactose)는 어린이들의 뇌신경을 형성하는데 필요하므로 성장기 어린이에게는 아주 중요한 영양소이다. 그리고 일부의 유당은 대장에 들어가 장내에서 젖산균의 발육에 이용되어 장내를 산성으로 유지하고, 유해균의 증식을 억제하여 정장작용과 칼슘의 흡수를 촉진하는 데에도 관여한다. 그러나 일부의 사람들은 유당을 분해하는 효소가 부족하여 우유 음용시 설사, 복부팽만, 경련 등의 증상이 발생하는데 이것을 유당불내증이라고 한다.

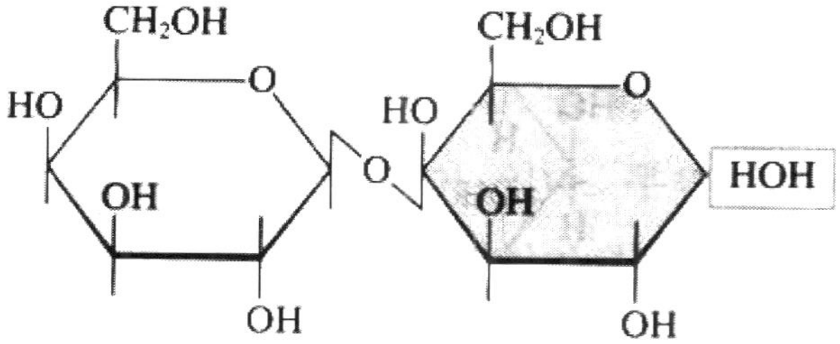


Glucose(포도당) Galactose(갈락토오스)

[그림 3.5] 유당(Lactose, 젖당)

참고

*유당불내증(lactose intolerance)
유아기 이후에 유당을 소화할 수 있는 능력을 상실한 사람들이 음용한 우유가 소화기관을 거치면서 소장 내에 있는 박테리아에 의하여 유당이 산과 가스로 분해되어 복부팽만, 경련, 설사 등의 증상이 발생하는데 이것을 유당불내증이라 하고 유당분해효소(lactase)의 결핍으로 발생한다. 그러나 유당불내증은 불치병이 아니어서 우유를 장기간 꾸준히 섭취하면 유당분해효소가 생성되는 것으로 알려져 있다. 최근에는 우유를 마시고 설사나 가스 발생으로 인한 복부팽만을 방지하기 위하여 우유 중의 유당을 분해한 제품이 출시되고 있다.

## 3) 올리고당류(oligosaccharides)

올리고당류는 단당류가 3~11개 정도 결합된 것으로서 식품 중에는 올리고당류로는 많이 함유되어 있지 않으나 다당류의 소화 과정에서 생성된다. 물에 잘 녹으며 단맛이 설탕의 20~60%여서 충치 예방, 비만 방지, 당뇨병 개선 등을 위한 감미료로 이용된다. 그리고 비피더스균의 증식 효과, 변비 및 설사 개선, 식이섬유와 유사한 기능을 갖고 있다. 기능성을 가진 올리고당류로서는 플럭토올리고당(fructooligosaccharide), 이소말토올리고당 (isomalto oligosaccharide), 갈락토올리고당(galactooligosaccharide), 자일로올리고당(xylooligosaccharide) 등이 있으며, 올리고당류의 대표적인 것은 3당류인 라피노스(raffinose)와 4당류인 스타키오스(stachyose)가 있다.

### (1) Raffinose

라피노스는 3당류의 대표적인 탄수화물로서 포도당(glucose) 한 분자, 과당(fructose) 한 분자, 갈락토오스(galactose) 한 분자가 결합한 것이다(그림 3.6 참조). Raffinose는 당밀, 사탕무, 두류 등에 함유되어 있고, 인간의 소화효소에 의하여 분해되지 않으며, 대장에 존재하는 박테리아에 의하여 가스를 생성한다. 그 외의 3당류로서 gentianose, mannotriose, rhamninose 등이 있지만 자연계에 많이 존재하지 않기 때문에 중요하게 취급하지 않는다.

### (2) Stachyose

스타키오스는 두류에 많이 함유되어 있으며, 두 분자의 galactose, 한 분자의 glucose, 한 분자의 fructose로 결합되어 있는 당류이다(그림 3.7 참조). 그 외의 4당류로서 scorodose, lupeose 등도 있다. 스타키오스는 대장에서 미생물에 의한 발효로 두류를 섭취하였을 경우 배에 가스를 발생시키는 원인이기도 하다.

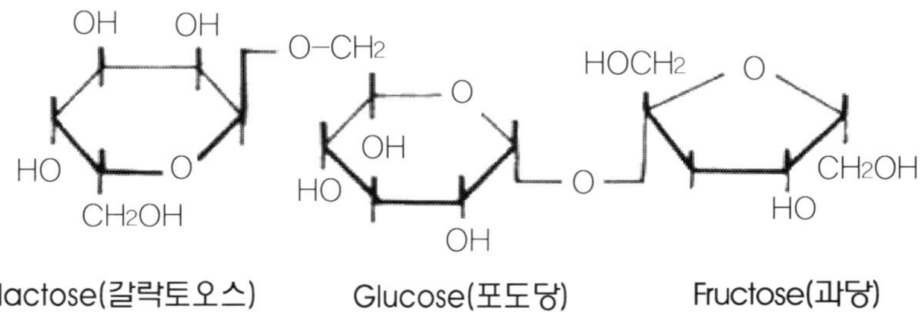


[그림 3.6] 라피노스(Raffinose)

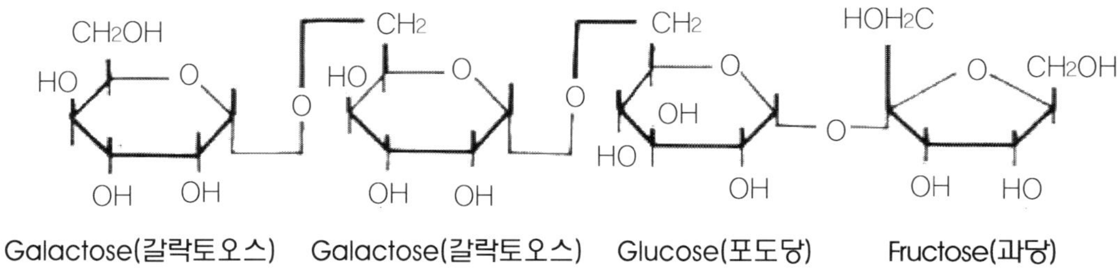


[그림 3.7] 스타키오스(Stachyose)

참고

*탄수화물의 단맛

| 감미물질 | 상대적 감미도 | 감미물질 | 상대적 감미도 |
|---|---|---|---|
| 설탕(sucrose) | 100 | 갈락토오스(galactose) | 63 |
| 라피노오스(raffinose) | 22 | 포도당(glucose) | 69 |
| 유당(lactose) | 39 | 과당(fructose) | 170 |
| 맥아당(maltose) | 46 | 사카린(saccharin) | 30,000 |

## 4) 다당류(polysaccharides)

다당류는 단당류가 수십 개~수천 개가 결합된 고분자 화합물로서 자연계에 널리 분포되어 있다. 같은 종류의 단당류로 구성되어 있는 것을 단순다당류라 하고 전분(starch), 글리코겐(glycogen), 섬유소(cellulose), 이눌린(inullin), 만난(mannan) 등이 여기에 속하며, 두 가지 이상의 단당류로 구성된 것을 복합다당류라고 하고, 한천(agar), 알긴산(alginic acid), 카라기난(carrageenan), 키틴(chitin), 펙틴(pectin) 등이 여기에 속한다.

### (1) 전분(starch)

식물의 저장 탄수화물로서 포도당(glucose)만으로 구성되어 있는 다당류이다. 물에 쉽게 녹지 않고, 단맛이 없으며, 특히 곡류를 주식으로 하는 우리나라 사람들에게는 중요한 에너지원이다. 전분은 포도당이 결합된 형태에 따라 아밀로오스(amylose)와 아밀로펙틴(amylopectin)으로 구분한다.

아밀로오스는 포도당이 $\alpha$-1, 4 결합한 직쇄상의 구조이며(그림 3.8 참조), 아밀로펙틴은 포도당이 $\alpha$-1, 4 결합한 직쇄상의 구조(아밀로오스)에 다시 포도당이 $\alpha$-1, 6 결합으로 가지를 형성하고 있다(그림 3.9 참조).

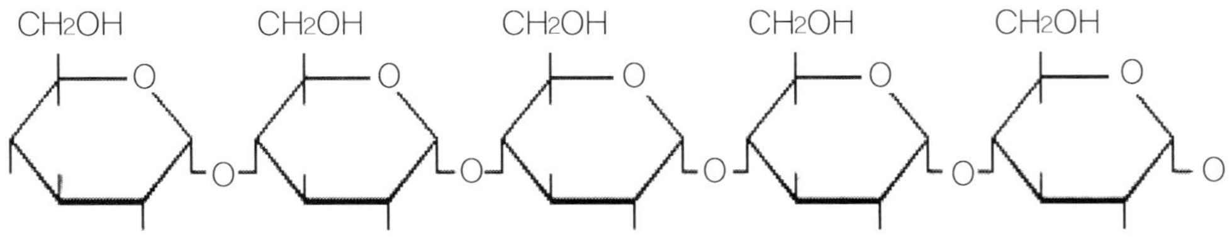


[그림 3.8] 아밀로오스(amylose)의 구조

전분은 곡류, 감자, 고구마, 두류 등에 많이 존재하며, 전분의 종류에 따라 아밀로오스와 아밀로펙틴의 함량이 다르다. 표 3.2에 보면 멥쌀과 찹쌀의 아밀로오스와 아밀로펙틴의 함량이 각각 다르다. 멥쌀은 아밀로오스 18%에 아밀로펙틴이 82% 함유되어 있고, 찹쌀은 100%가 아밀로펙틴으로 되어 있어서 분자량이 훨씬 큰 찹쌀로 한 밥이 더 차진 이유이다. 그러나 멥쌀은 찹쌀보다 호화가 잘되지만 노화 역시 찹쌀보다 잘 일어난다.

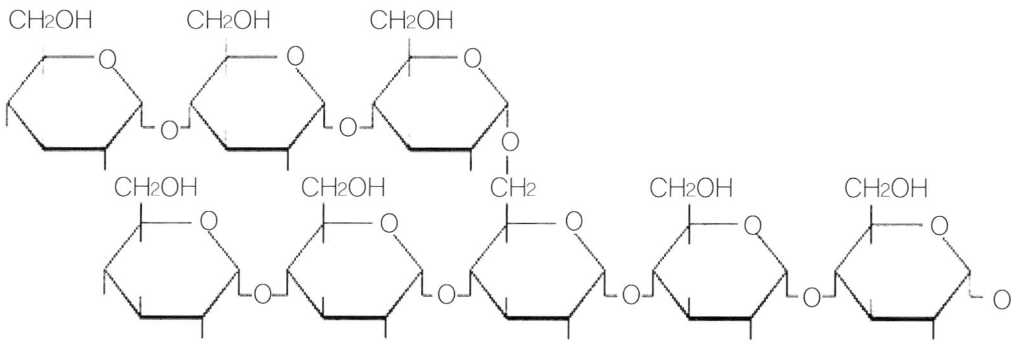


[그림 3.9] 아밀로펙틴(amylopectin)의 구조

[표 3.2] 전분질 식품의 amylose와 amylopectin 함량

| 전분의 종류 | Amylose 함량(%) | Amylopectin 함량(%) |
|---|---|---|
| 멥쌀 | 18 | 82 |
| 찹쌀 | 0 | 100 |
| 옥수수 | 27 | 73 |
| 찰옥수수 | 0~2 | 98~100 |
| 보리 | 27 | 73 |
| 밀 | 25 | 75 |
| 수수 | 26 | 74 |
| 메밀 | 28 | 72 |
| 감자 | 22 | 78 |
| 고구마 | 18 | 82 |

**참고**

*자장면을 먹을 때 물이 생기는 이유

자장면을 만들 때 자장면 소스의 묽기를 진하게 하기 위하여 갈분 가루(전분)를 넣게 된다. 전분은 산, 열, 효소 등에 의하여 분해되는데 전분을 분해하는 효소 중에는 $\alpha$-amylase라는 분해효소가 있다. 이 효소는 췌장액, 타액, 일부 세균, 곰팡이 등에 존재하며, 전분의 $\alpha$-1, 4 결합을 무작위로 가수분해하여 저 분자량의 덱스트린을 생산하는 액화효소(液化酵素)이다. 특히 인간의 침 속에는 프티알린(ptyalin)이라는 소화효소가 존재하는데 여기에 $\alpha$-amylase가 함유되어 있고, 자장면을 먹을 때 젓가락 또는 숟가락에 묻은 침이 자장면 소스의 전분을 물처럼 액화시켜서 나타나는 결과이다. 자장면 외에도 전분질을 소스나 액체 식품의 묽기를 조절하기 위하여 갈분 가루(전분)를 첨가하는 식품인 팥죽, 탕수육 소스 등에 침이 들어가게 되면 소스는 물처럼 변한다. 특히 음식을 먹을 때 침을 많이 흘려 묻히게 되는 어린이나 노인이 먹을 때 그 정도는 더 심하게 느껴진다.

### (2) 덱스트린(糊精, dextrin)

전분을 묽은 산이나 효소로 가수분해시키거나 물 없이 180℃ 이상으로 가열하면 가용성 전분을 거쳐 덱스트린으로 변화되고, 덱스트린은 맥아당과 포도당으로 분해되는데, 전분이 분해되기 시작하여 맥아당이나 포도당으로 분해되기 전까지의 모든 분해 생성물을 덱스트린이라고 한다.

그림 3.10은 전분이 포도당으로 분해되는 과정을 나타낸 것인데 전분이 분해되기 시작하여 가용성 전분부터 포도당(glucose)과 맥아당(maltose)으로 분해되기 직전 단계인 maltodextrin까지의 모든 중간 생성 물질을 덱스트린(dextrin)이라고 한다.

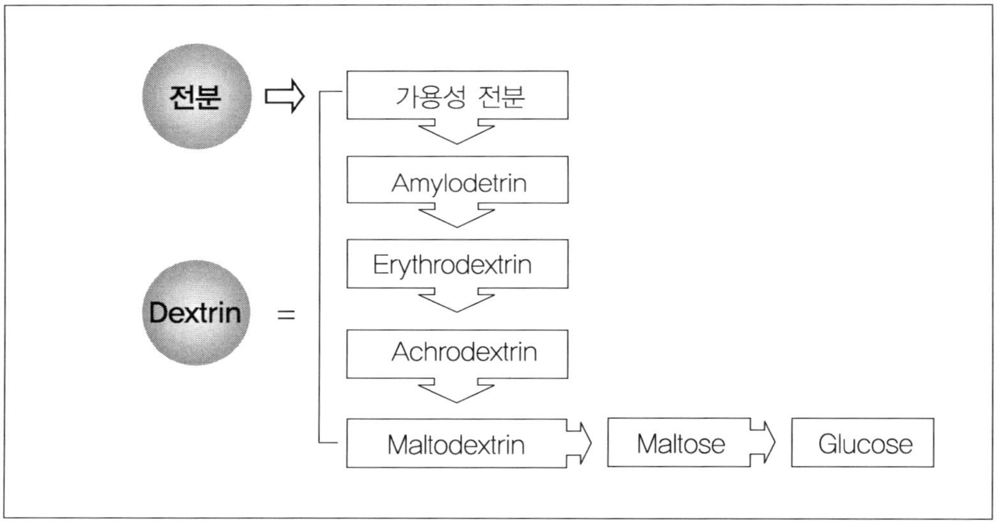


[그림 3.10] 전분이 포도당으로 분해되는 과정

### (3) 글리코겐(glycogen)

동물의 간장(2~8%)이나 근육(0.5~1%)에 과립 형태로 존재하는 동물성 다당류로서 동물성 전분(animal starch)이라고도 한다. 글리코겐의 구조는 전분의 아밀로펙틴과 유사하나 가지의 길이가 아밀로펙틴보다 짧고 많아서 체내에서 에너지가 필요할 때 포도당으로 빨리 분해된다.

동물의 근육을 고기로 이용할 경우 살아있을 때는 글리코겐이 포도당으로 분해되어 에너지로 이용되지만, 도축하면 분해된 포도당은 에너지 생산의 역할보다는 젖산을 생성하는 역할을 하기 때문에 근육을 산성화시켜 pH를 낮게 하는 요인이 된다. 도축된 고기의 pH는 저장에 중요한 역할을 하기 때문에 살아있을 때 안정을 시켜 글리코겐이 풍부한 상태에서 도축해야만 젖산 생성량이 많아져 좀 더 오랫동안 저장할 수 있다.

근육의 글리코겐은 혈액 중의 포도당에서 합성되며, 글리코겐 이외의 탄수화물에서는 생성되지 않는다. 근육의 글리코겐은 근육이 활동하면 에너지원으로 소비되고, 소비된 양만큼 혈액의 포도당에서 보충된다. 따라서 적당한 운동은 근육의 글리코겐을 고갈시킴으로서 혈당이 근육으로 이행되어 혈당을 낮추는 역할을 하게 된다.

### (4) 섬유소(셀룰로오스, cellulose)

섬유소는 식물 세포벽을 구성하는 다당류로서 포도당이 직선으로 결합해 있다. 인간의 소화효소로서는 분해되지 않으며, 초식동물은 섬유소를 분해할 수 있기 때문에 섬유소를 에너지원으로 이용한다.

### (5) 헤미셀룰로오스(hemicellulose)

헤미셀룰로오스는 식물 세포벽을 구성하고 있으며, 섬유소보다 분자량이 적고 자이로오스(xylose)와 갈락토오스(galactose)로 구성된 복합다당류이다.

### (6) 펙틴(pectin)

펙틴은 식물의 세포벽, 세포간질, 과육, 과일의 껍질 등에 존재하며, 주요 구성성분은 펙틴산(pectic acid), 아라비노오스(arabinose), 갈락토오스(galactose)이다. 특히 잼, 젤리, 초콜릿, 아이스크림 등을 제조할 때에 안정제로 사용된다.

### (7) 키틴(chitin)

키틴은 게, 가재, 새우 등과 같은 갑각류와 곤충의 외골격(껍질), 사상균의 세포벽에 존재하며, 최근에 다양한 기능성이 있는 것으로 밝혀지면서 생물공학, 의학,

약학, 식품공학 분야에서 고부가가치의 생물 신소재로서 각광을 받고 있다.

키틴은 《본초강목》에서 종기나 부스럼 치료의 특효약으로 기록되어 있고, 최근의 연구 결과 제산작용, 궤양 억제, 콜레스테롤 저하작용, 장내 유용세균의 발육 촉진, 면역작용 등이 있는 것으로 알려지면서 우리나라 《식품공전》에 건강기능식품으로 등록되어 있다.

★ 참고

*건강기능식품이란?

식품의 기능은 크게 세 가지로 나눌 수 있다. 식품은 배불리 먹지 못하던 시대에 생명유지를 위한 영양 공급을 하던 기능이 제1의 기능이고, 그 다음이 맛, 향 등의 기호성이 제2의 기능이었다. 그러나 과학의 발달과 경제성장, 고령화 사회로 인하여 건강을 유지할 수 있는 식품에 대한 요구가 커지면서 제3의 기능인 식품 성분이 갖는 생체방어, 생체 리듬의 조절, 질병의 예방과 치료 등 생체 조절 기능을 발휘할 수 있게 설계된 식품이 건강기능식품이다. 2007년 현재 키틴을 포함한 37개 품목이 허용되어 있다.

### (8) 기타 다당류

이 외에 홍조류인 우뭇가사리에 존재하고 있는 한천(agar), 미역이나 다시마 세포벽의 구성 성분인 알긴산(alginic acid), 홍조류에 함유되어 있는 카라기난(carrageenan) 등이 있으며, 이들은 가공식품의 안정제, 결착제 등 다양하게 이용되고 있다. 또 돼지감자, 다알리아 뿌리에 함유되어 있는 이눌린(inulin), 식물, 효모, 곰팡이, 세균 등에 널리 분포되어 있는 만난(mannan) 등도 다당류에 속한다.

# 3. 식이섬유(dietary fiber)

식이섬유라는 단어는 최근에 알려졌으나 과거부터 식품으로 이용되어 왔던 것이다. 식이섬유는 사람의 소화효소로는 분해되지 않고 밖으로 배출되는 고분자 탄수화물이다. 사람은 체내에서 에너지를 생성하는 탄수화물, 지질, 단백질 등 영양소를 섭취하여야만 살아갈 수 있다. 그런데 섬유소는 이러한 영양소들과는 그 기능이 다르다. 식이섬유는 대장 내의 세균에 영향을 미쳐 발암성 물질의 작용을 억제하여 대장암을 예방하고, 콜레스테롤의 흡수를 억제하여 성인병을 예방하며, 위장에서 수분을 흡수하여 팽윤하므로 공복감을 덜 느껴 식사량을 줄일 수 있다. 또 장내에서 식염과 결합하여 몸 밖으로 배출시키기 때문에 혈압이 올라가는 것을 방지하고, 당뇨병의 예방과 치료에 도움을 준다. 대장의 운동을 촉진시켜 변이 내장을 통과하는 시간을 짧게 하고, 배변량을 증가시키며, 배변이 원활해지기 때문에 변비가 없어진다. 비만인 사람은 섬유질을 충분히 섭취하면 영양분의 소화흡수를 억제하고 포만감을 증가시키기 때문에 다이어트에 좋다.

## (1) 식이섬유의 분류

식이섬유는 물에 녹는 가용성(수용성) 식이섬유와 녹지 않는 불용성 식이섬유로 구분할 수 있다. 가용성 식이섬유는 표 3.3과 같이 펙틴(pectin), 일부 헤미셀룰로오스(hemicellulose), 검류(gums), 해조 다당류 등이 있으며, 불용성 식이섬유는 셀룰로오스(cellulose), 헤미셀룰로오스(hemicellulose), 리그닌(lignin), 키틴(chitin) 등이 있다.

[표 3.3] 식이섬유소와 급원식품

| 분 류 | 종 류 | 기 능 | 급원식품 |
|---|---|---|---|
| 불용성 식이섬유 | cellulose,<br>hemicellulose<br>lignin, chitin 등 | • 분변량 증가<br>• 변비 예방<br>• 장 통과 시간 단축<br>• 결장 내압 감소 | • 모든 과일 및 채소<br>• 밀, 보리, 현미 등 |
| 수용성 식이섬유 | gums, pectin, 일부<br>hemicellulose,<br>해조 다당류 | • 포만감 증가<br>• 포도당 흡수 지연<br>• 혈청콜레스테롤 감소 | • 과실류, 두류<br>• 귀리, 보리 등 곡류<br>• 해조류 |

### (2) 식이섬유와 체내 기능

표 3.4는 식이섬유가 체내 기능에 미치는 영향을 나타낸 것이다. 식이섬유는 대체로 체내에서 유용한 기능을 하지만 과다하게 섭취하였을 경우 물에 녹지 않는 불용성 섬유질일 경우 칼슘, 철분, 아연 등 무기질의 흡수를 방해하여 건강에 나쁜 영향을 미치기 때문에 되도록이면 1일 섭취량을 초과하는 것은 좋지 않다.

[표 3.4] 식이섬유와 체내 기능

| 체내기능 | 작 용 |
|---|---|
| 체중조절 | • 영양분의 소화흡수 억제<br>• 에너지 이용이 되지 않기 때문에 체중감소<br>• 수분흡수로 팽창되면서 포만감 형성 |
| 대장질환 예방 | • 배변량 증가시켜 변비 및 치질 예방<br>• 장내 세균에 영향을 미쳐 대장암 예방<br>• 대장 게실의 해소 |
| 혈중 콜레스테롤 및 혈당조절 | • 콜레스테롤의 흡수억제<br>• 식후 혈당상승 지연 |
| 혈압조절 | 장내 식염과 결합하여 몸 밖으로 배출 |
| 인공식품첨가물 제거 | 인공적으로 합성된 식품첨가물 배출 |
| 무기질 흡수 방해 | 철분, 칼슘, 아연 등의 무기질 흡수 방해 |

식이섬유의 기능을 살펴보면

#### 1 소화관 기능에 미치는 영향

식이섬유는 변통을 좋게 한다. 즉, 정장작용을 한다.

#### 2 소화관 통과 시간 단축

음식을 섭취하여 대변으로 배설될 때까지의 시간을 소화관 통과 시간(gastrointestinal transit time)이라 한다. 섭취한 음식의 통과 시간은 음식의 종류, 조성, 섭취량 그리고 사람마다 다르게 나타난다. 식이섬유는 소화관의 통과 시간을 단축시켜 변비를 예방하고 치료하는데 효과적이다.

### 3 허혈성 심장질환 및 콜레스테롤 대사에 미치는 영향

허혈성 심장질환은 혈중 콜레스테롤 함량이 중요한 요인으로 작용하는데, 식이섬유는 혈중 콜레스테롤을 저하시켜 허혈성 심장질환을 예방하는 효과가 있다.

### 4 혈당 감소

포도당 흡수를 지연시켜 혈당이 상승하는 것을 막아주기 때문에 당뇨병 환자의 식이요법에 도움이 된다. 특히 비교적 점도가 높은 가용성 식이섬유는 식후의 혈당 상승을 억제하고 인슐린의 분비를 저하시키는 효과가 크다.

### 5 대장질환 예방

음식물이 장내에 오랫동안 체류할 경우 장내 박테리아의 발암성 물질 생산으로 대장암 발병률이 높아진다. 따라서 식이섬유는 음식물의 소화관 통과 시간을 단축시키고, 배변량을 늘려 장내를 깨끗이 하기 때문에 대장암, 게실, 충수염 등 대장질환의 예방에 도움이 된다. 다 변의 장내 정체 시간이 길어지면 장관 내압이 상승하여 충수염과 게실증을 유발할 수 있다. 그리고 대장암 발병률이 높은 지역은 낮은 지역보다 지방을 과다 섭취하고 식이섬유의 섭취가 부족하다는 연구 결과들이 있다.

### 6 장내 세균의 종류 개선

몸에 유익한 세균들이 장내에 존재하기 위해서는 유익한 균의 증식에 필요한 영양소가 필요하다. 특히 불용성 식이섬유보다 가용성 식이섬유가 장내 세균의 종류 개선에 더 효과적인 것으로 알려져 있다.

### 7 체중조절

현대는 에너지 섭취 과다, 운동량 및 노동력 부족 등에 의한 비만이 사회문제로 대두되고 있다. 최근에는 매스컴, 인터넷 검색 사이트, 전철 광고물 등을 통하여 하루 수~수십 번 체중조절 및 다이어트와 관련된 광고를 접할 수 있다. 그만큼 과체중인 사람이 많고, 다른 한편으로는 날씬한 몸매를 유지하고자 하는 사람이 많다고 볼 수 있다.

식이섬유는 에너지로 이용되지 않기 때문에 체중 증가와 관계가 없고, 그 밖에 영양분의 소화흡수를 억제하며, 수분을 흡수하여 음식물의 용적을 증가시켜 위의 포만감을 증가시킴으로써 음식 섭취량을 감소시키는 원인이 되기 때문에 식이섬유가 체중조절에 효과적이다.

**8** 담석증 예방

담석증은 담즙 중에 포화지방산이나 콜레스테롤이 담즙산보다 많으면 담즙의 용해성이 낮아져서 콜레스테롤이 결정체를 이루는 경우가 있는데 이것을 담석이라 하고, 정도가 심해져 병적 증상이 나타나면 담석증이라 한다.

담즙산은 지방을 유화(emulsion)시켜 지방의 소화, 흡수를 돕는데 효과가 있는 물질이며, 이 일이 끝나고 나면 소장에서 다시 흡수되어 간장으로 돌아온다. 식이섬유는 간장으로 돌아오는 담즙산의 양을 적게 하기 때문에 간장에서 콜레스테롤을 분해하여 담즙산을 만드는 작용이 활발하여 진다. 이렇게 만들어진 담즙산이 담즙에 많이 존재하면 담즙의 용해성이 증가하기 때문에 담석의 형성이 어려워진다.

**9** 식이섬유 과다 섭취에 의한 부작용

① 장내 통과 시간이 너무 짧아 소화, 흡수가 충분히 이루어지지 못하여 영양소가 결핍될 수 있다.

② 과량의 식이섬유가 수분과 결합하여 배설되기 때문에 탈수나 설사의 증상이 올 수 있다.

③ 식이섬유는 무기질(특히 칼슘, 철분, 아연 등)과 결합하여 불용성 물질을 만들어 흡수를 방해한다. 따라서 식이섬유의 섭취가 과다할 때는 무기질의 흡수를 향상시키는 비타민 C나 양질의 단백질을 같이 섭취하는 것이 좋다.

이상의 결과에서 느낄 수 있는 것은 우리가 섭취하는 영양소는 균형을 맞추어야 한다는 것이다. 식이섬유가 체내에서 좋은 역할을 하는 것은 분명하지만 과다 섭취 시에 발생할 수 있는 다른 부작용들을 생각한다면 단백질, 지질, 무기질, 비타민 등 다른 영양소의 섭취도 함께 고려하여야 한다. 즉, 개인이 섭취해야할 영양소를 충분히 섭취하면서 적절한 양의 식이섬유를 같이 섭취함으로써 균형이 잡힌 식생활로 건강한 삶을 영위할 수 있을 것이다.

### (3) 식품군별 식이섬유 함유량

식이섬유는 과일, 채소, 해조류 및 도정이 적게 된 곡류에 많이 함유되어 있으며, 바쁜 일상의 현대인들은 가공식품이나 인스턴트식품을 많이 이용하기 때문에 섬유질을 섭취할 기회가 적다. 대체로 섬유질이 많이 함유되어 있으면서 많이 이용하고 있는 섬유질 공급 식품의 섬유질 함량을 표 3.5, 3.6, 3.7 및 3.8에 표시하였다.

#### 1 채소류의 섬유질

채소류에 함유된 섬유질 및 열량을 표 3.5에 표시하였다. 섬유질 함량이 낮아 보이지만 채소류가 가지고 있는 물의 함량이 90% 내외이기 때문에 물을 제외하면 적게는 10%에서 많게는 60%를 차지하고 있다. 특히 붉은 고추는 섬유질 함량이 100g당 5.0g으로서 많은 양의 섬유질을 함유하고 있으며, 쑥도 3.3g으로서 많이 함유되어 있다.

채소류는 비타민류 및 무기질을 다량 함유하고 있어서 비타민의 좋은 급원이 되기도 하지만 채소류에 들어있는 무기질 중 칼슘(Ca)은 음식물의 산성을 중화하는 좋은 점이 있다. 그리고 색깔도 과일과 같이 아름다운 것도 있으나, 특히 엽록소(chlorophyll)가 많이 함유되어 있는 것이 과일과는 조금 다르다.

[표 3.5] 채소류의 섬유질 함량(100g 당)

| 채소류 | 섬유질(g) | 열량(kcal) | 채소류 | 섬유질(g) | 열량(kcal) |
|---|---|---|---|---|---|
| 가지 | 0.8 | 16 | 브로콜리 | 1.4 | 28 |
| 고들빼기 | 1.5 | 40 | 상추 | 0.8 | 18 |
| 삶은 고사리 | 1.4 | 21 | 생강 | 1.6 | 53 |
| 붉은고추 | 5.0 | 39 | 샐러리 | 0.9 | 12 |
| 풋고추 | 2.6 | 19 | 숙주나물 | 0.4 | 11 |
| 냉이 | 1.6 | 31 | 시금치 | 0.6 | 16 |
| 달래 | 1.3 | 27 | 쑥 | 3.3 | 18 |
| 당근 | 0.8 | 34 | 쑥갓 | 0.9 | 19 |
| 더덕 | 1.5 | 55 | 씀바귀 | 1.5 | 55 |
| 도라지 | 1.8 | 83 | 양배추 | 0.8 | 31 |

| 채소류 | 섬유질(g) | 열량(kcal) | 채소류 | 섬유질(g) | 열량(kcal) |
|---|---|---|---|---|---|
| 들깻잎 | 2.0 | 29 | 양파 | 0.5 | 35 |
| 마늘 | 1.4 | 40 | 오이 | 0.5 | 9 |
| 마늘쫑 | 2.0 | 51 | 우엉 | 1.2 | 62 |
| 무(열무) | 0.7 | 11 | 치커리 | 1.0 | 13 |
| 무(조선무) | 0.6 | 18 | 콩나물 | 0.6 | 30 |
| 무순 | 0.8 | 22 | 파 | 1.0 | 26 |
| 무청 | 1.0 | 19 | 파슬리 | 1.4 | 31 |
| 미나리 | 1.0 | 16 | 피망 | 1.0 | 17 |
| 배추 | 0.6 | 12 | 호박 | 0.8 | 23 |
| 부추 | 1.1 | 21 | 호박잎 | 1.2 | 27 |

자료: 한국식품성분표(보건복지부)

### 2 과일류의 섬유질

과일에 함유된 섬유질 및 열량을 표 3.6에 표시하였다. 과일도 채소와 같이 물의 함량이 많기 때문에 물을 제외하면 상대적인 섬유질의 양은 많다.

특히 과일은 많은 양의 섬유질 이외에도 비타민 C, 카로틴(carotene), 비타민 $B_1$, 비타민 $B_2$ 등의 비타민류 및 무기염류가 많이 들어 있어서 영양적인 측면에서 매우 중요한 식품 원료이다. 그리고 포도당, 과당, 자당, 만니톨(mannitol) 등의 당분과 말산(malic acid), 타르타르산(tartaric acid), 시트르산(citric acid) 등의 유기산이 풍부하여 조화된 상쾌한 맛을 준다. 또 안토시아닌(anthocyanin)계 색소, 카로티노이드(carotinoid)계 색소, 플라보노이드(flavonoid)계 색소가 다량 함유되어 있어 영양 및 색깔의 아름다움으로 기호성을 돋워준다.

예를 들면 포도에 함유된 안토시아닌계 색소는 항산화작용, 항균작용, 항궤양, 항암 등의 작용이 있는 것으로 알려져 있으며, 감귤에 함유된 플라보노이드류인 나린진(naringin), 헤스페리딘(hesperidin)은 항산화, 항균, 순환기계 질병예방, 그리고 체지방이 축적되는 것을 억제하는 작용을 한다. 그리고 토마토의 붉은색은 리코펜(lycopen)으로서 항암, 항산화 등 인체에 유익한 작용을 하기 때문에 과일류는 섬유질의 훌륭한 급원이기도 하지만 여러 가지 인체의 생리기능을 조절하는 물질들이 많이 함유되어 있다.

[표 3.6] 과일류의 섬유질 함량 (100g 당)

| 채소류 | 섬유질(g) | 열량(kcal) | 채소류 | 섬유질(g) | 열량(kcal) |
|---|---|---|---|---|---|
| 감(단감) | 1.1 | 44 | 살구 | 0.6 | 28 |
| 감(연시) | 0.6 | 66 | 수박 | 0.1 | 31 |
| 귤 | 0.3 | 38 | 앵두 | 0.4 | 29 |
| 금귤 | 0.9 | 68 | 오디 | 2.1 | 33 |
| 딸기 | 1.0 | 26 | 오렌지 | 0.5 | 40 |
| 대추 | 1.2 | 104 | 유자 | 1.4 | 48 |
| 레몬 | 0.4 | 23 | 자두 | 0.2 | 34 |
| 매실 | 1.1 | 29 | 자몽 | 0.3 | 30 |
| 멜론 | 0.4 | 38 | 참외 | 0.4 | 31 |
| 모과 | 4.6 | 61 | 키위 | 1.3 | 54 |
| 바나나 | 0.3 | 93 | 토마토 | 0.4 | 14 |
| 배 | 0.6 | 39 | 파인애플 | 0.4 | 23 |
| 복숭아 | 0.5 | 34 | 파파야 | 0.3 | 25 |
| 사과 | 0.5 | 45 | 포도 | 0.2 | 84 |

자료: 한국식품성분표(보건복지부)

### 3 곡류, 서류, 두류 및 종실류의 섬유질

곡류, 서류, 두류 및 종실류의 섬유질 함량은 표 3.7에서와 같다. 곡류는 물 함량이 15% 이하이기 때문에 섬유질 함량이 적은 편에 속한다. 그리고 서류인 감자와 고구마는 물의 함량이 70~80%이기 때문에 상대적인 섬유질 함량은 높다고 볼 수 있다.

두류인 콩, 녹두, 팥 등과 종실류인 깨, 땅콩, 해바라기씨 등도 섬유질의 좋은 급원이 된다. 그러나 두류는 탄수화물 함량이 높아 열량이 높고, 종실류들은 지방함량이 높아 열량이 높다.

### 4 해조류의 섬유질

해조류의 섬유질은 표 3.8에서와 같이 다시마의 경우 말린 것은 섬유질이

100g당 5.6g으로 많이 함유되어 있으며, 마른 미역도 2.5g이 함유되어 있다. 청각, 톳, 파래는 물의 함량이 약 90~95%이기 때문에 상대적인 섬유소는 많은 편에 속한다. 특히 이들은 열량이 낮아 섬유질 공급과 다이어트 식품으로 적합하다. 우리나라 근해에는 약 500여 종의 해조류가 서식하고 있으며, 이 중 50여 종이 식용으로 이용되고 있다. 해조류는 섬유질의 함량도 높지만 비타민 A와 C, 칼슘(Ca), 요오드(I) 같은 무기질을 많이 함유하고 있다. 해조류는 혈액 속의 콜레스테롤 함량을 저하시키고 혈압강하, 동맥경화 예방에도 효과적인 것으로 알려져 있다. 그리고 변비 예방 및 치료, 각종 소화기계 질병의 예방에 효과적이며, 다이어트 식품으로서도 우수하다. 무기질과 수용성 식이섬유가 많이 함유되어 있어서 스트레스 해소에도 도움이 되며, 가공식품의 과다 섭취로 산성화되는 혈액을 맑게 하고, 체액을 알칼리 상태로 유지하는 데에도 효과적이다. 예를 들면 김은 꾸준히 먹으면 피부와 머리카락이 윤택해져서 미용식으로 좋으며, 항암 효과와 고혈압 예방에 효과가 있다. 다시마에

[표 3.7] 곡류, 서류, 두류 및 종실류의 섬유질 함량 (100g 당)

| 종 류 | 섬유질(g) | 열량(kcal) | 종 류 | 섬유질(g) | 열량(kcal) |
|---|---|---|---|---|---|
| 메밀가루 | 0.7 | 343 | 검정콩 | 4.0 | 378 |
| 보리쌀 | 0.5 | 344 | 노란콩 | 3.3 | 391 |
| 쌀(흑미) | 0.9 | 352 | 녹두 | 5.0 | 321 |
| 쌀(백미) | 0.2 | 348 | 완두콩 | 2.9 | 74 |
| 쌀(현미) | 0.8 | 357 | 붉은팥 | 4.0 | 312 |
| 옥수수 | 1.0 | 186 | 회색팥 | 4.9 | 322 |
| 율무 | 1.9 | 365 | 들깨 | 8.6 | 523 |
| 수수 | 0.4 | 354 | 참깨 | 4.5 | 552 |
| 조 | 0.8 | 363 | 땅콩 | 3.2 | 569 |
| 찹쌀 | 0.3 | 357 | 도토리 | 0.6 | 351 |
| 감자 | 0.6 | 55 | 밤 | 1.3 | 162 |
| 고구마 | 0.9 | 128 | 은행 | 0.6 | 183 |
| 마 | 0.5 | 56 | 잣 | 1.0 | 665 |
| 토란 | 0.7 | 40 | 해바라기씨 | 2.9 | 588 |
| 강남콩 | 1.9 | 156 | 호두 | 2.8 | 652 |

자료: 한국식품성분표(보건복지부)

함유된 식이섬유는 혈중 콜레스테롤과 혈압을 강하시키는 작용이 있으며, 청각은 칼슘과 요오드가 다량 함유되어 있어 무기질의 좋은 공급원이 된다.
미역은 비타민과 무기질이 풍부하고, 장을 깨끗이 하는 식이섬유가 다량 함유되어 있으며, 중금속이 체내에 흡수되는 것을 방지하기도 한다. 특히 산후조리의 산모에게는 체내에 생성된 노폐물과 염분을 수분과 함께 배출시켜 부기를 가라앉히는 역할을 하기 때문에 산모에게 좋은 식품이기도 하다.

[표 3.8] 해조류의 섬유질 함량 (100g 당)

| 해조류 | 섬유질(g) | 열량(kcal) | 해조류 | 섬유질(g) | 열량(kcal) |
|---|---|---|---|---|---|
| 김 | 0.5 | 243 | 미역(마른) | 2.5 | 190 |
| 다시마(마른) | 5.6 | 195 | 청각 | 0.2 | 9 |
| 다시마(염장) | 0.9 | 24 | 톳 | 0.6 | 24 |
| 미역(생) | 0.3 | 18 | 파래 | 0.7 | 19 |

자료: 한국식품성분표(보건복지부)

### (4) 식이섬유의 섭취 권장량

우리나라 사람들은 곡류 및 채식 위주의 전통적인 식습관을 유지한다면 식이섬유의 섭취가 하루 20g 이상으로 크게 부족하지 않겠지만, 점차 서구화된 식생활로 식이섬유의 섭취가 젊은층들에게는 부족한 것으로 알려져 있다.

2006년 현재 우리나라 1인당 하루 평균 식이섬유 섭취량은 19.8g으로 미국(15.1g), 일본(15.4g)보다는 높다. 그러나 WHO에서는 하루 권장량을 25~40g으로 설정하고 있어서 권장량보다 낮지만 과다 섭취도 문제가 되기 때문에 적당한 식이섬유의 섭취를 위하여 노력해야 할 것이다.

식이섬유 섭취량 점검표

| 구 분 | 0점<br>일주일<br>1회 미만 | 1점<br>일주일<br>1회 정도 | 2점<br>일주일<br>2~3회 | 3점<br>일주일<br>4~6회 | 4점<br>매일 | 점수 |
|---|---|---|---|---|---|---|
| 오렌지 쥬스 | □ | □ | □ | □ | □ | |
| 과일(쥬스 제외) | □ | □ | □ | □ | □ | |
| 푸른잎 채소 샐러드 | □ | □ | □ | □ | □ | |
| 감자 | □ | □ | □ | □ | □ | |
| 콩류 | □ | □ | □ | □ | □ | |
| 기타채소류 | □ | □ | □ | □ | □ | |
| 고섬유질 시리얼 | □ | □ | □ | □ | □ | |
| 현미밥, 잡곡밥 | □ | □ | □ | □ | □ | |
| 흰빵, 비스킷, 머핀 | □ | □ | □ | □ | □ | |
| | | | | | 총점 | |

★ 총점수

- 30점 이상 : 만족할 만한 수준
- 20~29점 : 과일, 채소, 도정이 덜된 곡류를 더 많이 먹도록 권장함
- 20점 미만 : 일부 주요 영양소가 부족되기 쉬움, 과일, 채소, 전곡 등을 더 많이 권장함

# 4. 탄수화물의 기능

탄수화물은 그림 3.11과 같이 에너지원, 혈당조절, 간이나 근육에 저장되는 것 이외에도 단백질 절약작용, 케톤증 방지, 단맛 부여 등의 좋은 기능과 충치의 원인이 되는 나쁜 기능도 갖고 있기 때문에 적절한 섭취가 필요하다.

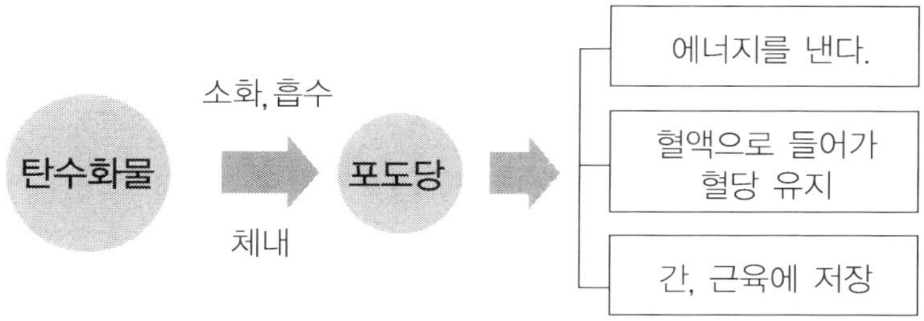


[그림 3.11] 탄수화물의 기능

## 1) 에너지원

식품 중의 탄수화물은 입을 거쳐 각 소화기관을 지나면서 단당류로 분해되어 소장벽으로부터 흡수되며, 1g당 4kcal의 에너지를 낸다. 단당류 이외의 탄수화물은 소장에서 흡수되지 않으며, 흡수 속도는 당의 종류에 따라 다르다. 포도당의 흡수를 100으로 기준하면 흡수 속도는 아래와 같다.

Galactose(110) 〉 Glucose(100) 〉 Fructose(43) 〉 Mannose(19) 〉 Pentose(9~15)

섭취한 탄수화물의 대부분이 체내에서 이용되는데 뇌세포, 신경세포, 적혈구 등은 포도당을 주 에너지원으로 하며, 혈당을 일정 수준으로 유지하고, 일부는 간과 근육에 글리코겐으로 저장된다. 그리고 나머지는 지방으로 전환되어 지방조직에 저장된다. 그림 3.12에서와 같이 근육 중의 글리코겐(glycogen)은 포도당(glucose)으로 분해되고, 포도당 1분자는 미토콘드리아 내에서 대사작용으로 총 38 ATP의 에너지를 생산한다. 이러한 에너지 생산은 산소가 충분히 공급되는 상태에서 가능하고, 심한 운동을 하여 산소가 부족한 경우는 피루브산(pyruvic acid)은 TCA cycle로 들어가지 못하고, 젖산(lactic acid)을 생산하게 된다. 근육 중에 젖산이 축적되면 피로와 통증이 유발된다.

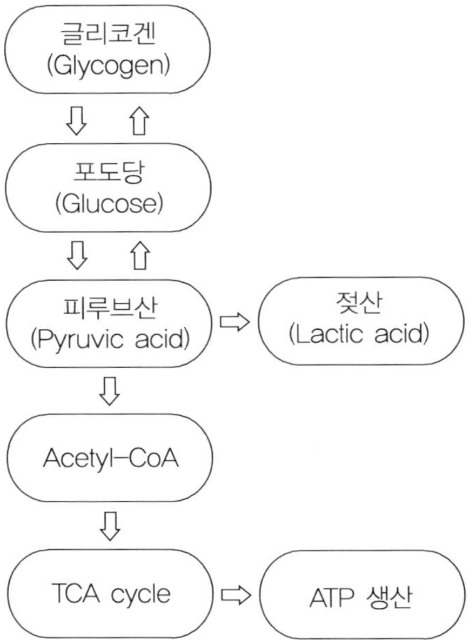


[그림 3.12] 탄수화물의 대사

## 2) 혈당의 유지

소장벽에서 흡수된 포도당은 간장으로 가서 대부분 글리코겐으로 합성되고, 지방조직으로 합성되기도 한다. 그중 일부만 간장을 통과하여 혈액으로 들어가는데 이것을 혈당(blood sugar)이라고 한다. 정상적인 혈당 수준은 공복 시 혈액 100㎖당 80~110mg인데, 식사 후 혈당이 상승하면 췌장에서 분비된 인슐린(insulin)이 포도당을 간이나 근육으로 보내 글리코겐(glycon)으로 합성하여 혈액 중의 포도당을 일정 수준으로 유지하고, 인슐린의 작용이 부족하면 포도당이 글리코겐으로 합성되지 못하고 혈액 중에 과량 존재하여 소변으로 포도당이 지속적으로 빠져나온다. 이것을 당뇨병(diabetes)이라 한다. 정상적인 오줌에는 미량의 포도당이 함유되어 있지만 혈당치가 높아 사구체를 통과하는 포도당이 어느 한도(분당 250~350mg)를 넘으면 재흡수가 되지 않고 오줌으로 흘러내린다.

당뇨병은 피로, 갈증, 배고픔, 다식, 다뇨, 다음, 체중감소 등의 자각 증상이 나타나고, 합병증으로는 동맥경화, 고혈압, 다발성신경염, 백내장, 신(腎)경화증 등이 있다. 한편 혈액 중의 당이 100㎖당 40~50㎎ 이하로 떨어지면 저혈당이 되는데, 불안, 초조, 두통 등 자각증상을 나타내며, 뇌는 정상적인 기능을 상실하여 저혈당쇼크(hypoglycemic shock)에 빠지기도 한다. 혈당의 조절 과정은 그림 3.13과 같다.

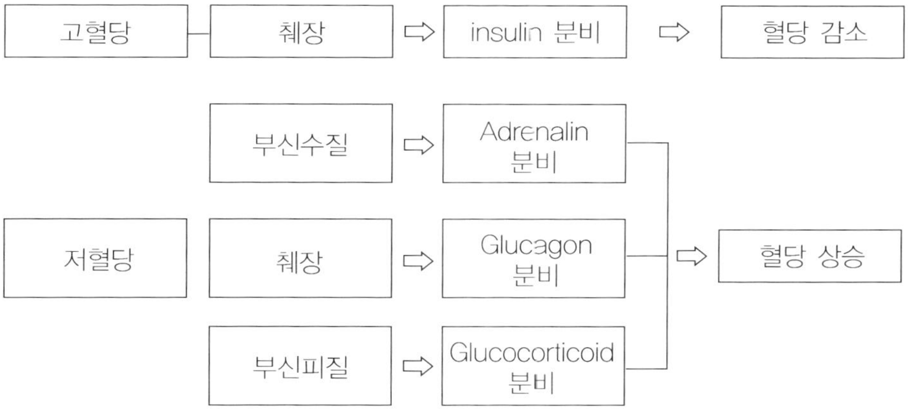


[그림 3.13] 혈당 조절 과정

### 3) 단백질 절약작용

이용할 수 있는 에너지가 부족하거나 탄수화물의 섭취가 부족하면 단백질로부터 포도당을 합성하여 에너지로 이용하기 때문에 근육 중의 단백질이 감소하고, 탄수화물의 섭취가 충분하면 에너지를 생산하기 위한 단백질의 분해되는 비율이 감소하기 때문에 단백질이 절약된다. 이와 같이 단백질 분해를 억제한 에너지원의 작용을 단백질 절약작용(protein sparing action)이라 한다.

탄수화물 섭취 부족으로 단백질이 감소하게 되면 단백질 고유의 기능이 상실되어 근육, 심장, 간 등의 근육 및 내장조직이 감소되고, 신장은 단백질 분해로 발생하는 질소 같은 노폐물의 배설로 인한 부담을 갖게 된다.

### 4) 케톤증(ketosis) 방지

섭취한 지방량에 비하여 탄수화물 섭취가 극도로 부족하거나 당뇨병, 간장질환 등으로 탄수화물 대사가 저해되면 혈액이나 소변 중에 케톤체(ketone body)가 정상 이상으로 함유된 상태를 케톤증(ketosis)이라 한다. 심한 케톤증에 의하여 체액이 산성으로 변해 산혈증(acidosis)을 유발하고 식욕부진, 구토, 두통 등의 증상이 나타난다.

따라서 탄수화물의 섭취는 탄수화물의 대사 저해를 방지하여 케톤체가 과잉 축적되는 것을 막아 케톤증의 유발을 억제하는 역할을 한다.

★ 참고

케톤체(ketone body)란?
탄수화물의 대사는 TCA cycle로 들어가 에너지를 생성하는 것으로 우선 끝이 난다. 케톤체는 탄수화물 부족으로 인하여 TCA cycle로 들어가지 못한 acetyl-CoA(그림 3.12)가 혈액 중에 축적되어 acetoacetic acid, β-hydroxybutyric acid, acetone이 만들어 지는데 이 세 가지를 케톤체라고 한다.

### 5) 단맛 부여

탄수화물은 단맛이 있으며, 식품첨가물의 감미료로도 이용되고 있다. 탄수화물의 감미도는 설탕(sucrose)을 100으로 하였을 때 유당(lactose) 16, 갈락토오스(galactose) 32, 맥아당(maltose) 33, 자일로오스(xylose) 40, 포도당(glucose) 74, 자일리톨(xylitol) 90, 과당(fructose) 170이다.

그리고 대체 감미료로서는 아스파탐(aspartame), 사카린(saccharine) 등이 있는데, 충치나 혈당을 증가시키지 않기 때문에 가공식품에 많이 이용되었으나 사카린은 안전성이 확보되지 않아 사용 식품이나 양이 제한되어 있다. 감미도는 아스파탐의 경우 설탕의 200배이고, 사카린은 설탕의 300배 정도로서 적은 양으로도 단맛을 낼 수 있다. 따라서 대체 감미료는 비만이나 당뇨병 환자들에게 많이 이용되고 있다.

### 6) 충치(dental caries)의 원인

충치는 치아우식증이라고도 하는데 충치의 원인 균(Streptococci mutans)이 음식물 찌꺼기 중의 탄수화물을 분해하면서 생성된 산이 구강 내의 pH를 약 4까지 떨어뜨리게 된다. 그림 3.14는 치아의 구조를 나타낸 것으로 에나멜질(enamel질), 상아질, 치수, 혈관, 신경 등으로 구성되어 있는데, 치아의 맨 바깥 부분인 에나멜질은 pH 5.5 이하에서 용해되기 시작하여 충치가 발생하는 원인이 된다.

탄수화물 외에도 치아의 에나멜질을 부식시키는 것으로서는 탄산음료, 다이어트 소다, 식초, 레몬 등 산이 많이 함유된 음료수들도 원인이 된다.

충치의 진행 단계는 그림 3.15와 같이 4단계로 분류할 수 있는데, 1단계는 에나멜질이 부식되나 증상은 없고, 2단계는 상아질까지 침범한 것으로 시리고 약간의 통증이 있다. 3단계는 신경까지 침범한 상태로 통증이 크며, 4단계는 뿌리 끝까지 침범하여 음식을 씹을 수 없는 상태가 된다.

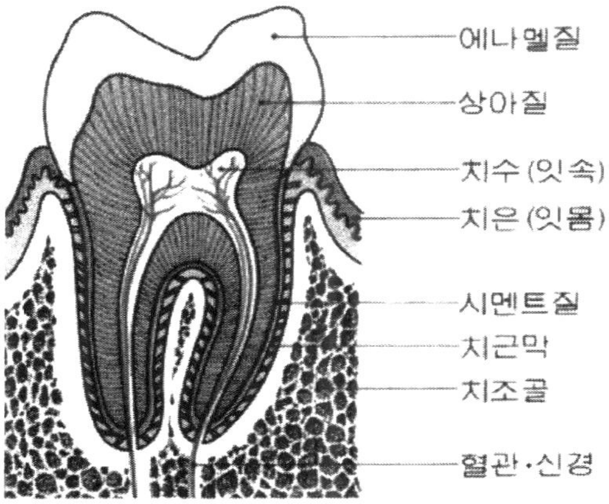


[그림 3.14] 치아의 구조

충치를 예방하기 위해서는

① 칫솔질하기

② 불소의 사용

③ 정기적인 구강검진

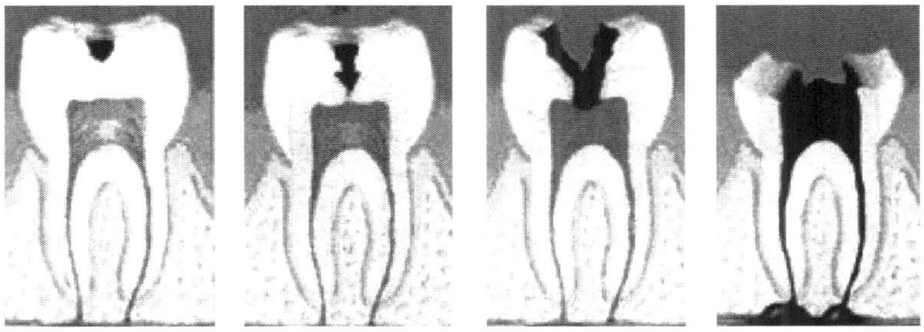

충치 1단계 충치 2단계 충치 3단계 충치 4단계

[그림 3.15] 충치의 진행 단계

★ 참고

충치예방 = 자일리톨?
자일리톨(xylitol)은 천연 소재의 감미료로서 단맛의 정도는 설탕과 비슷하나 청량감이 뛰어나다. 자일리톨은 대표적인 충치 유발균인 Streptococci mutans의 성장을 억제하고, 치아 표면의 세균막인 프라그의 형성을 감소시키며, 프라그 내에서 산 생성을 감소시킴으로써 충치예방 기능을 한다. 또한 고농도의 자일리톨은 치아에서 에나멜질이 이탈되는 것을 방지하며, 이미 이탈된 에나멜질이 재침착하도록 한다. 자일리톨은 불소와 함께 사용할 경우 충치예방 효과가 더 크다. –자료 : 충치예방 연구회–

# 5. 탄수화물의 소화 및 흡수

인간이 섭취하는 탄수화물은 대부분이 다당류이며, 다당류 중 가장 많은 부분을 차지하는 것이 전분(starch)이다. 전분 외에 많이 섭취하는 탄수화물은 이당류로서 서당(sucrose), 맥아당(maltose), 유당(lactose) 등이 있는데, 이들은 모두 단당류로 소화된 뒤에 흡수된다. 그러나 섬유소(cellulose), 헤미셀룰로오스(hemicellulose), 펙틴(pectin) 등은 소화되지 않는 탄수화물이다. 소화기관은 입, 식도, 위, 십이지장, 소장, 대장을 지나서 항문으로 빠져나오는데, 이들 소화기관의 총 길이는 약 7~8m의 관으로 구성되어 있다.

## 1) 탄수화물의 소화

### (1) 입에서의 소화

**1** 기계적 소화

이로 음식물을 씹어서 소화가 잘 되도록 절단하는 기계적 작용부터 소화는 시작된다. 따라서 소화가 잘 되려면 음식물을 충분히 씹어서 표면적을 크게 하는 것이 좋다.

**2** 침(타액) 중의 프티알린(ptyalin)

타액 중의 프티알린은 α-amylase라 하여 전분의 α-1, 4결합을 내외부에서 무작위로 절단하여 dextrin, maltose, glucose 등으로 분해한다.

프티알린(최적 pH 6.6)은 음식물이 입속에 있는 동안 전분을 가수분해시키는데, 입속에 머무는 시간이 적기 때문에 전분을 거의 소화시키지 못한 채 위로 간다. 위에서는 위산의 분비로 pH가 낮아지기 때문에 프티알린 고유의 기능을 상실하고 음식물은 위내에서 15~30분 정도 머물게 된다.

### (2) 위에서의 소화

위에서는 위산이 분비되지만 탄수화물을 분해하는 능력이 없다. 그러나 위에 머무는 동안 과당을 구성 탄수화물로 하는 sucrose나 inulin같은 일부의 탄수화물은 위산에 의하여 일부분 소화되는 것으로 알려져 있다.

### (3) 소장에서의 소화

소장(십이지장, 공장, 회장 포함)은 대부분의 영양소가 소화 흡수되는 곳으로 위의 내용물이 십이지장으로 넘어가면 알칼리성의 이자액(췌장액)과 쓸개즙(담즙)이 분비되고, 소장벽에서는 장액이 분비되어 위에서 넘어온 위산은 중화되고 pH는 6.5~7.5가 된다. 이자(췌장)에서 분비된 전분 분해효소인 α-amylase의 최적 작용 pH인 7.1 정도가 되면 전분은 소화되어 dextrin, maltose, glucose 등을 생성한다. 그리고 소장벽에서 분비된 장액 속의 분해효소가 최종적으로 단당류로 소화시켜 흡수 과정으로 들어가게 된다.

### (4) 대장에서의 소화

소장에서 소화 흡수되지 못한 식이섬유소가 대장으로 이동해 오면 장내 세균에 의하여 가용성 섬유질이 소화되면서 유기산과 가스가 생성된다. 유기산의 일부는 대장의 세포벽에서 흡수되고, 불용성 섬유질과 기타 소화 흡수되지 못한 물질들은 직장으로 이동해 항문을 통하여 배설된다.

### 2) 탄수화물의 흡수

탄수화물은 최종 소화 장소인 소장에서 단당류로 소화되면 소장의 막을 통하여 흡수된다. 흡수된 단당류는 십이지장 및 공장의 모세혈관을 통해 이행되고, 장 사이의 막에 있는 문맥(portal vein)을 통하여 간으로 운반된다.

단당류의 흡수 속도는 표 3.9에서처럼 포도당을 100으로 하였을 때 갈락토오스 110, 과당 43, 만노오스 19, 자일로오스 15, 아라비노오스 9인 것으로 알려져 있다.

[표 3.9] 단당류의 흡수 속도

| 단당류 | 흡수속도 | 단당류 | 흡수속도 |
|---|---|---|---|
| glucose | 100 | mannose | 19 |
| galactose | 110 | xylose | 15 |
| fructose | 43 | arabinose | 9 |

## 6. 탄수화물과 당뇨병

당뇨병은 탄수화물(포도당)을 원인으로 하는 가장 대표적인 대사성 만성질환인데, 당뇨병은 diabetes mellitus라고 하며, diabetes는 희랍어로 관(siphon) 또는 통과한다는 말이고, mellitus는 꿀(honey)을 뜻하는 말이다. 이것은 체내의 수분과 당이 인체를 관으로 하여 체외로 배출되는 것을 의미한다.

대한 당뇨병학회에 따르면 당뇨병 환자 수는 2003년 286만 명이었지만 매년 10%씩 증가하여 2010년에는 351만 명, 2020년에는 455만 명, 2030년에는 545만 명이 될 것이라고 하였다(그림 3.16). 그리고 당뇨병으로 인한 사망자 수는 1995년 인구 10만 명당 17.4명에서 2006년에는 23.7명으로 늘어서(표 3.10) 당뇨병 관리에 많은 관심을 기울여야 할 것이다.

[그림 3.16] 당뇨병 환자 증가 예상 추이

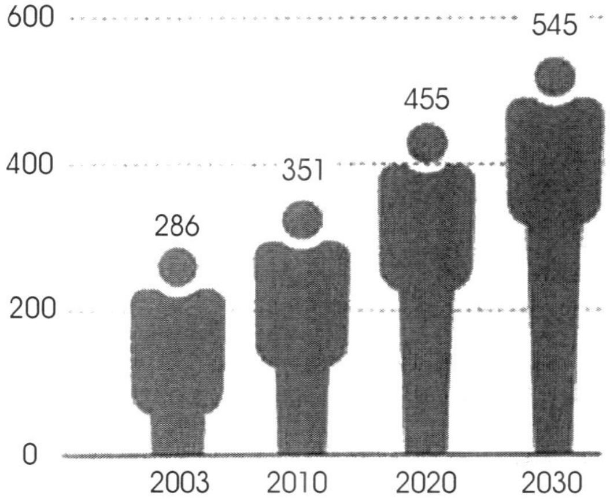


자료: 대한당뇨병학회(단위: 만명)

## 1) 당뇨병의 분류

당뇨병은 인슐린의 부족으로 일어나며, 인슐린의 부족은 인슐린의 절대량이 부족하다는 것은 아니다. 인슐린 이외의 다른 호르몬이 많이 분비되어 인슐린의 상대적인 양이 부족한 것을 의미한다.

인체 내에서 분비되는 호르몬을 크게 두 가지 군으로 분류하면 췌장에서 분비되는 인슐린은 뇌하수체, 부신, 갑상선 등 인슐린에 대항작용을 하는 호르몬과 체내에서 균형이 이루어졌을 때 당 조절 기능이 정상적으로 유지된다. 그러나 인슐린의 절대량이 부족하거나 인슐린 분비량은 거의 정상이나 대항 호르몬이 상대적으로 많아 상대적 인슐린 부족이 일어날 때 당뇨병이 발생한다.

[표 3.10] 당뇨병 사망률 추이

| 년도 | 남 | 여 |
|---|---|---|
| 1995 | 17.4 | 17.0 |
| 2000 | 22.5 | 22.7 |
| 2001 | 23.5 | 24.2 |
| 2002 | 24.3 | 26.0 |
| 2003 | 24.8 | 25.3 |
| 2004 | 24.1 | 24.5 |
| 2005 | 24.4 | 24.0 |
| 2006 | 23.8 | 23.7 |

자료: 통계청(인구 10만명 당)

### (1) 인슐린 의존형 당뇨병(Type I. Insulin dependent diabetes mellitus, IDDM)

제1형 당뇨병으로 당뇨병 환자의 약 10%가 인슐린 의존형 당뇨병이고, 대개 20세 이하의 어린 연령층에서 발생하므로 유전성일 확률이 높으며, 일명 소아 당뇨병이라고도 한다. 췌장에서 인슐린이 분비되지 않아 발생하므로 인슐린 투여로 치료가 가능하고, 여아에게 발생 빈도가 높으며, 증상은 성인보다 어린이에게서 심하게 나타난다.

### (2) 인슐린 비의존형 당뇨병(Type II. Noninsulin dependent diabetes mellitus, NIDDM)

제2형 당뇨병으로 40세 이후에 주로 발생하여 성인형 당뇨병이라고도 하며, 운동 부족, 비만, 스트레스, 과식 등으로 인하여 근육, 지방조직 등 말초조직에서 인슐린에 대한 감수성이 둔화되어 당대사 장애가 4~5년의 세월을 두고 발생한다. 식사요법과 운동요법으로 체중을 줄이면 50~80% 정도는 치유되며, 인슐린을 맞지 않아도 생명에 지장이 없을 정도여서 인슐린 비의존형 당뇨병이라고 한다.

### (3) 제1.5형 당뇨병

최근 우리나라에서 많이 발병하는 당뇨병으로서 인슐린 의존형(제1형)과 비의존형(제2형)으로 분류할 수 없는 경우이다. 즉, 중년의 당뇨병 환자이면서 저체중이고 혈당강하제로 당 조절이 안 돼 인슐린을 투여해야 하지만 주사를 중단해도 생명에는 지장이 없는 당뇨병이다.

## 2) 당뇨병의 원인

당뇨병의 원인은 크게 유전, 연령과 성, 비만, 운동 부족, 스트레스를 꼽을 수 있다(그림 3-17). 그림에서 보듯이 당대사 이상으로 발생하는 인슐린 이상대사는 여러 가지 만성질환을 유발할 수 있다.

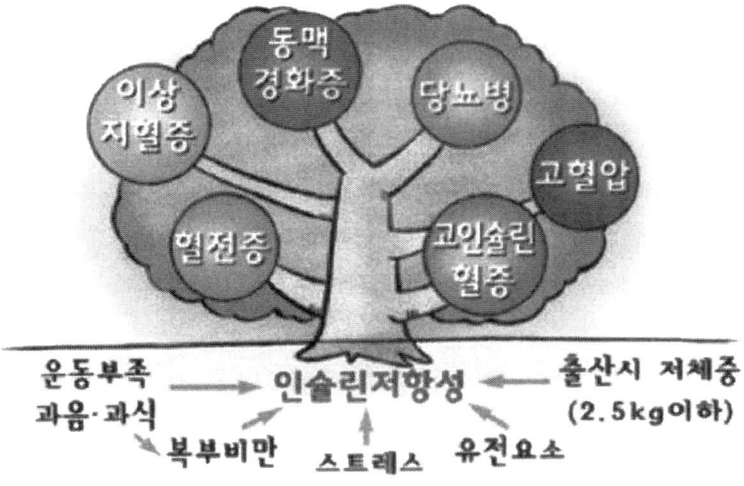


[그림 3.17] 당뇨병의 원인

유전은 통계적으로 부모 중 한쪽이 당뇨병이면 자녀의 약 25%, 양쪽 모두 당뇨병이면 약 50%가 성인형 당뇨병에 걸릴 확률이 있다. 아시아 국가들은 남자가 여자보다 높고, 연령이 높을수록 발병률이 높다. 중년 이후에 생기는 성인형 당뇨병의

80~90%가 체중 과다가 이유다. 비대한 사람이 체중을 줄이면 당뇨병의 증세가 가벼워지는 것으로 보아 비만이 당뇨병의 주원인인 것으로 예측하고 있다. 육체 활동과 근육 활동이 부족하면 비만이 되고, 비만이 당뇨병을 일으키기 때문에 운동 부족이 원인이라고 할 수 있다. 육체적, 정신적 스트레스는 부신수질호르몬의 분비를 촉진시켜 당내성을 감소시키기 때문에 당뇨병의 원인이 된다.

### 3) 당뇨병의 주요 증상

당뇨병의 주요 증상은 다뇨(多尿), 다음(多飮), 다식(多食)이다. 혈액 속의 포도당이 증가하면 여분의 당을 소변으로 배설해야 하므로 오줌의 횟수와 양이 많아진다(多尿). 증가된 오줌양 만큼 수분을 공급하고 혈당 상승으로 끈끈해진 혈액을 묽게 하기 위하여 물이나 음료를 많이 마시게 된다(多飮). 그리고 포도당이 세포 내로 흡수가 잘 안 되고 소변으로 빠져 나가므로 세포에 에너지가 부족하여 먹어도 배가 고픔을 느낀다(多食).

## 7. 탄수화물 급원식품

### 1) 한국인의 탄수화물 섭취 현황

보건복지부에서는 1969년부터 매년 실시된 국민영양조사와 1962년부터 시작된 국민건강 및 보건의식 행태조사를 통합하여 국민건강 영양조사를 실시하고 있는데 1998년부터 제1기 조사가 이루어졌다. 국민건강 영양조사가 시작된 1998년도부터 제3기가 완료된 2005년도의 탄수화물 연평균 섭취량은 표 3.11과 같다.

1998년도 당질 및 섬유질을 포함한 탄수화물의 1일 섭취량은 1인당 331.2g이던 것이 2001년도에는 306.8g으로 줄었으며, 2005년도에는 313.6g을 섭취하였다.

[표 3.11] 연평균 탄수화물 섭취량

| 항목 | 1998년 | | | 2001년 | | | 2005년 | | |
|---|---|---|---|---|---|---|---|---|---|
| | 당질 | 조섬유 | 합계 | 당질 | 조섬유 | 합계 | 당질 | 조섬유 | 합계 |
| 탄수화물(g) | 324.5 | 6.7 | 331.2 | 300.8 | 6.0 | 306.8 | 306.5 | 7.1 | 313.6 |
| 에너지(kcal) | 1.9584.4 | | | 1.869.9 | | | 2,016.3 | | |

자료: 보건복지부 국민건강영양조사(1998, 2001, 2005)

표 3.12는 2005년도 한국과 미국의 탄수화물 섭취량의 주요 급원식품을 나타낸 것이다. 우리나라 사람들은 탄수화물의 섭취를 대부분 백미를 통하여 이루어지지만 미국인들은 빵 종류와 탄산음료에서 섭취하는 것으로 나타났다. 한국인은 백미, 즉 밥을 통한 탄수화물의 섭취가 54.7%인 반면 미국인은 빵류와 시리얼이 11.7%, 탄산음료와 우유를 통하여 19.5%를 섭취하고 있다.

[표 3.12] 한국인과 미국인의 탄수화물 섭취량의 주요 급원식품 순위

| 순위 | 한 국 | | | 미 국 | | |
|---|---|---|---|---|---|---|
| | 식품명 | 섭취량(g) | 섭취비율(%) | 식품명 | 섭취량(g) | 섭취비율(%) |
| 1 | 백미 | 167.7 | 54.7 | 빵류 | 19.9 | 7.2 |
| 2 | 라면 | 9.6 | 3.1 | 콜라 | 18.0 | 6.6 |
| 3 | 국수(마른) | 5.6 | 1.8 | 우유 | 13.0 | 4.7 |
| 4 | 국수(삶은) | 5.2 | 1.7 | 시리얼 | 12.5 | 4.5 |
| 5 | 설탕 | 4.9 | 1.6 | 과일음료 | 12.0 | 4.4 |
| 6 | 찹쌀 | 3.8 | 1.2 | 과일탄산음료 | 10.5 | 3.8 |
| 7 | 혼합잡곡 | 3.6 | 1.2 | 피자 | 8.2 | 3.0 |
| 8 | 보리 | 3.5 | 1.1 | 사탕/초코렛 | 7.6 | 2.8 |
| 9 | 밀가루 | 3.4 | 1.1 | 솔티크래커 | 7.0 | 2.6 |
| 10 | 우유 | 3.4 | 1.1 | 쿠키 | 6.8 | 2.5 |
| 11 | 메밀냉면국수 | 3.3 | 1.1 | 케익 | 6.7 | 2.5 |
| 12 | 현미 | 3.2 | 1.1 | 쌀 | 5.9 | 2.2 |
| 13 | 떡 | 3.0 | 1.0 | 아이스크림 | 5.7 | 2.1 |

| 순위 | 한 국 | | | 미 국 | | |
|---|---|---|---|---|---|---|
| | 식품명 | 섭취량(g) | 섭취비율(%) | 식품명 | 섭취량(g) | 섭취비율(%) |
| 14 | 커피믹스 | 2.8 | 0.9 | 감자튀김 | 5.7 | 2.1 |
| 15 | 고추장 | 2.5 | 0.8 | 파스타요리 | 5.6 | 2.0 |
| 16 | 비스킷 | 2.4 | 0.8 | 오렌지주스 | 5.6 | 2.0 |
| 17 | 김치 | 2.3 | 0.8 | 페퍼탄산음료 | 4.7 | 1.7 |
| 18 | 사과 | 2.1 | 0.7 | 통밀빵 | 4.5 | 1.6 |
| 19 | 감자 | 2.0 | 0.7 | 옥수수빵 | 4.2 | 1.5 |
| 20 | 스넥과자 | 2.0 | 0.6 | 바나나 | 3.6 | 1.3 |
| 21 | 빵류 | 1.7 | 0.6 | 맥주 | 3.5 | 1.3 |
| 22 | 아이스크림 | 1.7 | 0.6 | 차 | 3.4 | 1.3 |
| 23 | 마늘 | 1.7 | 0.6 | 크래커 | 3.4 | 1.2 |
| 24 | 빵, 잼, 팥소 | 1.7 | 0.5 | 마른국수 | 3.4 | 1.2 |
| 25 | 액상요쿠르트 | 1.7 | 0.5 | 설탕 | 3.4 | 1.2 |
| 26 | 양파 | 1.6 | 0.5 | 감자 | 3.1 | 1.1 |
| 27 | 오렌지 | 1.6 | 0.5 | 쌀 요리 | 3.0 | 1.1 |
| 28 | 어묵 | 1.6 | 0.5 | 햄버거 | 2.8 | 1.0 |
| 29 | 바나나 | 1.5 | 0.5 | 시럽/당밀 | 2.8 | 1.0 |
| 30 | 콜라 | 1.4 | 0.4 | 멕시코요리 | 2.7 | 1.0 |

자료: 국민건강영양조사 제3기(2005) 영양조사 보고서

### 2) 탄수화물 섭취 권장량

탄수화물의 섭취 권장량은 WHO(1990)에서는 총 열량의 50~70%를 섭취할 것을 제안하고 있다. 이것은 하루 평균 약 300g에 해당하는 것이다.

### 3) 급원식품

탄수화물은 대부분 식물성 식품에 함유되어 있으며 특히 곡류, 서류, 두류는 탄수화물의 주요 급원식품이다. 채소나 과일에 함유되어 있는 탄수화물은 식이섬유질의

급원으로서 중요하다.

동물성 식품 중에는 근육이나 간에 함유되어 있는 글리코겐이 있고, 우유 및 유제품에는 유당이 함유되어 있다.

## 8. 탄수화물과 피부미용

탄수화물은 인체의 중요한 에너지원이지만 섭취가 부족하거나 과했을 경우 피부조직에 다양한 증상을 일으킨다. 피부에 있어서 탄수화물은 에너지 생성을 도와 피부세포에 활력과 보습효과를 줌으로써 건강한 피부를 위한 필수 영양소로써의 작용을 한다.

탄수화물 섭취가 부족하면 체내에 저장되어 있는 지질과 단백질을 에너지원으로 이용하기 때문에 체내 지질과 단백질의 소모가 일어난다. 그러므로 세포막 구성 성분인 지질과 단백질의 소모는 체중의 감소와 피부가 거칠어지는 현상이 나타나고 영양 부족 상태에 이르게 되므로 피부조직의 손상을 일으킨다.

탄수화물을 과다 섭취하였을 경우 혈액의 산도를 상승시켜 체질이 산성화되어 피부의 저항력이 약해지므로 세균 감염이 일어나며, 대사 과정에서도 수분과 비타민 $B_1$ 및 $B_2$가 소모되므로 피부가 건조하게 되거나 접촉성 피부염을 유발시킬 수 있다. 곡류를 주식으로 하고 있는 한국인의 경우 결핍보다는 과다 섭취가 많기 쉬우며, 그럴 경우 피지 분비량이 증가되므로 지성피부로 변하기 쉽다. 따라서 탄수화물의 과부족 섭취는 피부질환이나 피부조직의 손상을 유발할 수 있으므로 균형을 이루는 탄수화물의 섭취가 피부미용의 유지에 도움을 준다.

CHAPTER 04

# 지질

지질은 인간의 생명 유지에 필요한 중요한 성분으로서 가장 농축된 에너지원이다. 그러나 최근 지질의 섭취 증가에 따른 비만, 성인병, 대장암 등의 발병률이 증가하고 있다. 따라서 제4장에서는 지질의 체내 역할, 함유식품, 소화, 흡수 등이 어떻게 이루어지는지 파악하고 지질에 대한 잘못된 식생활을 바로잡아 건강한 생활을 할 수 있는 기초가 되고자 한다.

## 1. 지질의 정의

지질(lipid) 또는 지방질은 탄수화물, 단백질 등과 함께 3대 영양소의 하나로서 동식물체의 조직에 함유되어 있으며, 탄수화물과 같이 탄소(C), 수소(H), 산소(O)로 구성되어 있으나 원소의 구성과 결합 방법이 다르다. 지질은 물에는 녹지 않고 에테르, 클로로포름, 아세톤, 벤젠 등의 유기용매에 녹는 물질의 총칭이다.

## 2. 지질의 분류

지질은 구성하고 있는 화합물의 성분에 따라서 표 4.1과 같이 세 가지로 분류하고 있다.

[표 4.1] 지질의 분류

| 분 류 | 특 징 | 종 류 |
|---|---|---|
| 단순지질<br>(simple lipid) | 지방산과 글리세롤의 ester결합 | 중성지방(유지)<br>Wax |
| 복합지질<br>(compound lipid) | 단순지질에 당, 인산기, 황 등이<br>결합되어 있는 지질 | 인지질<br>당지질 |
| 유도지질<br>(derived lipid) | 각 지질의 분해물 및 유도체 | 지방산, 고급알코올<br>steroid, 탄화수소 등 |

## 1) 단순지질(simple lipids)

단순지질은 지질의 가장 일반적인 형태로 1분자의 글리세롤에 1~3분자의 지방산이 결합한 것인데 결합한 지방산 분자의 수에 따라 monoglyceride, diglyceride, triglyceride로 구분한다(그림 4.1). 중성지질과 wax가 여기에 속한다.

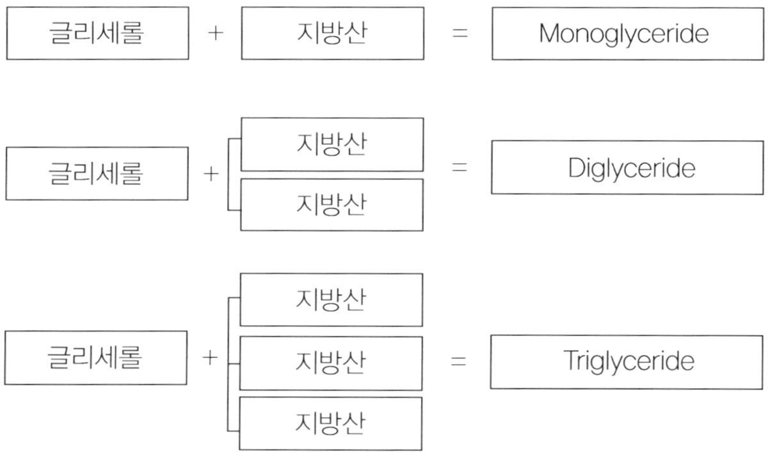


[그림 4.1] Mono-, Di-, Triglyceride의 구조

### (1) 중성지질(triglycerides)

중성지질은 글리세롤 1분자에 지방산 3분자가 결합되어 있어서 triglyceride라 하며(그림 4.1), 식품에 함유된 지질의 약 90%를 차지한다. 천연에 존재하는 유지(油脂, oil and fat)는 대부분이 중성지질이다.

① 유(油, oil) : 실온에서 액체 상태인 지질을 유(油, oil)라 한다. 액체 지질인 콩기름, 참기름, 들깨기름, 올리브기름 등의 식물성 지질이 여기에 속한다.
② 지(脂, fat) : 실온에서 고체 상태인 지질을 지(脂, fat)라고 한다. 동물성 지질인 돼지기름, 소기름, 우유 지방인 버터, 액체지질을 고체화시킨 쇼트닝 등이 여기에 속한다.

중성지질은 결합되어 있는 3분자의 지방산이 동일한 경우를 단순 글리세라이드(simple glyceride)라 하고, 3분자의 지방산이 다른 경우를 복합 글리세라이드(mixed glyceride)라 한다.

### (2) 지방산(fatty acid)

지방산은 자연에 존재하는 지질의 구성 성분으로서 대부분 짝수의 탄소원자를 가지며, 그중 16개 또는 18개의 탄소 수를 가진 것이 가장 많이 분포되어 있다. 지방산은 긴 탄소사슬에 수소가 결합되어 있으며, 한쪽 끝에는 카르복실기(-COOH)가 다른 한쪽 끝에는 메틸기(-$CH_3$)가 결합되어 있다. 지질을 가수분해하여 얻어지므로 지방산이라고 부르며, 구성하는 탄소가 서로 결합하는 방법에 따라 포화지방산(saturated fatty acid)과 불포화지방산(unsaturated fatty acid)으로 나눈다. 그림 4.2와 같이 포화지방산은 단일결합을 이루고 있고, 불포화지방산은 탄소사슬에 이중결합이 있는 것을 말한다.

#### 1 포화지방산(saturated fatty acid)

포화지방산은 모든 탄소사슬이 단일결합으로 구성되어 있고, 수소가 포화되어 있는 결합 형태로 실온에서 고체 상태이다. 그림 4.2에서와 같이 포화지방산인 스테아르산(stearic acid)은 탄소 수가 18개에 단일결합으로 구성된 포화지방산이다. 가장 많이 존재하는 포화지방산은 팔미트산(palmitic acid)과 스테아르산(stearic acid)이고, 체내에서 합성이 가능하다. 포화지방산은 식물성 지질보다 동물성 지질에 많이 함유되어 있으며, 동물성 식품은 우유, 치즈, 버터 등, 식물성 식품은 팜유, 야자유, 마아가린 등에 많이 함유되어 있다. 표 4.2는 포화지방산을 나타낸 것이다. 탄소 수가 4개인 butyric acid부터 탄소 수가 30개인 melissic acid까지 다양한 포화지방산이 있는데, 각자의 녹는점이 다 다르다.

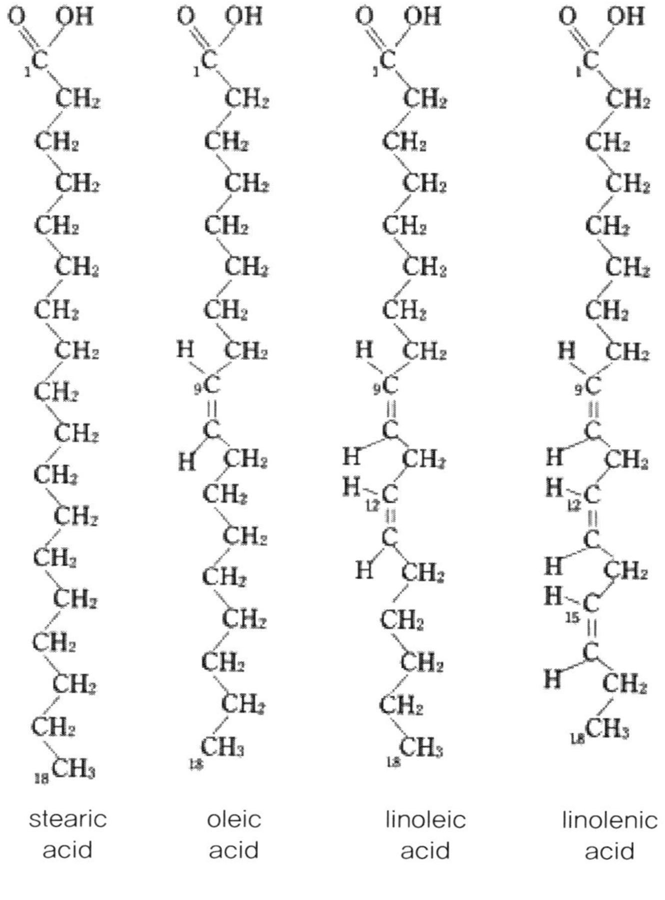


[그림 4.2] 지방산의 구조

[표 4.2] 포화지방산의 종류

| 종류 | 탄소수 | 융점(℃) | 소재 |
|---|---|---|---|
| Butyric acid | 4 | -8.0 | 동물성 유지 |
| Caproic acid | 6 | 3.0 | 버터, 팜유 |
| Caprylic acid | 8 | 16.0 | 버터, 야자유, 팜유 |
| Capric acid | 10 | 31.3 | 버터, 야자유, 팜유 |
| Lauric acid | 12 | 43.5 | 버터, 야자유, 고래기름 |
| Myristic acid | 14 | 58.5 | 동물성 유지 |
| Palmitic acid | 16 | 62.5 | 일반 동식물유, 야자유 |
| Stearic acid | 18 | 71.0 | 천연유지, 쇠기름 |
| Arachidic acid | 20 | 77.0 | 땅콩유, 경화유, 동식물유 |
| Behenic acid | 22 | 82.0 | 땅콩유, 경화유 |
| Lignoceric acid | 24 | 83.5 | 땅콩유 |
| Cerotic acid | 26 | 87.9 | 밀납, 식물성유 |
| Montanic acid | 28 | 89.3 | 밀랍 |
| Melissic acid | 30 | 93.0 | 밀랍 |

### 2 불포화지방산(unsaturated fatty acid)

불포화지방산은 지방산의 탄소사슬에 1개 이상의 이중결합을 가지고 있으며(그림 4.2참조), 1개의 이중결합을 가지고 있는 것을 단일 불포화지방산(monounsaturated fatty acid)이라 하고, 2개 이상의 이중결합을 가지고 있는 것을 다가 불포화지방산(polyunsaturated fatty acid)이라고 한다. 표 4.3은 불포화지방산의 종류를 나타낸 것으로써 이중결합이 1개인 myristoleic acid부터 이중결합이 5개인 clupanodonic acid가 있다. 이중결합은 어디에 위치해 있느냐에 따라서 ω-3계, ω-6계, ω-9계로 분류한다.

즉, 지방산의 한쪽 끝에 위치한 메틸기($-CH_3$)의 탄소를 기준으로 첫 번째 이중결합이 있는 위치에 따라 정해지는데, ω-3계는 세 번째 탄소에 첫 번째 이중결합이 있는 지방산이고, ω-9계는 아홉 번째 탄소에 첫 번째 이중결합이 있는 지방산을 말한다. 그림 4.2의 불포화지방산 중 oleic acid는 아홉 번째 탄소에 이중결합이 있기 때문에 ω-9계 지방산이고, linoleic acid는 여섯 번째 탄소에 첫 이중결합이 있기 때문에 ω-6계 지방산이며, linolenic acid는 세 번째 탄소에 첫 이중결합이 있어서 $\omega$-3계 지방산으로 부른다.

[표 4.3] 불포화지방산의 종류

| 종류 | 탄소수 | 이중결합수 | 녹는점(℃) | 소재 |
|---|---|---|---|---|
| Myristoleic acid | 14 | 1 | 125 | 버터, 고래기름 |
| Palmitoleic acid | 16 | 1 | -0.5~0.5 | 버터, 어유, 사람기름 |
| Oleic acid | 18 | 1 | 12 | 대개의 동식물성유 |
| Gadoleic acid | 20 | 1 | 20 | 해산동물기름 |
| Erucic acid | 22 | 1 | 33.5~34 | 채종유, 겨자유 |
| Linoleic acid | 18 | 2 | -5 | 대개의 식물성유 |
| Linolenic acid | 18 | 3 | -11 | 콩기름, 아마인유 |
| Eleostearic acid | 18 | 3 | 49 | 건성유 |
| Arachidonic acid | 20 | 4 | -49.5 | 동물 내장지방 |
| Clupanodonic acid | 22 | 5 | 175 | 어유 |

## 3 필수지방산(essential fatty acid: EFA)

필수지방산은 체내의 대사 과정에 중요한 역할을 담당하는 지방산으로서 부족하면 결핍증이 나타나기 때문에 반드시 음식물을 통하여 매일 필요한 량을 섭취해야 한다. 필수지방산은 체내에서 합성되지 않거나 합성이 되더라도 그 양이 불충분하여 음식물을 통해 섭취해야 하는 것으로써 리놀레산(linoleic acid), 리놀렌산(linolenic acid), 아라키돈산(arachidonic acid)이 있다.
이들 필수지방산들은 정상적인 생명 활동을 영위하기 위해서는 식품으로부터 공급받아야 하기 때문에 비타민 F라고도 부른다.

① 체내에서 합성되지 않는 지방산

체내에서 합성되지 않는 지방산으로서 linoleic acid($\omega$-6계)는 옥수수기름에 많이 있고, linolenic acid($\omega$-3계)는 들기름, 콩기름에 많이 함유되어 있다.

② 체내에서 합성되는 양이 불충분한 지방산

Arachidonic acid는 동물조직의 linoleic acid로부터 합성되지만 충분한 양이 합성되지 않기 때문에 필수지방산으로 분류한다. 아라키돈산은 간유(肝

油)에 함유되어 있다.

③ 결핍증

성장장애, 습진성 피부염, 생식기능 장애, 남성호르몬인 안드로겐(androgen)의 분비 감소, 탈색소, 지방간 등을 유발한다.

## 4 DHA 및 EPA

최근 등푸른생선에 많이 함유되어 있으며 뇌기능, 면역기능 등 건강에 좋다고 알려져 있는 DHA(docosahexaenoic acid) 및 EPA(eicosapentanoic acid)는 대표적인 $\omega$-3계열의 다가불포화지방산이다.

① DHA

DHA는 탄소 수 22개에 이중결합이 6개 있는 고도불포화지방산으로서 고등어, 전갱이, 정어리 등 등푸른 생선에 많이 함유되어 있다. DHA는 노인성 치매 개선, 학습 효과 향상, 콜레스테롤 저하, 혈압강하, 염증억제, 항종양 작용이 있다.

② EPA

EPA는 탄소 수 20개에 이중결합이 5개인 고도불포화지방산으로서 정어리, 고등어, 꽁치, 참치 등 등푸른생선에 많이 함유되어 있다. EPA는 동맥경화, 뇌경색, 심근경색의 예방에 효과적인 불포화지방산이다.

## 5 트랜스지방산(trans fatty acid)

① 정의

트랜스지방산은 액체 상태의 기름을 고체 또는 반고체 상태, 즉 마아가린이나 쇼트닝 등으로 가공할 때 수소를 첨가하여 인위적으로 굳게 하는 과정(경화유)에서 생성되는 지방산을 말하며, 성질이 유연하고, 바삭거림이 뛰어나며, 보존성이 향상된다. 원래는 cis형 지방산이던 것이 수소첨가에 의하여 trans형으로 변환된 것이다(그림 4.3 참조). 최근에 트랜스지방산의 유해성이 보고 되면서 많은 소비자들의 관심을 끌고 있다.

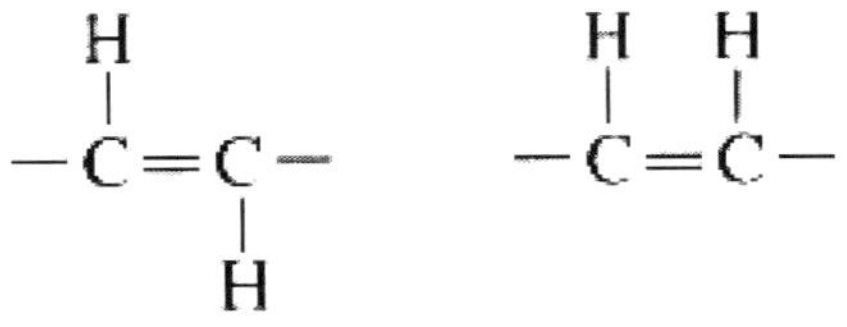

Trans형　　　　Cis형

[그림 4.3] 트랜스형과 시스형

② 식품 중 함량

트랜스지방산의 식품 중 함량을 표 4.4에 표시하였다. 트랜스지방산은 반추동물의 위에 있는 미생물의 작용으로 자연 상태에도 소량 존재한다. 트랜스지방산은 경화유 제조 공정에서 생기지만 그 외에도 식물성기름을 여러 번 튀김에 이용했을 때도 발생한다. 2006년부터 트랜스지방산의 저감화 기술이 적용되어 2007년부터는 트랜스지방산이 없거나 수치가 낮은 식품들이 생산되고 있다. 2007년 하반기 식품의약품안전청에서 패스트푸드 점의 감자튀김 중 트랜스지방산 함량을 모니터링한 결과 100g당 0.1g 이하인 것으로 보고하였다.

[표 4.4] 식품 중의 트랜스지방산(TFA) 함량(전체 지방산 100g당)

| 식품유형 | TFA(%) | 식품유형 | TFA(%) |
|---|---|---|---|
| 파이와 쿠키 | 14.5~25.0 | 마요네즈류 | 2.2~3.4 |
| 감자튀김 | 5.2~18.8 | 쇼트닝 | 2.4~10.2 |
| 페스트리 | 25.7 | 옥수수기름 | 2.3~2.5 |
| 케이크류 | 8.8~16.9 | 마아가린 | 0.7~3.8 |
| 도너츠류 | 4.9~10.0 | 라아드 | 0.7~3.8 |
| 피자류 | 3.4~44.8 | 치킨 | 0~14.6 |
| 햄버그류 | 0.8~8.4 | 유제품 | 0~10.1 |

③ 한국인 1일 섭취량

우리나라 사람들이 하루 어느 정도의 트랜스지방산을 섭취하는가를 표 4.5에 표시하였으며, 외국의 경우와 비교하였다. 우리나라 평균 섭취량은 하루 0.37g이며, 청소년은 0.48g, 성인은 0.18g으로 미국 5.3g, 캐나다 8.4g, 스페인 2.1g, 일본 0.91g 등과 비교하였을 때 아주 적은 양을 섭취하고 있다.

④ 표시 기준

트랜스지방산의 표시 기준은 1회 제공량 당 0.5g미만을 "0.5g 미만"으로 표시할 수 있다. 그리고 0.2g 미만은 "0"으로 표시할 수 있다. 다만 식용 유지류 제품은 100g당 2g 미만일 경우 "0"으로 표시할 수 있다. 포장지에 "저 트랜스지방산"은 식품 100g당 0.5g 미만일 때 표시할 수 있다.

[표 4.5] 국가별 트랜스지방산 섭취량

| 국가 | | TFA(g) |
|---|---|---|
| 한국 | 평균 | 0.37 |
| | 유아 | 0.36 |
| | 청소년 | 0.48 |
| | 성인 | 0.18 |
| 미국 | | 5.3 |
| 캐나다 | | 8.4 |
| 영국 | | 2.8 |
| 스페인 | | 2.1 |
| 일본 | | 0.91 |

자료: 식품의약품안전청

⑤ 트랜스지방산의 유해성

트랜스지방산의 유해성이 알려지면서 각국에서는 트랜스지방산의 표시 의

무화나 함량 제한을 법으로 규제하고 있는데, 미국은 2006년 1월부터 모든 가공식품에 트랜스지방산의 함유량 표시를 의무화하고, 덴마크는 2003년 6월부터 모든 가공식품의 트랜스지방산 함량을 2% 이하로 규제하고 있으며, 캐나다도 2006년 말부터 표시제를 시행하고 있다. 우리나라는 2007년 식품표시 개정안을 입안 예고 한 뒤 1년간의 유예기간을 거쳐 2008년부터 본격적으로 도입한다.

유해성으로서는 트랜스지방산을 많이 섭취할 경우 포화지방산과 마찬가지로 체중이 늘고, 나쁜 콜레스테롤인 저밀도지단백질(LDL)을 증가시켜 심장병이나 동맥경화증 등의 질병을 유발한다. 그리고 간암, 위암, 대장암, 유방암, 당뇨병 등도 관련이 있는 것으로 보고되면서 트랜스지방산의 유해성을 경고하는 연구들이 많이 이루어지고 있다.

## 2) 복합지질(compound lipids)

복합지질은 단순지질에 다른 성분이 결합된 것으로 단순지질에 인산이 결합한 인지질(phospholipid)과 당이 결합한 당지질(glycolipid)이 대표적인 복합지질이다.

### (1) 인지질(phospholipid)

인지질은 중성지질과 유사한 구조를 가지는데, 중성지질은 글리세롤에 지방산 3개가 결합되어 있지만, 인지질은 글리세롤에 지방산 2개와 인산이 한개 결합되어 있는 형태이다(그림 4.4 참조).

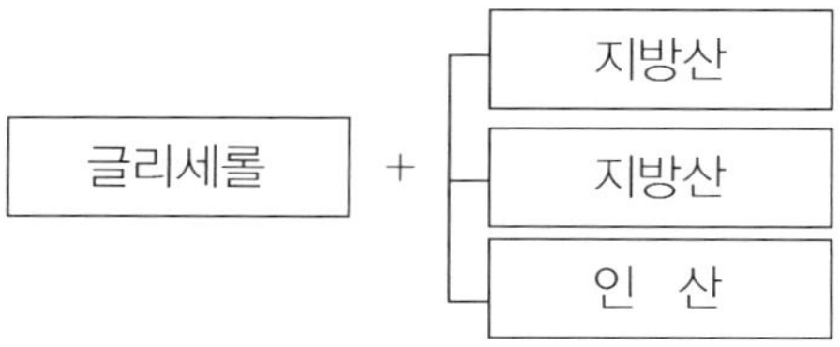


[그림 4.4] 인지질의 구조

인지질은 동식물의 세포막을 구성하는 중요한 성분으로서 뇌, 신경조직, 간, 심장 등에 많이 존재하고, 혈액 중에서는 지질을 수송하며, 세포막에서는 영양소의 수송을 조절하는 등 중요한 기능을 하는 물질이다. 인지질은 물을 좋아하는 친수성(hydrophilic) 부분과 물을 싫어하는 소수성(hydrophobic) 부분을 동시에 가지고 있어서 물과 기름이 섞이게 하는 유화(emulsion)작용이 있다.

인지질은 lecithin(레시틴), cephalin(세팔린), sphingomyelin(스핑고미엘린) 등이 있는데, 특히 lecithin은 인체에는 뇌, 신경조직, 간장, 심장 등에 많이 함유되어 있고, 식품 중에는 난황과 콩류에 많이 함유되어 있다. 그리고 유화작용이 있어서 마요네즈, 마아가린, 아이스크림 등의 유화제로 이용되고 있다.

### (2) 당지질(glycolipid)

당지질은 단순지질에 당이 결합된 것으로서 한분자의 지방산, sphingosine, 갈락토오스(galactose)로 구성되어 있다(그림 4.5 참조). 주로 뇌 조직에 많으며 신경조직, 신장, 백혈구, 적혈구 등에 존재한다.

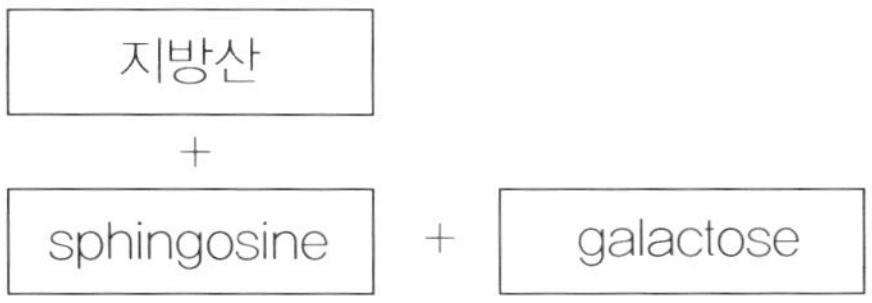


[그림 4.5] 당지질의 구조

## 3) 유도지질(derived lipids)

유도지질은 지질과 구조가 다르나 에테르에 용해되고 물에 녹지 않는 성질이 지질과 비슷하기 때문에 유도지질로 분류하며, 대표적인 것은 동물성 스테롤(sterol)인 cholesterol(콜레스테롤)과 식물성 스테롤인 ergosterol(에르고스테롤)이 있다.

### (1) 콜레스테롤(cholesterol)

콜레스테롤은 인체의 기능을 정상적으로 유지하는데 필수적인 지질이다. 콜레스테롤의 구조는 그림 4.6과 같다.

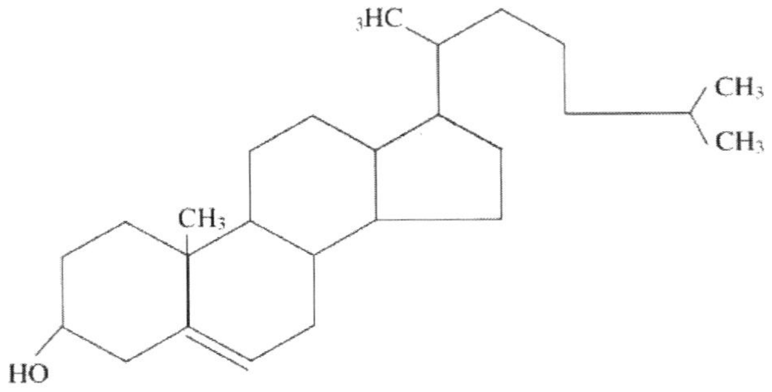


[그림 4.6] 콜레스테롤의 구조

### (2) 콜레스테롤의 체내 역할

**1** 호르몬 구성 성분

그림 4.7은 뇌, 갑상선, 부신, 췌장, 생식선에서 인체에 필요한 호르몬을 합성하는 중요한 부분들을 나타낸 것이다. 뇌하수체에서 갑상선, 췌장, 부신, 생식선, 성장호르몬의 분비에 영향을 미치는 호르몬을 생산하고, 갑상선은 대사속도 조절을 위한 호르몬을 분비한다. 부신은 탄수화물 대사에 필요한 호르몬을 생산하고, 췌장은 인슐린 및 글루카곤을 생산하며, 생식선에서는 성호르몬을 분비한다. 그중에서 콜레스테롤은 부신피질, 고환, 난소 등에서 생성되는 스테로이드 호르몬의 구성 성분이 된다. 만족한 성생활을 하려면 성호르몬이나 부신피질 호르몬의 분비가 왕성해져야 하며, 현대사회의 스트레스에 대한 대응을 원활하게 하기 위해서는 스트레스 호르몬의 생산량이 많아져야 하는데, 콜레스테롤은 이러한 호르몬들을 구성하는 중요한 물질이다.

**2** 생체막의 구조

생체막은 기본적으로 인지질, 단백질, 콜레스테롤로 구성되어 있다. 특히 함유량이 많은 곳이 뇌이다. 성인의 체내에는 100~150g인 콜레스테롤 중 약 25%는 뇌에 집중되어 있고, 지방조직 및 결합조직에 25%, 근육에 25% 정도 있으며, 나머지는 피부, 혈액, 골수, 간장, 소화관, 폐, 신장 등에 존재한다.

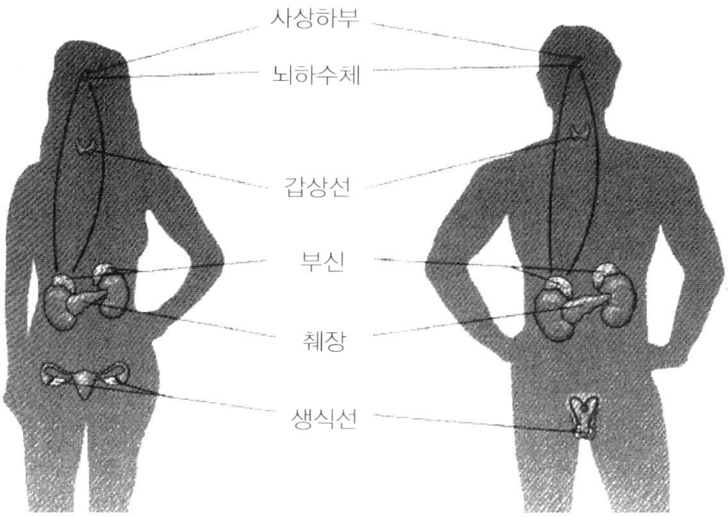


[그림 4.7] 호르몬의 합성

**3** 비타민 D 전구체

콜레스테롤은 비타민 D를 합성하는데 중요한 물질이다(그림 4.8 참조).

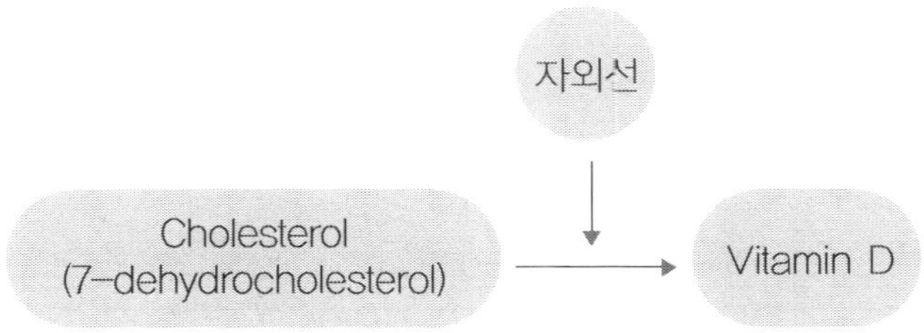


[그림 4.8] 비타민 D 생산

## (3) 콜레스테롤과 사망률

일반적으로 콜레스테롤은 성인병의 원인이고, 콜레스테롤 수치는 낮은 사람이 오래 살며, 병에 잘 걸리지 않는다는 콜레스테롤 유해설이 일반에게 알려져 있다. 그림 4.9는 혈중 총 콜레스테롤 함량과 총 사망률과의 관계를 나타낸 것이다.

그림에서 보듯이 혈중의 총 콜레스테롤 수치가 증가함에 따라 총 사망률도 증가한다. 그러나 콜레스테롤이 감소하면 단순히 총 사망률이 감소하는 상태가 되지 않고, 어느 시점에서 총 사망률은 다시 상승한다. 즉, 콜레스테롤은 높아도 위험하지만 너무 낮아도 위험한 것이다.

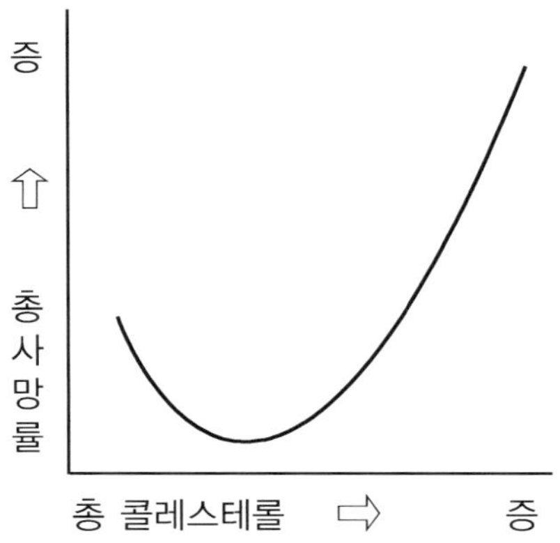


[그림 4.9] 혈중 총 콜레스테롤과 사망률

표 4.6은 콜레스테롤과 각 질병과의 상대 사망 위험도를 나타낸 것이다. 심근경색이나 당뇨병은 콜레스테롤이 증가하는 만큼 사망 위험도가 높아진다. 그러나 암은 콜레스테롤이 높아지면서 오히려 사망 위험도가 낮아지고 있다. 뇌졸중도 콜레스테롤 수치가 어느 정도 이상 높아지면 사망 위험도가 낮아진다. 일본의 예이긴 하지만 뇌졸중이 오랫동안 사망 원인 1위였는데, 1960년대 전후로 발병률이 낮아졌으며, 그 이유를 전문가들은 동물성 식품의 섭취가 증가하여 영양 상태가 좋아지고, 혈관이 튼튼해졌기 때문으로 추정하고 있다.

따라서 콜레스테롤이 체내에서 작용하는 역할은 질환에 따라서 다양하고 콜레스테롤이 낮으면 모든 성인병을 예방할 수 있다는 주장은 잘못된 것이다.

[표 4.6] 콜레스테롤과 각 질병과의 상대 사망 위험도

| 병명(mg/dl) | 160미만 | 160~199 | 200~239 | 240이상 |
|---|---|---|---|---|
| 협심증, 심근경색 | 1.0 | 1.32 | 1.99 | 3.03 |
| 뇌졸중 | 1.0 | 1.15 | 1.69 | 0.91 |
| 뇌출혈 | 1.0 | 0.44 | 0.46 | 0.43 |
| 암 | 1.0 | 0.81 | 0.76 | 0.73 |
| 당뇨병 | 1.0 | 2.29 | 4.90 | 7.36 |
| 자살 | 1.0 | 0.67 | 0.58 | 0.64 |
| 알코올 의존증 | 1.0 | 0.30 | 0.43 | 0.29 |

자료: 농촌진흥청 축산기술연구소

### (4) 콜레스테롤과 동맥경화

심혈관계질환은 동맥경화증의 합병증으로 발생하는데, 동맥경화증은 혈관에 콜레스테롤이 쌓여서 발생한다(그림 4.10 참조). 동맥경화증은 콜레스테롤이 많은 식품의 섭취로 발생하는 것이 아니고, 혈중의 콜레스테롤이 많으면 발생한다. 콜레스테롤은 식품으로부터 섭취하는 양보다 체내에서 합성되는 것이 더 많다. 체내에서의 콜레스테롤 합성은 지질뿐만 아니라 탄수화물, 단백질로부터도 만들어진다. 문제는 콜레스테롤이 체내에서 대사가 잘 되지 않고 혈관 내에 남아 변성되어 혈관을 막는 것이다.

동맥경화증은 나이가 들면 나타나는 생리적인 현상 중의 하나이다. 피부와 근육처럼 혈관도 나이와 함께 노화된다. 콜레스테롤이 동맥경화의 원인이지만 그 외에도 위험 인자가 유전적 요인을 포함하여 200가지가 넘는 것으로 알려져 있다. 따라서 식품과 관련하여 말하자면 혈청 콜레스테롤 수치가 대단히 높은 사람은 식품 중의 콜레스테롤을 조심해야겠지만, 그렇게 높지 않은 사람은 무턱대고 콜레스테롤이나 동물성 식품을 기피할 필요가 없다.

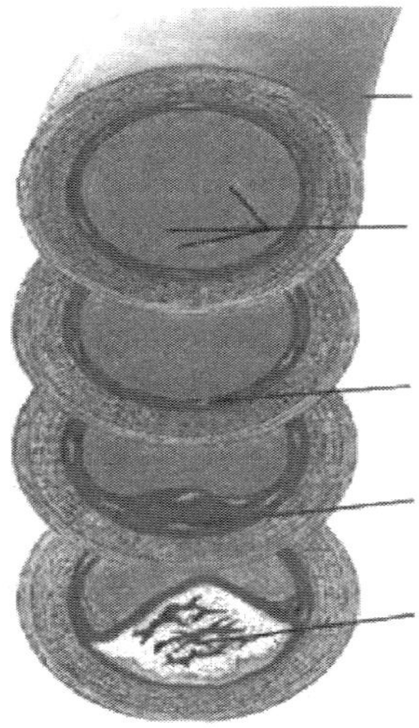


[그림 4.10] 동맥경화증 과정

### (5) 콜레스테롤과 지단백질

혈중 중성지방이나 콜레스테롤은 단독으로 이동하기가 불가능하다. 신체에 필요한 곳으로 이동하기 위해서는 혈중에 녹아 있는 단백질과 결합하여 지단백질(lipiprotein)을 형성해야만 운반이 가능하다. 이와 같이 혈중 지질은 단독이 아니라 체내에서 운반이 가능한 지단백질 형태로 존재하는데 그 밀도에 따라 다음과 같이 분류한다.

① 킬로마이크론(chylomicrons)
② 초저밀도 지단백질(very low density lipoproteins, VLDL)
③ 중간밀도 지단백질(intermediate density lipoproteins, IDL)
④ 저밀도 지단백질(low density lipoproteins, LDL)
⑤ 고밀도 지단백질(high density lipoproteins, HDL)

모든 콜레스테롤이 나쁜 작용을 하는 것이 아니다. LDL-콜레스테롤이 동맥 내에 혈전을 형성하여 관상동맥질환을 일으키는 것이고, HDL-콜레스테롤은 체내에서 콜레스테롤을 간으로 이동시켜 제거하는 작용을 하므로 오히려 동맥경화증의 예방 효과가 있다. 전문가들은 적정한 콜레스테롤 수치가 총 콜레스테롤은 200mg/dℓ 미만, LDL-콜레스테롤은 100mg/dℓ 미만, HDL-콜레스테롤은 60mg/dℓ 이상이라고 조언하고 있다. 그림 4.11은 LDL-콜레스테롤과 HDL-콜레스테롤이 허혈성심질환 발병률에 미치는 영향을 나타낸 것인데, LDL-콜레스테롤 함량이 높으면 심근경색을 포함한 허혈성심질환의 발병률이 높지만 HDL-콜레스테롤이 높으면 오히려 이러한 질병의 발병률이 감소한다. 따라서 콜레스테롤의 수치는 적정선을 유지하면서 LDL-콜레스테롤은 낮추고 HDL-콜레스테롤은 높이는 식생활의 개선이 필요하다.

[그림 4.11] 콜레스테롤과 허혈성심질환 발병률과의 관계

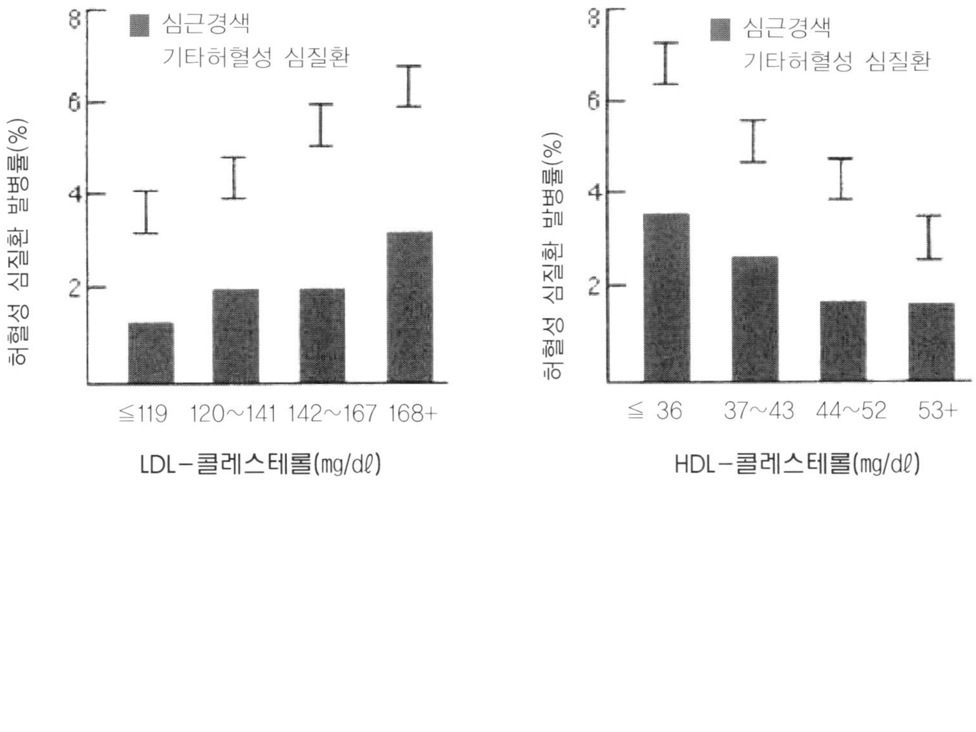

# 3. 지질의 기능

## 1) 에너지원

지질은 1g에 9kcal의 에너지를 발생시키는 고 에너지원이다. 표 4.7은 지질이 많다고 판단되는 몇 가지 식품의 지질함량과 열량을 표시한 것이다. 유지류의 지질함량이 가장 높으며 종실류, 일부 튀김 식품, 마요네즈 등에도 지질함량이 높은 것을 알 수 있다. 지질은 탄수화물이나 단백질과 같은 양으로도 고 칼로리에 해당되는 식품이기 때문에 칼로리를 보충하는 식품으로서 양이 적어 소화기관에 주는 부담도 적다.

[표 4.7] 식품의 지질함량 및 열량(100g 당)

| 식품명 | | 지질(g) | 열량(kcal) | 식품명 | | 지질(g) | 열량(kcal) |
|---|---|---|---|---|---|---|---|
| 유지류 | 들기름 | 100 | 884 | 면류 | 라면 | 14.1 | 381 |
| | 참기름 | 100 | 884 | | 소면 | 1.0 | 354 |
| | 콩기름 | 100 | 884 | 종실류 | 들깨 | 47.2 | 523 |
| 육류 | 개고기 | 20.2 | 262 | | 참깨 | 49.9 | 552 |
| | 닭 후라이드 | 17.1 | 280 | | 땅콩 | 45.2 | 534 |
| | 돼지갈비 | 13.9 | 208 | | 잣 | 68.2 | 665 |
| | 돼지등심 | 16.1 | 236 | | 호두 | 66.7 | 652 |
| | 돼지삼겹 | 28.4 | 331 | 향신료 및 조미료 | 겨자가루 | 22.5 | 438 |
| | 소시지 | 21.9 | 276 | | 고추가루 | 12.5 | 272 |
| | 족발 | 16.9 | 266 | | 마요네즈 | 75.6 | 702 |
| | 소등심 | 14.1 | 218 | | 카레가루 | 14.6 | 400 |
| | 소안심 | 8.0 | 161 | 음료 | 커피프림 | 34.4 | 543 |
| | 소육포 | 8.2 | 361 | | 율무차 | 7.4 | 400 |
| | 소곱창 | 11.3 | 141 | 알류 | 계란노른자 | 29.7 | 339 |
| | 오리 | 27.6 | 318 | | 메추리알 | 12.1 | 170 |
| 빵 및 과자류 | 링 도우넛 | 26.0 | 412 | 우유류 | 전유 | 3.2 | 60 |
| | 식빵 | 5.8 | 277 | | 분유 | 27.0 | 495 |
| | 카스테라 | 8.5 | 323 | | 아이스크림 | 13.9 | 215 |
| | 초코파이 | 18.8 | 436 | | 치즈 | 24.2 | 312 |
| | 피자 | 11.9 | 269 | 어류 | 고등어 | 20.8 | 271 |
| | 햄버거 | 9.8 | 229 | | 꽁치 | 19.4 | 262 |
| | 감자칩 | 37.0 | 532 | | 뱀장어 | 20.4 | 255 |
| | 크래커 | 27.8 | 501 | | 전어 | 14.4 | 204 |
| 두류 | 검정콩 | 18.2 | 382 | | 건새우 | 6.3 | 311 |
| | 두부 | 5.6 | 84 | | 건오징어 | 6.2 | 362 |

자료: 식품의약품안전청

## 2) 체온조절 및 장기 보호

지질은 에너지 대사에 쓰이게 되는데, 소비되고 남은 에너지는 거의 무제한적으로 피하지방세포에 저장된다. 이것이 필요 이상으로 많아지면 비만이 되지만 피하지방으로 저장된 체지방은 외부와의 절연체 역할을 하여 신체의 온도를 유지시켜 준다.

체지방조직의 절반 정도는 신체 내부의 장기를 둘러싸고 있기 때문에 외부에서 가해진 충격을 흡수하는 역할을 하여 장기를 보호해주는 역할을 한다.

## 3) 필수지방산 공급

필수지방산은 체내에서 합성하지 못하거나 합성하더라도 그 양이 절대적으로 부족하여 음식물을 통하여 섭취하여야 하는 지방산으로서 linoleic acid, linolenic acid, arachidonic acid 등이 있다. 이들 필수지방산이 부족하게 되면 성장장애, 습진성 피부염, 생식기능 장애, 남성호르몬인 안드로겐(androgen)의 분비 감소, 탈색소, 지방간, 시력저하 등을 유발한다.

따라서 필수지방산은 지질함유 식품의 섭취로 공급되기 때문에 지질은 필수지방산의 중요한 공급원이다.

## 4) 지용성비타민의 흡수 촉진

지용성비타민 A, D, E 및 K는 지질에 녹기 떠문에 지질과 함께 있어야 체내에서 소화, 흡수가 용이하다. 따라서 지질의 섭취가 브족하면 지용성비타민의 소화, 흡수에 지장이 생기고, 그것으로 인하여 지용성비타민의 결핍증이 발생한다.

## 5) 인체의 구성 성분

지질은 저장지방(피하지방, 장기보호 지방)으로서 뿐만 아니라 인체 내의 세포막을 포함한 여러 종류의 막을 구성하고 있으며 뇌조직, 신경조직, 호르본 등을 이루는 필수적인 구성 성분으로서 인체의 중요한 생리작용을 수행하고 있다.

### 6) 풍미 형성 물질

지질은 입안에서 부드러운 맛과 열을 가했을 때 수많은 종류의 향기를 발생시켜 음식의 풍미를 형성하는데 기여한다. 예를 들면 고기를 먹을 때 지질이 없는 부위보다는 지질이 어느 정도 함유된 삼겹살 같은 부위가 더 맛있다고 느낀다. 살코기는 씹을 때 텁텁함을 느끼지만 지질이 함유된 고기는 부드러운 감촉을 느끼게 한다. 닭고기의 경우가 좋은 예인데 다리 부위가 가슴 부위보다 지질함량이 높기 때문에 더 부드러운 맛을 느끼고, 향기가 좋기 때문에 더 선호하는 이유이다.

### 7) 기타

지질은 비타민 $B_1$의 절약작용이 있다. 비타민 $B_1$은 탄수화물 대사에 필요한데, 탄수화물을 에너지원으로 하고자 할 경우는 비타민 $B_1$의 소모가 같이 되지만 지질을 에너지원으로 할 경우에는 비타민 $B_1$의 소모가 없어 절약된다.

지질은 프로비타민 D로서 작용하여 골밀도를 높이는데 기여한다. 지질에 속하는 콜레스테롤은 자외선에 의하여 비타민 D로 전환되어 칼슘의 체내 흡수 및 골격의 침착을 촉진하여 골밀도를 높여, 골다공증이나 골연화증 같은 질환의 치료 및 예방에 효과가 있다. 그리고 지질은 탄수화물이나 단백질보다 위장을 통과하는 시간이 길어서 포만감을 준다.

## 4. 지질의 소화 및 흡수

식품 중에 함유되어 있는 지질의 대부분은 중성지방(triglyceride)이고, 그 다음은 인지질, 콜레스테롤, 지용성비타민 등이다. 섭취한 지질은 췌장에서 분비된 지방분해효소(리파아제, lipase)에 의하여 분해되고, 소장에서 흡수된다.

### 1) 지질의 소화

인간이 섭취한 지질은 이로 쪼개는 기계적 소화를 시작으로 하여 쓸개에서 만들어져 십이지장으로 분비된 쓸개즙이 지방을 더 잘게 쪼개 지방분해효소가 작용하기 쉽도록 만든다. 분해가 쉽도록 유화된 지질 입자는 췌장에서 분비된 지방분해효소에 의하여 지방산과 글리세롤로 분해된다 (그림 4.12 참조).

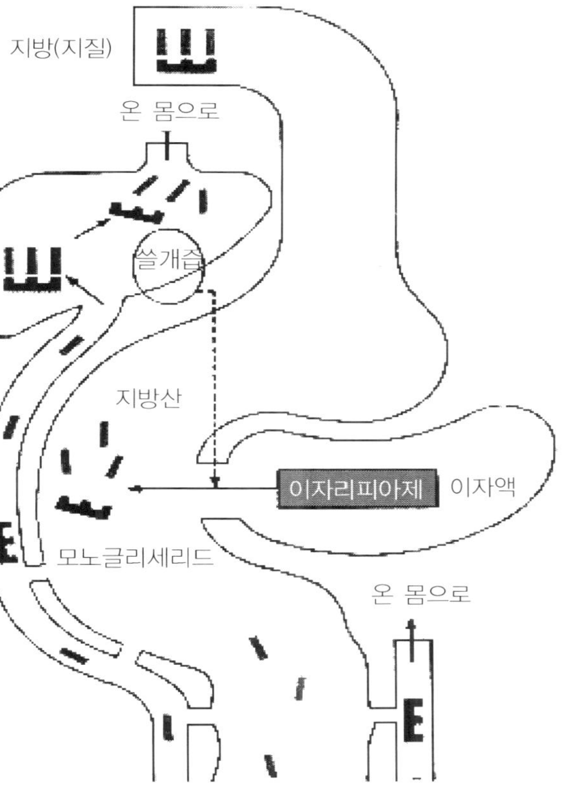


[그림 4.12] 지질의 소화 및 흡수 과정

## 2) 지질의 흡수

분해된 지방산과 글리세롤은 소장 융털의 암죽관을 통하여 흡수된다. 일부 지방산 및 글리세롤은 모세혈관을 통하여 간으로 이동하고, 일부는 다시 중성지방으로 재합성한다. 재합성된 중성지방은 콜레스테롤, 인지질과 함께 지단백질에 결합하여 킬로마이크론(chylomicron)을 형성하고 모세혈관을 통하여 간으로 이동한다.

지질의 흡수는 매우 효율적이어서 지질 섭취량의 약 95%가 흡수된다. 정상 성인은 하루 약 300g 정도의 지질을 흡수할 수 있는데, 흡수가 저해되면 변에 많은 양의 지질이 배출되는 지방변이 나타난다.

# 5. 지질의 급원식품

## 1) 한국인의 지질 섭취 현황

우리나라 사람들의 연평균 지질 섭취는 2005년도 국민건강 영양조사 보고서에 의하면 국민 1인당 1일 섭취량이 46.0g이었다. 이는 1990년대를 기준으로 하여 총 에너지 섭취량에서 지질이 차지하는 비율이 상당히 증가하였다 (표 4.8 참조).

동물성지질의 섭취는 1990년대 이전보다 이후가 약 2배 이상 증가하였으며, 이것은 경제성장으로 인한 소득 증가가 원인인 것으로 파악된다. 그러나 최근에 지질 섭취의 과다에 대한 우려가 확산되면서 앞으로는 총 열량에 대한 지질 섭취가 감소할 것으로 예상된다.

[표 4.8] 연평균 지질 섭취량

| 항목 | 1980 | 1985 | 1990 | 1998 | 2001 | 2005 |
|---|---|---|---|---|---|---|
| 에너지(kcal) | 2,052 | 1,939 | 1,863 | 1,985 | 1,869 | 2,016 |
| 지질(g) | 21.8 | 29.5 | 28.9 | 41.5 | 38.8 | 46.0 |
| 동물성지질(g) | 6.3 | 10.1 | 10.9 | 20.0 | 19.2 | 20.5 |
| 식물성지질(g) | 15.5 | 19.4 | 18.0 | 21.5 | 19.6 | 25.5 |

2005년도 제3기 국민건강 영양조사에서 보고한 지질 섭취량의 주요 급원식품은

표 4.9와 같다. 총 지질 섭취량 중 육류가 차지하는 부분은 9.8g으로 가장 많았으며, 이것은 2001년도 제2기 국민건강 영양조사에서 발표한 8.4g보다 증가한 것이다. 그 다음이 식물성 기름인 콩기름과 참기름이 7.3g이었다. 그리고 가장 많이 섭취하는 지질식품은 돼지고기가 7.5g이며, 콩기름이 4.5g으로 두 번째를 차지하였다. 미국인의 경우는 단일 품목으로 지질 섭취량이 가장 많은 것은 우유로 4.4g을 차지하였으며, 전체 지질 섭취량은 육 및 육제품이 약 16g으로 가장 많은 부분을 차지하여 우리나라 사람들과는 지질 섭취에서 차이를 보였다.

## 2) 지질 섭취 권장량

우리나라는 총 열량에 대한 총 지질의 섭취량을 20%로 권장하고 있으며, 일본은 20~25%, FAO/WHO(1994)에서는 총 열량의 15~30%를 지질에서 섭취할 것을 권장하고 있다(표 4.10 참조).

지방산 균형에 대한 권장 기준은 다가불포화지방산(P), 단일불포화지방산(M), 포화지방산(S)의 비율(P/M/S)은 1 : 1 : 1, $\omega$-6/$\omega$-3 지방산의 비율은 4 : 1 ~ 10 : 1을 권장하고 있다. 그리고 콜레스테롤의 섭취량은 허혈성심질환 예방을 위하여 하루 300mg 미만으로 섭취할 것을 권장하고 있다.

[표 4.9] 한국인과 미국인의 지질 섭취량의 주요 급원식품

| 순위 | 한 국 | | | 미 국 | | |
|---|---|---|---|---|---|---|
| | 식품명 | 섭취량(g) | 섭취 비율(%) | 식품명 | 섭취량(g) | 섭취 비율(%) |
| 1 | 콩기름 | 4.5 | 9.7 | 우유 | 4.4 | 5.5 |
| 2 | 돼지고기 | 4.3 | 9.3 | 치즈 | 4.2 | 5.3 |
| 3 | 돼지삼겹살 | 3.2 | 7.0 | 소시지 | 3.5 | 4.3 |
| 4 | 달걀 | 2.8 | 6.2 | 쇠고기 | 3.4 | 4.3 |
| 5 | 참기름 | 2.8 | 6.1 | 피자 | 3.3 | 4.1 |
| 6 | 라면 | 2.5 | 5.4 | 닭고기 | 3.1 | 3.9 |
| 7 | 우유 | 2.3 | 5.0 | 샐러드드레싱 | 2.8 | 3.5 |
| 8 | 쇠고기 | 1.8 | 3.9 | 감자튀김 | 2.4 | 3.0 |
| 9 | 두부 | 1.3 | 2.8 | 솔티크래커 | 2.4 | 3.0 |
| 10 | 백미 | 1.1 | 2.3 | 아이스크림 | 2.1 | 2.7 |

| 순위 | 한 국 | | | 미 국 | | |
|---|---|---|---|---|---|---|
| | 식품명 | 섭취량(g) | 섭취 비율(%) | 식품명 | 섭취량(g) | 섭취 비율(%) |
| 11 | 깨 | 0.9 | 1.9 | 햄버거 | 2.0 | 2.5 |
| 12 | 마요네즈 | 0.8 | 1.8 | 빵류 | 2.0 | 2.5 |
| 13 | 대두 | 0.8 | 1.7 | 쿠키 | 2.0 | 2.5 |
| 14 | 비스켓 | 0.8 | 1.7 | 멕시코요리 | 1.8 | 2.3 |
| 15 | 스넥과자 | 0.7 | 1.5 | 파스타요리 | 1.7 | 2.2 |
| 16 | 고등어 | 0.6 | 1.3 | 케익 | 1.6 | 2.0 |
| 17 | 아이스크림 | 0.6 | 1.3 | 사탕, 쵸콜렛 | 1.5 | 1.9 |
| 18 | 땅콩 | 0.6 | 1.3 | 쇠고기요리 | 1.5 | 1.8 |
| 19 | 닭고기 | 0.5 | 1.2 | 닭고기요리 | 1.4 | 1.7 |
| 20 | 된장 | 0.5 | 1.2 | 감자칩 | 1.4 | 1.7 |
| 21 | 커피크림 | 0.5 | 1.1 | 달걀요리 | 1.3 | 1.6 |
| 22 | 라면 | 0.5 | 1.0 | 돼지고기 | 1.2 | 1.6 |
| 23 | 김치 | 0.5 | 1.0 | 달걀 | 1.2 | 1.4 |
| 24 | 커피 | 0.4 | 0.9 | 마아가린 | 1.1 | 1.3 |
| 25 | 소시지 | 0.4 | 0.9 | 커피 | 1.0 | 1.3 |
| 26 | 햄버거 | 0.4 | 0.8 | 마요네즈 | 1.0 | 1.2 |
| 27 | 멸치 | 0.3 | 0.6 | 크래커 | 0.9 | 1.2 |
| 28 | 케이크 | 0.2 | 0.5 | 크림 | 0.9 | 1.1 |
| 29 | 빵, 잼, 팥소 | 0.2 | 0.5 | 땅콩파이 | 0.9 | 1.1 |
| 30 | 초코파이 | 0.2 | 0.5 | 파이 | 0.8 | 1.0 |

자료: 국민건강영양조사 제 3기(2005) 영양조사보고서

[표 4.10] 국내외에서 제안된 지질 권장량

| 항 목 | WHO (1990) | FAO/WH (1994) | 일본RDA (1999) | 한국RDA (2000) |
|---|---|---|---|---|
| 열량에 대한 지질% | 15~30 | 15~30 | 20~25 | 20 |
| 다가불포화지방산 | 3~7 | 4~10 | | |
| 포화지방산 | < 10 | ≤10 | | |
| P/M/S 비율 | | | 3:4:3 | 1:1:1 |
| $\omega$-6/$\omega$-3 비율 | | 5:1~10:1 | 4:1 | 4:1~10:1 |
| 콜레스테롤, mg | < 300 | < 300 | < 300 | < 300 |

자료: 한국영양학회, 한국인영양권장량 제 7차 개정 2000년

*Recommended Dietary Allowance(권고식이배당)

### 뇌졸중 자가 체크법

| 항 목 | 체크 |
|---|---|
| 조부모, 부모 중에 뇌졸중인 사람이 있다. | V |
| 50살 이상이다. | |
| 담배를 피운다. | |
| 술을 좋아한다. | |
| 짠 음식을 즐겨 먹는다. | |
| 지방이 많은 음식을 즐겨 먹는다. | |
| 밤중에 추운 화장실에 자주 간다. | |
| 과로, 수면부족으로 스트레스가 쌓였다. | |
| 혀가 굳어지고 현기증이 일어난 적이 있다. | |
| 손발이 저리고 눈이 침침한 일이 있다. | |
| 비만이다. | |
| 고혈압이다. | |
| 당뇨병이 있다. | |
| 고지혈증이다. | |
| 안저(眼底)검사를 받은 일이 없다. | |

★해당되는 항목수
(뇌졸중 위험도)

15–11 : 아주 높다.
10–6 : 높은 편이다.
5–3 : 낮은 편이다.
2–0 : 아주 낮다.

★뇌졸중을 예고하는
5가지 증세

1. 갑작스런 두통
2. 현기증
3. 시야가 흐림
4. 언어장애
5. 사지 무감각

# 6. 지질과 피부미용

지질은 1g당 9kcal의 에너지를 생산하는 농축된 에너지원으로 피부미용에 영향을 미치는 인지질과 필수지방산의 구성 성분이며, 지용성 비타민의 소화, 흡수작용을 촉진시키는 작용을 한다. 또한 신체의 체온 조절에 관여하고 피지선의 기능을 조절하여 피부 보호막을 형성하고, 피부와 모발에 광택을 주며, 피부의 건조를 방지해 주므로 탄력이 있고 윤기가 있는 피부를 유지시켜 준다.

포화지방산 식이를 과다하게 섭취할 경우 피지 분비량이 증가되어 지성피부를 유발하며, 콜레스테롤이 체내에 침착하여 모세혈관의 노화 현상이 일어나 피부조직의 탄력성이 저하된다. 또한 피하조직에 지방이 축적되어 비만의 원인이 되기도 한다.

식물성 지방질에 많이 함유되어 있는 필수지방산은 피부 내에서 인지질 생성을 촉진하여 피부 유연성과 세포활성 효과가 뛰어나 화장품 원료로도 사용된다.

지질이 결핍되면 날씬한 몸은 유지하지만 피부는 윤기가 떨어지고 쉽게 거칠어지기 때문에 지질 섭취를 과도하게 자제하는 것은 피부노화를 촉진하므로 적절한 지질의 섭취는 피부노화예방에 바람직하다.

★ **참고** – 미용과 필수지방산과의 관계

- 피부의 저항력 강화
- 지질의 대사조절 기능
- 피지선의 정상화 작용
- 피부 건조증 예방
- 탈모 예방
- 생체막의 구성 성분
- 지루성 피부염

CHAPTER 05

# 단백질

단백질(蛋白質)의 단백은 독일어 Eiweiss(卵白)를 번역한 것으로 대표적인 단백질의 하나인 알의 흰자를 의미하는 단어이다. 영어로 단백질을 protein으로 사용하는 것은 '중요한 것', '으뜸가는', '제일의 것'의 의미를 가진 그리이스어 'proteios'로부터 유래되었다. 신체의 근육을 구성하는 기본적인 구성 성분이면서 효소, 호르몬, 항체 등의 성분으로서 생체의 기능을 조절하고 유지하는데 대단히 중요한 물질이다.

## 1. 단백질의 정의

단백질(protein)은 탄소(C), 수소(H), 산소(O) 이외에 질소(N)를 반드시 가지고 있는 고분자 화합물로 기본 구성단위는 아미노산이다. 조성 비율은 탄소 50~55%, 수소 6~8%, 산소 20~23%, 질소 16%, 유황 0~4%이다. 이외에도 인(P), 철(Fe), 요오드(I), 구리(Cu), 망간(Mn), 아연(Zn) 등의 무기질을 함유하기도 한다.

단백질은 탄수화물 및 지질과 같이 신체의 구성 기능과 에너지 생산 기능을 가지고 있으며, 특히 이들 기능 이외에도 신체의 여러 가지 생리적 기능을 조절하는 역할을 수행한다. 섭취한 단백질은 체내에서 아미노산으로 분해되어 흡수된 다음 인체에 필요한 단백질로 다시 합성되어 근육, 피부, 머리카락, 혈색소인 헤모글로빈, 근육색소인 미오글로빈, 효소, 호르몬, 면역체 등의 단백질로 만들어 진다.

단백질의 기본 구성단위는 아미노산(amino acid)이며, 현재 식품을 구성하고 인체에서 영양소로 이용되는 아미노산은 22종이 있다. 그리고 1개의 단백질은 22종의 아미노산 중에서 8~18종의 아미노산으로 구성되어 있으며, 아미노산은 같은 탄소에 카르복실기(-COOH)와 아미노기(-$NH_2$)를 가지고 있고(그림 5.1 참조), 아미노산은 펩티드(peptide) 결합으로 단백질을 구성한다(그림 5.2 참조).

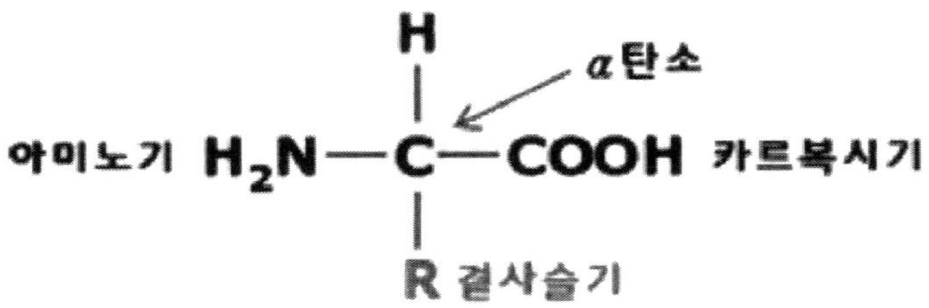


[그림 5.1] 아미노산의 구조

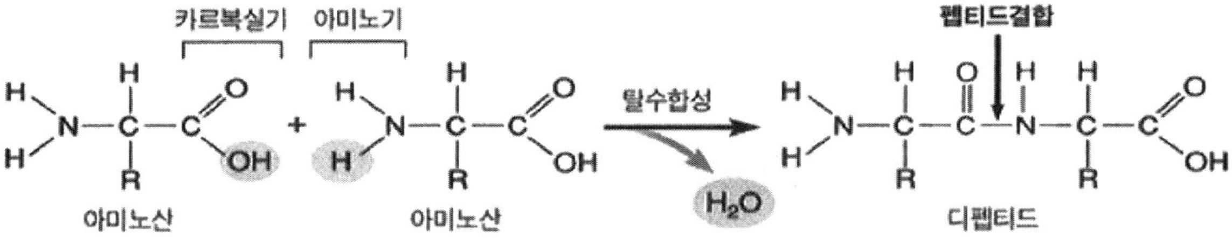


[그림 5.2] 아미노산의 펩티드 결합

## 2. 단백질의 분류

단백질은 표 5.1에서와 같이 출처에 따라 식물성단백질과 동물성단백질로 분류하고, 화학적으로는 단순단백질, 복합단백질, 유도단백질로 분류하며, 영양학적으로는 완전단백질, 부분 불완전단백질, 불완전단백질로 분류할 수 있다.

[표 5.1] 단백질의 분류

| 분 류 | 명 칭 | 종 류 |
|---|---|---|
| 출처에 따른 분류 | 식물성단백질 | 곡류 단백질, 콩류 단백질 |
| | 동물성단백질 | 육류, 난류, 우유, 어류 단백질 |
| 화학적 분류 | 단순단백질 | albumin, globulin, glutelin, histone, prolamin, albuminoid, protamine |
| | 복합단백질 | 인단백질, 핵단백질, 당단백질, 금속단백질, 지단백질, 색소단백질 |
| | 유도단백질 | gelatin, proteose, peptone, peptide |
| 영양학적 분류 | 완전단백질 | casein, lactalbumin, glycinin |
| | 부분 불완전단백질 | gliadin, hordein |
| | 불완전단백질 | gelatin, zein |

## 1) 화학적 분류

### (1) 단순단백질(simple protein)

단순단백질은 분해하였을 때 아미노산만을 생성하는 단백질을 말하며, 그 용해성과 화학적 성질에 따라 표 5.2와 같이 분류할 수 있다.

[표 5.2] 단순단백질의 분류

| 단순단백질 | 융해성 | 명 칭 |
|---|---|---|
| albumin | 물에 녹으며 열, 알코올에 응고함 | 혈청과 달걀의 albumin, 우유의 lactalbumin, 근육의 myogen 등 |
| globulin | 물에는 거의 녹지 않으며, 열에 응고함 | 혈청과 달걀의 globin, 근육의 myosin, 콩의 glycinin 등 |
| glutelin | 물, 알코올에 녹지 않고 열에 응고함 | 쌀의 oryzenin, 보리의 hordein, 밀의 glutenin 등 |

| 단순단백질 | 융해성 | 명 칭 |
|---|---|---|
| prolamin | 80%의 알코올에 녹고, 물에는 녹지 않음 | 보리의 hordein, 옥수수의 zein, 밀의 gliadin 등 |
| albuminoid | 보통의 용매에는 녹지 않음 | 피부, 연골의 collagen, 모발의 keratin, 심줄의 elastin 등 |
| protamine | 열에 응고하지 않음 | 연어, 청어, 고등어, 상어의 정액 단백질 |
| histone | 열에 응고하지 않음 | 혈색소의 globin, 식물계에는 존재하지 않음 |

### (2) 복합단백질(conjugated protein)

복합단백질은 단순단백질에 단백질 이외의 성분, 즉 탄수화물, 지질, 인산, 색소, 금속, 핵산 등의 물질이 결합되어 있는 것을 말하며, 특성은 표 5.3과 같다.

[표 5.3] 복합단백질

| 복합단백질 | 특 성 | 명 칭 |
|---|---|---|
| 인단백질 (phosphoprotein) | 단백질+인산 | 우유의 casein, 난황의 vitellin 등 |
| 핵단백질 (nucleoprotein) | 단백질+핵산 | 흉선의 nucleohistone, 어류 정액의 nucleoprotamin 등 |
| 금속단백질 (metalloprotein) | 단백질+금속<br>– 철(Fe)<br>– 동(Cu)<br>– 아연(Zn) | – 췌장의 ferritin<br>– 연체동물의 혈액 hemocyanin<br>– 췌장의 insulin |
| 당단백질 (glycoprotein) | 단백질+다당류 | 점액, 소화액의 mucin, 혈청, 난백의 mucoid 등 |
| 지단백질 (lipoprotein) | 단백질+지질 | 계란의 lipovitellin, lipovitellenin 등 |
| 색소단백질 (chromoprotein) | 단백질+색소 | 혈액의 hemoglobin, 근육의 myoglobin, 시홍의 rhodopsin 등 |

### (3) 유도단백질(derived protein)

천연의 단백질이 산, 알칼리, 효소, 가열 등에 의하여 성질이 변화한 것을 유도단백질이라고 하며, 변성 정도에 따라 제1차 유도단백질, 제2차 유도단백질로 분류한다(표 5.4 참조).

[표 5.4] 유도단백질의 분류

| 유도단백질 | 특 징 | 명 칭 |
|---|---|---|
| 제1차 유도단백질 | 천연의 단백질이 약간 변화된 것으로 분자 골격은 대부분 그대로이고 성질이 조금 변한 것 | • paracasein : casein의 변화<br>• fibrin : fibrinogen의 변화<br>• gelatin : collagen의 변화 |
| 제2차 유도단백질 | 1차 유도단백질보다 변성이 더 진행된 것으로 단백질이 아미노산까지 분해될 때까지의 중간 생성물 | • proteose : 단백질이 효소에 의하여 분해된 것<br>• peptone : proteose가 더 분해된 것<br>• peptide : peptone이 더 분해된 것 |

## 2) 영양학적 분류

### (1) 완전단백질(complete protein)

완전단백질은 생명체의 성장과 유지에 필요한 필수아미노산을 모두, 그리고 충분한 양을 가지고 있는 단백질로서 젤라틴(gelatin)을 제외한 대부분의 동물성단백질이 여기에 속한다. 즉, 육류, 가금류, 알류, 우유, 생선 등에 함유되어 있는 단백질과 식물성단백질로는 콩에 함유되어 있는 글리시닌(glycinin)이 완전단백질이다.

### (2) 부분적 완전단백질(partially complete protein)

부분적 완전단백질은 필수아미노산을 모두 가지고 있으나 그 양이 충분하지 않거나 각 필수아미노산들이 균형이 있게 들어 있지 않는 단백질로서 이런 단백질로 동물을 사육할 경우 생명 유지는 되나 성장은 되지 않는다.

이 범주에 속하는 단백질로는 밀의 글리아딘(gliadin), 보리의 홀데인(hordein), 귀리의 플로라민(prolamin), 견과류 단백질 등이 여기에 속하며, 필수아미노산의 보강이 필요한 단백질이다.

### (3) 불완전단백질(incomplete protein)

불완전단백질은 생명을 유지하거나 어린이들이 성장하기에 충분한 양의 필수아미노산을 가지고 있지 못한 단백질을 말한다. 불완전단백질은 젤라틴(gelatin), 옥수수의 제인(zein) 등이 있으며, 불완전단백질의 섭취는 동물의 성장과 생명 유지를 어렵게 한다.

## 3. 아미노산

아미노산은 탄소원자(C)에 수소(H)와 한 개의 카르복실기(-COOH)와 한 개의 아미노기($-NH_2$)를 가지고 있으며(그림 5.1 참조), 여기에 수소와 다양한 종류의 R기(R group)가 연결되어 있다.

아미노산은 곁가지인 R기의 화학적 조성에 따라 중성, 산성, 염기성 아미노산으로 분류할 수 있다. 그리고 체내에서 충분히 합성되는 아미노산을 불필수아미노산이라고 하고, 체내에서 합성이 되지 않거나 소량만 합성되는 아미노산을 필수아미노산이라고 한다.

### 1) 중성, 산성 및 염기성 아미노산

앞에서 설명되었듯이 아미노산의 R기의 화학적 조성에 따라 중성, 산성 및 염기성 아미노산으로 분류하는데, 화학적 조성 및 아미노산의 종류는 표 5.5와 같다.

[표 5.5] 중성, 산성 및 염기성 아미노산 분류

| 분 류 | 화학적 구조 | 종 류 |
|---|---|---|
| 중성 아미노산 | 분자 중에 1개의 아미노기와 1개의 카르복실기를 가지고 있는 것 | glycine, alanine, serine, valine, threonine, leucine, isoleucine, methionine, cycteine, cystine, tyrosine, tryptophan, phenylalanine |
| 산성 아미노산 | 한 분자 속에 1개의 아미노기와 2개의 카르복실기를 가지고 있는 것 | aspartic acid, glutamic acid |
| 염기성 아미노산 | 한 분자 속에 2개의 아미노기와 1개의 카르복실기를 가지고 있는 것 | lysine, arginine, histidine |

그림 5.3은 중성아미노산 중 글리신(glycine)을 나타낸 것인데 분자 중에 1개의 아미노기($-NH_2$)와 1개의 카르복실기($-COOH$)를 가지고 있으며, 산성 아미노산(그림 5.4 참조)인 글루탐산(glutamic acid)은 한 분자 속에 1개의 아미노기($-NH_2$)와 2개의 카르복실기($-COOH$)가 있다. 그리고 염기성 아미노산(그림 5.5 참조)인 라이신(lysine)은 한 분자 속에 2개의 아미노기($-NH_2$)와 1개의 카르복실기($-COOH$)가 있다.

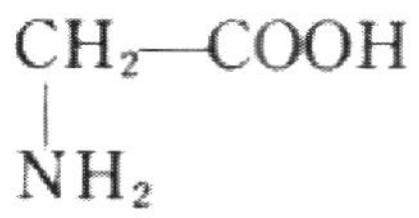

[그림 5.3] 중성 아미노산(glycine)

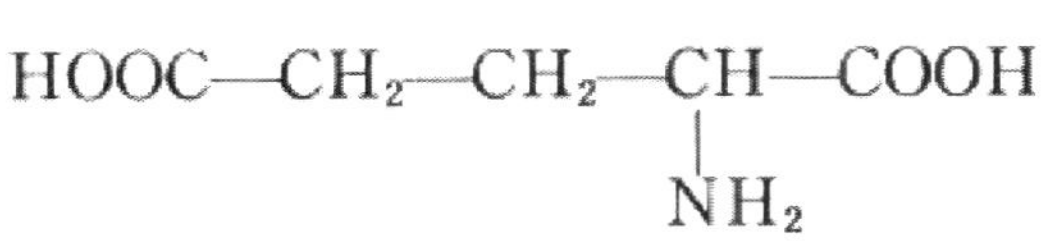

[그림 5.4] 산성 아미노산(glutamic acid)

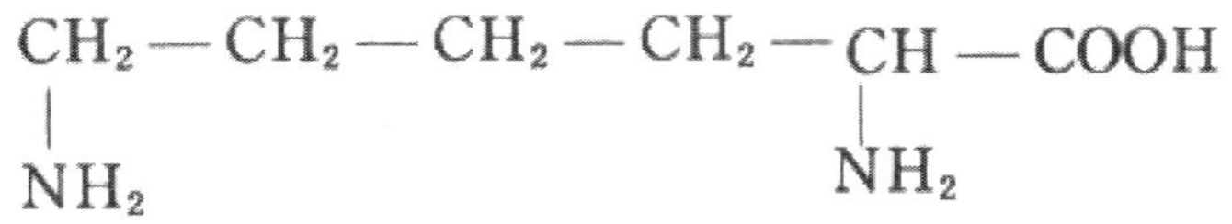

[그림 5.5] 염기성 아미노산(lysine)

## 2) 필수아미노산 및 불필수아미노산

### (1) 필수아미노산(essential amino acid)

인체에서 합성되지 않거나 합성되더라도 충분한 양이 합성되지 않아서 반드시 음식물을 통하여 섭취해야 하는 아미노산을 필수아미노산이라고 한다. 필수아미노산은 어느 한 종류가 결핍되어도 발육, 성장 및 신체의 유지에 영향을 미친다.

성인의 경우는 이소류신(isoleucine), 류신(leucine), 라이신(lysine), 발린(valine), 메티오닌(methionine), 페닐알라닌(phenylalanine), 트레오닌(threonine), 트립토판(tryptophan) 등 8가지이고, 어린이의 경우는 히스티딘(histidine)과 아르기닌(arginine)이 추가로 필요하다(표 5.6 참조).

### (2) 불필수아미노산

불필수아미노산은 인체에서 충분한 양이 합성되는 아미노산을 말한다. 불필수아미노산이라고 해서 인체 내의 중요성이 떨어지는 것은 아니다. 인체 내에서 단백질을 합성할 때에는 모든 아미노산이 필요하기 때문에 체내에서 필수아미노산이나 불필수아미노산의 역할은 같다. 단지 필수아미노산은 단백질 합성을 위하여 음식물로부터 반드시 섭취해야 하고, 불필수아미노산은 체내에서 합성되기 때문에 음식물을 통한 섭취가 반드시 이루어져야 하는 것은 아니다. 불필수아미노산은 알라닌(alanine), 글리신(glycine), 아스파라긴(asparagine), 아스팔트산(aspartic acid), 글루탐산(glutamic acid), 시스테인(cysteine), 글루타민(glutamine), 프롤린(proline), 세린(serine), 티로신(tyrosine) 등이 있다(표 5.6 참조).

[표 5.6] 필수아미노산 및 불필수아미노산

| 필수아미노산 | 불필수아미노산 |
|---|---|
| 이소류신(isoleucine) | 알라닌(alanine) |
| 류신(leucine) | 글리신(glycine) |
| 라이신(lysine) | 아스파라긴(asparagine) |
| 메티오닌(methionine) | 아스파트산(aspartic acid) |
| 페닐알라닌(phenylalanine) | 글루탐산(glutamic acid) |
| 트레오닌(threonine) | 시스테인(cysteine) |
| 트립토판(tryptophan) | 글루타민(glutamine) |
| 발린(valine) | 프롤린(proline) |
| 아르기닌(arginine) | 세린(serine) |
| 히스티딘(histidine) | 티로신(tyrosine) |

### 3) 제한 아미노산(limiting amino acid)

식품 중에 함유된 아미노산 중에서 인체에서 필요로 하는 양에 비하여 제일 적게 들어있는 아미노산을 제한 아미노산이라고 한다. 그중에서 가장 부족한 아미노산을 제1 제한 아미노산(first limiting amino acid)이라고 하고, 두 번째로 부족한 아미노산을 제2 제한 아미노산(second limiting amino acid)이라고 하며, 단백질의 종류마다 제한 아미노산은 달라진다.

부분적 불완전단백질이나 불완전단백질을 섭취하는 경우 필수아미노산이 부족하여 인체의 성장과 유지에 나쁜 영향을 주므로 이들을 섭취하는 경우에는 해당되는 제한 아미노산을 보충해주어야 한다. 완전단백질과 함께 섭취하거나 제한 아미노산의 종류가 다른 부분적 불완전단백질 또는 불완전단백질을 함께 섭취하는 경우에는 단백질 합성에 필요한 필수아미노산을 충분히 얻을 수 있다. 이러한 효과를 단백질의 상호 보충효과(complementary effect of protein)라고 한다(표 5.7 참조).

[표 5.7] 단백질의 보충 효과를 위한 식품들의 예

| 식품 | 제한 아미노산 | 단백질 보충효과 |
|---|---|---|
| 곡류 | 라이신, 트레오닌 | 두류, 동물성 단백질 |
| 두류 | 메티오닌 | 곡류, 견과 및 종실류, 동물성 단백질 |
| 견과류 및 종실류 | 라이신 | 두류, 동물성 단백질 |
| 채소류 | 메티오닌 | 곡류, 견과 및 종실류, 동물성 단백질 |
| 옥수수 | 트립토판, 라이신 | 곡류, 두류, 동물성 단백질 |

# 4. 단백질의 구조

단백질의 입체 구조는 그림 5.6에서처럼 1차, 2차, 3차 및 4차 구조로 되어 있다.

## 1) 제1차 구조

펩티드(peptide) 결합으로 사슬 모양을 이루며, 단백질 고유의 아미노산 배열을 이루고 있다.

## 2) 제2차 구조

1차 구조에 의하여 형성된 폴리펩티드(polypeptide) 사슬이 수소결합이나 이온결합에 의하여 나선(나사)형 또는 병풍 모양의 구조를 이룬다.

## 3) 제3차 구조

2차 구조를 가진 polypeptide 사슬 몇몇이 서로 접히고 꼬여서 복잡하게 된 것으로 접혀서 구상(球狀)이 되거나 꼬여서 섬유상(纖維狀)을 이룬다.

### (1) 구상단백질(globular protein)

대부분의 효소, 수용성단백질, 혈장단백질 등이 여기에 속한다.

### (2) 섬유상단백질(fibrous protein)

물에 녹지 않으며, 세포의 조직 유지나 구조를 이루는 것으로 모발 중의 keratin, 피부, 연골 등의 collagen, 혈액의 fibrinogen, 근육의 myosin 등이 여기에 속한다.

## 4) 제4차 구조

4차 구조는 3차 구조의 단백질이 몇 개 모여서 고분자화한 것으로 몇몇 단백질만 4차 구조를 소유하고 있다.

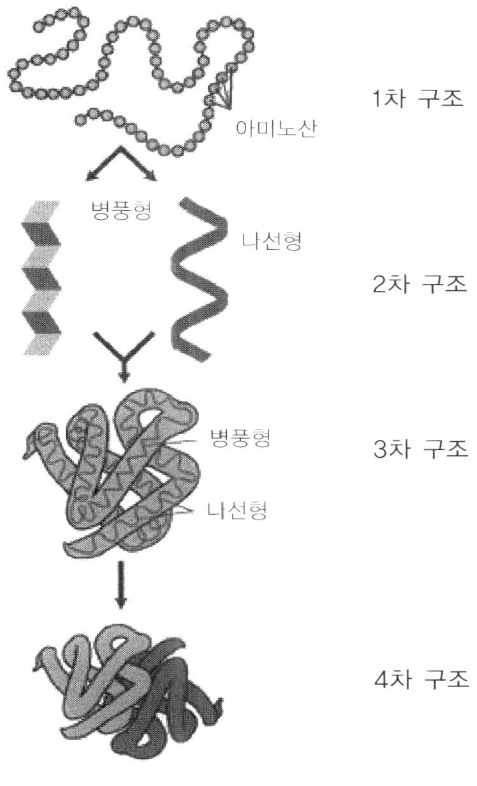


[그림 5.6] 단백질의 1, 2, 3 및 4차 구조

# 5. 단백질의 기능

단백질은 아미노산으로 분해된 후 소장벽을 통하여 흡수되어 간으로 운반된다. 아미노산은 다시 효소, 호르몬, 체조직 성분, 혈청단백질, 항체, 근육 수축단백질 등으로 합성되어 인간의 생명 유지에 필요한 단백질만의 기능을 수행한다(그림 5.7 참조).

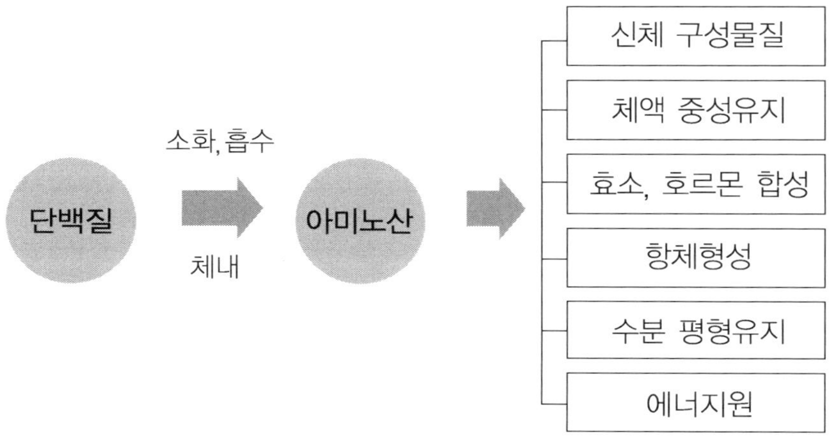


[그림 5.7] 단백질의 기능

## 1) 성장 물질 및 신체 구성 요소

인체를 구성하는 단위인 세포는 그 주성분이 단백질이다. 새로운 조직을 구성하기 위하여 공급된 단백질의 양은 성장과 신체 구성의 정도와 속도에 영향을 미친다. 특히 조직의 형성이 왕성한 성장기, 임신기 및 수유기, 질병의 회복기에 많은 양을 필요로 한다. 이 시기에 단백질의 섭취가 부족하게 되면 뇌 및 근육 형성, 혈액 공급 등에 영향을 미쳐 성장이 정상 속도보다 느리게 되고 질병의 회복에 많은 시간이 소요된다. 근육을 구성하는 단백질인 액틴(actin)과 미오신(myosin)은 근육의 수축과 이완 작용에 관여하여 단단하고 탄력이 있는 근육을 제공한다. 피부, 연골, 모발, 손톱 등을 구성하는 콜라겐(collagen), 케라틴(keratin), 엘라스틴(elastin) 등은 뼈, 피부, 털 등 몸을 보호하는 역할을 한다. 혈관 및 내장기관의 벽을 구성하는 단백질인 평활근(smooth muscle)은 혈관 및 내장기관에 탄력을 주어 혈압이나 소화기능을 정상적으로 유지한다.

따라서 단백질은 체내 조직의 보수, 형성, 성장을 위하여 반드시 필요하므로 매일의 식사에서 양질의 단백질을 공급하는 것은 건강한 삶을 살기 위해서 중요하다.

### 2) 체액의 중성 유지

단백질은 산(acid)과 알칼리(alkali)를 모두 가진 양성 화합물로서 체액을 중성 또는 약알칼리성(pH 7.35~7.45)으로 유지시킨다. 우리 몸의 체액이 산성이 되면 단백질은 염기성으로 작용하고, 알칼리성으로 되면 산성으로 작용하여 체액의 산과 알칼리 균형을 맞추어 체액의 pH를 정상적으로 유지한다.

### 3) 효소 및 호르몬 합성

인간이 태어나고, 성장하고 생명을 유지하기 위해서는 체내에서 복잡 다양한 화학반응들이 일어난다. 이러한 반응들이 정상적으로 진행되기 위해서는 효소나 호르몬의 작용이 필요하며, 단백질은 이러한 효소나 호르몬의 중요한 구성 요소이다. 갑상선 호르몬인 티록신(thyroxine), 부신수질호르몬인 아드레날린(adrenalin), 췌장에서 분비되는 인슐린(insulin) 등의 호르몬과 각종 영양소의 소화, 흡수, 대사에 필요한 약 1,000여 개의 효소들이 단백질로 구성되어 있다.

### 4) 항체 형성

인체에 침입하는 병원성 세균, 바이러스 등을 항원(antigen)이라 하고, 이들로부터 신체를 방어하기 위하여 만들어지는 물질이 항체(antibody)이다. 항원에 대한 항체의 방어작용을 면역(immunity)이라고 하는데, 항체는 체내에서 단백질에 의하여 만들어진다. 따라서 단백질의 섭취가 부족하면 질병 방지를 위한 항체가 충분히 만들어지지 못하여 질병에 대한 저항력이 떨어진다.

## 5) 수분의 평형 유지

대부분의 단백질은 분자량이 매우 커서 세포막을 빠져나가지 못하지만 삼투압에 영향을 미쳐 세포막을 통한 수분의 이동에 관여한다. 혈액 중의 단백질 농도가 정상이면 수분이 혈액에 머물지만 단백질 공급이 부족하면 혈액 중의 수분이 조직으로 이동한다(그림 5.8 참조). 그 결과 조직에 수분이 쌓여 부종(edema)이 발생한다. 그러나 단백질의 공급을 늘려주어 혈액 중의 단백질 농도를 정상화시키면 조직으로 갔던 수분이 다시 혈액으로 돌아오고 남은 것은 신장을 통해 배설된다.

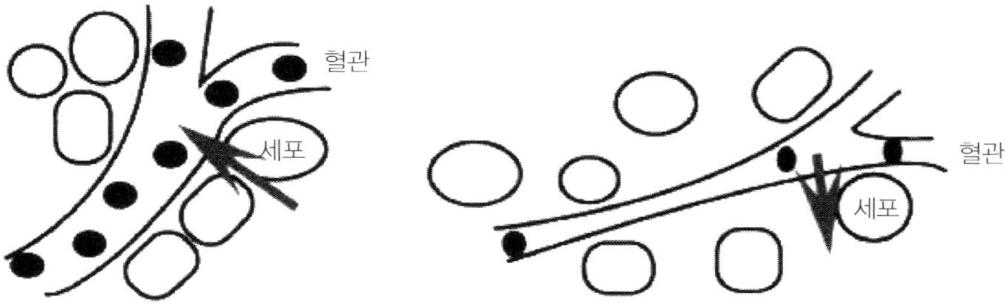


(a) 혈액 중 단백질 농도가 정상일 때　(b) 혈액 중 단백질 농도가 감소되었을 때

[그림 5.8] 수분 평형에 미치는 혈액 중 단백질의 효과

## 6) 에너지원

단백질도 탄수화물이나 지질과 같이 에너지원으로 사용되며, 1g에 4kcal의 에너지를 발생한다. 그러나 단백질은 탄수화물이나 지질과는 달리 단백질이 가진 고유의 기능이 있기 때문에 단백질이 에너지원으로 사용되는 것은 바람직하지 못하다. 탄수화물이나 지질이 충분히 공급되지 못하면 섭취한 단백질이나 신체조직 단백질이 에너지를 얻기 위하여 사용되기 때문에 단백질 고유의 기능을 하지 못하여 신체 조직의 소모가 일어나 신체가 약화된다.

# 6. 단백질의 소화 및 흡수

## 1) 단백질의 소화

음식물을 통하여 섭취한 단백질은 소화기관의 막을 통해 흡수되기 위해서는 분자가 너무 크기 때문에 단백질의 구성단위인 아미노산으로 분해 하여야 한다. 우선 그림 5.9와 같이 단백질이 구상 또는 섬유상의 복잡한 형태를 잃고 긴사늘이 되어 효소가 쉽게 작용할 수 있도록 변성된다. 그런 다음 단백질 분해효소에 의하여 펩티드는 결합이 끊어져 소화가 시작된다.

음식물을 소화하는 소화기관은 단백질로 구성되어 있으며, 단백질의 소화가 시작되면 소화기관 자체가 소화되는 것을 방지하기 위한 여러 가지 대사작용이 일어난다. 평소에는 대부분의 단백질 소화효소들이 저농도이거나 불활성 상태로 있다가 음식물이 들어오면 소화효소가 분비되거나 활성을 나타냄으로써 소화기관의 자기소화가 방지된다.

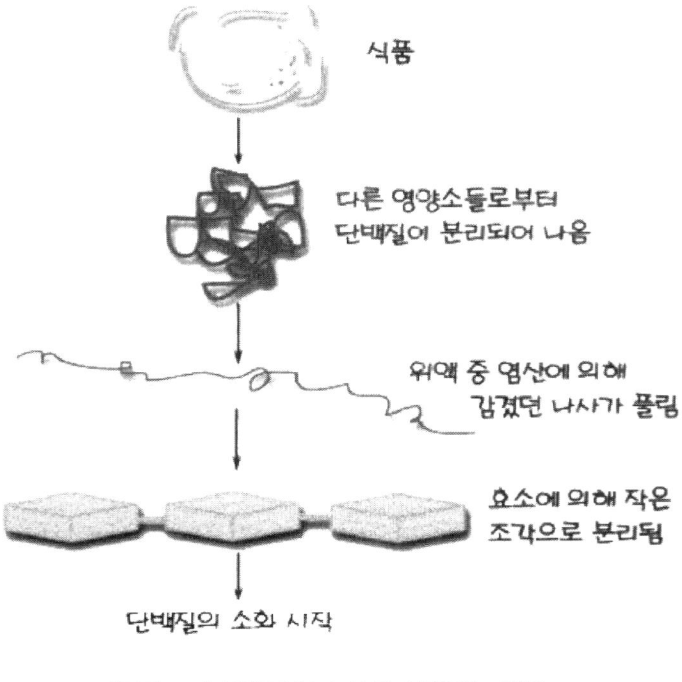


[그림 5.9] 단백질의 소화가 시작되는 과정

### (1) 입과 위에서의 소화

단백질은 이, 혀, 식도를 거치면서 기계적인 소화 과정을 거친 후 위에 도달한다. 위에서는 단백질 분해효소인 펩신(pepsin)이 분비되어 단백질의 소화가 시작된다. 펩신은 단백질을 펩톤(peptone)으로 분해하지만 최종 분해물인 아미노산까지는 분해하지 못한다. 이와 같이 불완전하게 소화된 단백질은 소장으로 내려가며, 소장의 염기성 물질에 의하여 펩신은 자신의 소화기능을 잃게 된다.

부분적으로 소화된 단백질은 다른 영양소들, 물, 위산, 펩신 등과 섞여 죽 상태로 위를 떠나 소장 상부에 있는 십이지장을 거친다. 위에서 내려온 죽 상태의 소화물은 pH가 2~3으로 강한 산성을 나타내는데, 십이지장을 거치는 동안 췌장에서 분비된 염기성물질에 의하여 중화되어 pH가 5~7이 된다. 만약 십이지장으로 분비된 염기성물질이 적어서 중화가 되지 않는다면 십이지장 벽이 상할 수 있으며, 이것이 지나치면 십이지장 궤양(ulcer)이 된다.

### (2) 소장에서의 소화

십이지장을 거쳐 중화된 죽 상태의 부분적 소화물은 췌장에서 분비된 트립신(trypsin), 키모트립신(chymotrypsin), 카르복시펩티다아제(carboxy-peptidase) 등의 소화효소와 소장벽에서 분비된 아미노펩티다아제(aminopeptidase)와 디펩티다아제(dipeptidase) 등에 의하여 펩톤(peptone)보다 더 작은 단위인 펩티드(peptide)를 거쳐 최종 소화물인 아미노산으로 분해된다.

## 2) 단백질의 흡수

단백질의 최종 소화물인 아미노산은 소장벽을 통하여 흡수된 후 문맥을 거쳐 간으로 가서 아미노산 풀(amino pool)을 형성한다(그림 5.10 참조).

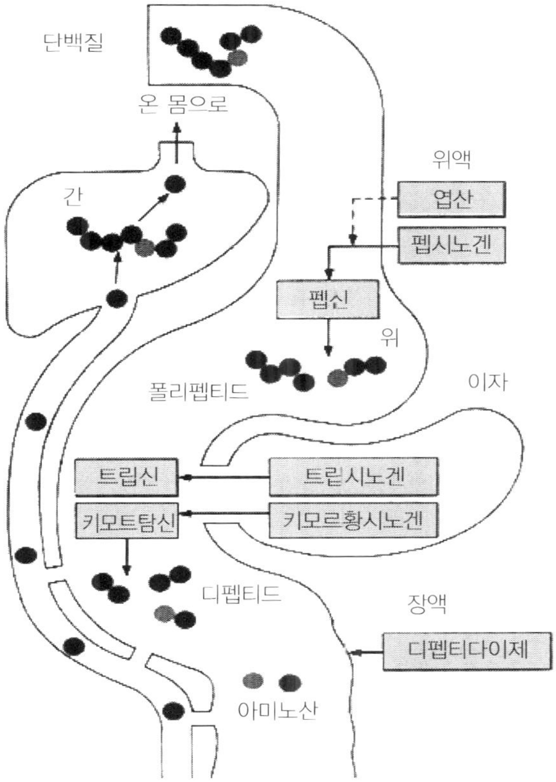


[그림 5.10] 단백질의 소화와 흡수과정

아미노산이 흡수될 때에는 그 구조와 성질에 따라 각각 특이한 운반체를 필요로 하며, 비슷한 화학적 구조와 성질을 가진 아미노산들끼리는 경쟁적으로 흡수되기 때문에 한 가지 아미노산을 많이 섭취하게 되면 아미노산들의 비율이 균형을 잃게 되어 다른 아미노산의 흡수를 방해한다. 따라서 인공적으로 특정 아미노산을 보충하면 아미노산의 비율이 균형을 잃게 되기 때문에 여러 가지 식품을 골고루 섭취하여 균형을 이루는 것이 좋다.

# 7. 단백질 대사

## 1) 단백질 합성

단백질은 생체 내에서 항상 합성과 분해의 동적 평형 상태에 있다. 따라서 각 단백질은 각각 고유한 속도로 분해, 합성된다. 세포 내에서 단백질 합성이 이루어지는 곳은 리보솜(ribosome)이며, 합성에 필요한 아미노산은 세포 내 아미노산 풀에서 제공된다.

단백질을 합성하는 데 중요한 것은 합성에 필요한 모든 종류의 아미노산이 필요한 만큼 공급되어야 하며, 한 가지라도 부족하면 합성이 중지되어 단백질이 만들어지지 않는다. 단백질의 합성은 그림 5.11과 같이 DNA 이중 나선구조가 분리되고, 유리되어 있는 RNA가 분리된 DNA와 결합하여 mRNA 가닥을 형성한다. 새로 만들어진 mRNA는 리보솜(ribosome)으로 이동하고, 이때 tRNA도 아미노산을 가지고 리보솜으로 이동한다. 리보솜이 mRNA를 거쳐 감에 따라 아미노산 사슬이 연결되어 펩티드(peptide) 사슬이 연장되며, 끝에서 단백질 합성이 종결되고, 리보솜은 완성된 단백질을 방출한다. 그리고 리보솜은 30S와 50S 서브유닛(subunit)으로 분리된다(그림 5.12 참조).

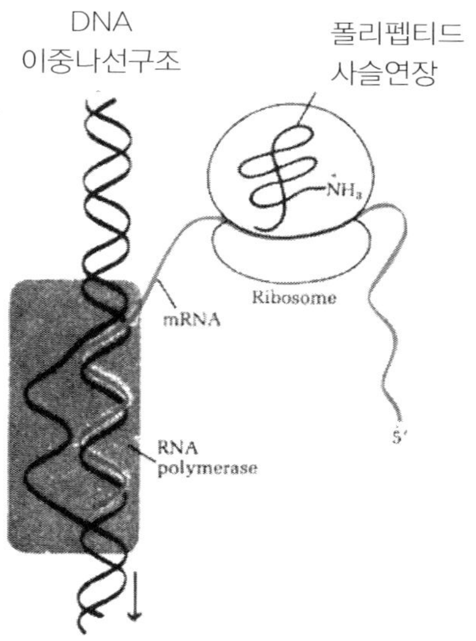


[그림 5.11] 단백질 합성 과정

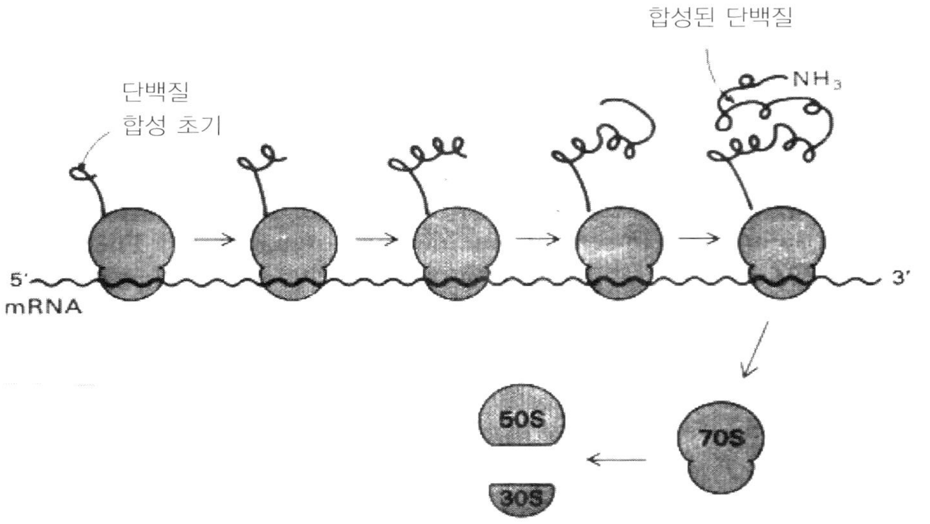


[그림 5.12] 리보솜이 mRNA를 거치면서 단백질을 합성하는 과정

## 2) 아미노산 풀(amino acid pool)

아미노산 풀은 음식물로 공급된 단백질이 소화, 흡수되어 생산된 아미노산들과 인체 구성단백질이 분해되어 생긴 아미노산들이 모여 있는 단기 집합체이다. 대부분 간에 있으며, 일부는 혈액을 순환하거나 근육, 세포 등에 있다. 아미노산 풀은 아미노산들이 모여 저장된 곳을 말하며, 단백질 합성과 보수 외에 연소되어 에너지를 생산하며, 지질과 당질로 합성되어 몸에 저장되기도 한다(그림 5.13 참조).

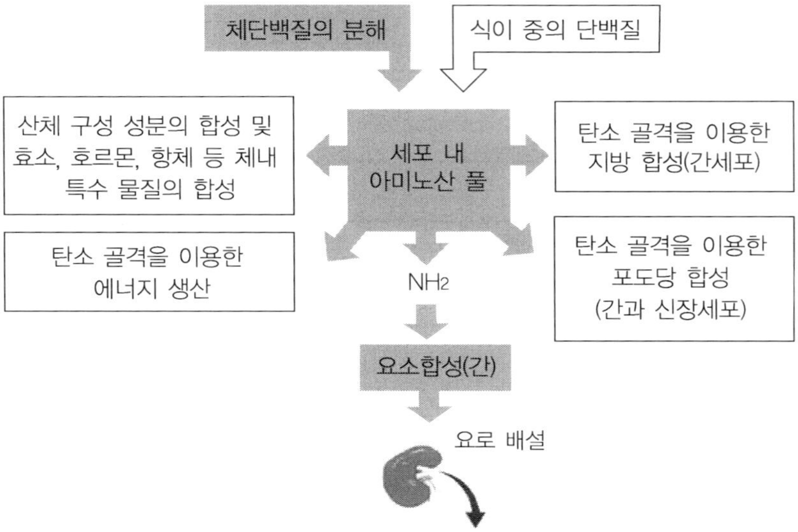


[그림 5.13] 아미노산 풀을 중심으로 한 아미노산 대사

### 3) 아미노산의 분해

단백질이 에너지를 발생시키기 위해서는 아미노산에서 질소가 떨어져 나가는 탈아미노반응(deamination)이 일어나고 그 결과 암모니아와 케토산이 남는다. 케토산은 탄수화물이나 지질의 이화작용에 합류하여 에너지를 생산하거나 포도당 합성에 이용된다(그림 5.14 참조).

아미노산이 분해, 대사되어 탄수화물 대사경로에 의하여 연소되는 아미노산들을 당 생성(당원성) 아미노산(glucogenic amino acid)이라 하고(표 5.8 참조), 지방대사에 관계되는 아세틸 CoA로 전환되거나 지방산과 케톤체를 형성하는 아미노산들을 케톤 생성(케톤원성) 아미노산(ketogenic amino acid)이라 하며, 탄수화물과 지방대사의 두 가지 경로를 통하여 연소되는 아미노산들을 당 생성 및 케톤 생성 아미노산(glucogenic acd ketogenic amino acid)이라고 한다(표 5.9 참조).

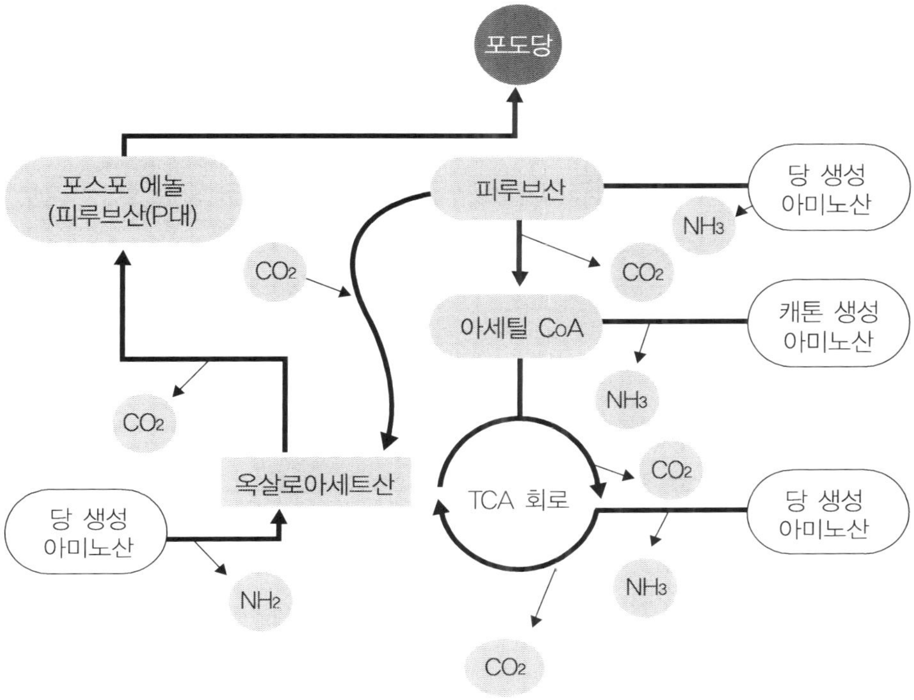


[그림 5.14] 아미노산 분해와 포도당 합성

[표 5.8] 당 생성 아미노산

| Glucogenic amino acids | | |
|---|---|---|
| Alanine | Glutamic acid | Proline |
| Arginine | Glutamine | Serine |
| Asparagine | Glycine | Threonine |
| Aspartic acid | Histidine | Tryptophan |
| Cysteine | Methionine | Valine |

[표 5.9] 케톤 생성 아미노산

| Ketogenic amino acids | Glucogenic and ketogenic amino acids |
|---|---|
| Leucine | Tyrosine |
| Phenylalanine | Tryptophan |
| Lysine | |

# 8. 단백질과 건강

## 1) 단백질 결핍증

단백질이 가진 고유의 기능을 다른 영양소가 대신할 수 없는 것이 있다. 단백질 결핍증(protein deficiency)은 어른보다 이유 직후의 유아들에게 많이 나타나고, 체중 감소, 성장 둔화, 부종, 빈혈, 피부색소 변화, 성욕감퇴, 면역기능 저하 등의 증상이 나타난다.

단백질의 결핍은 섭취한 단백질의 질과 양이 부적당하거나 에너지 공급원으로써의 영양소 섭취가 부족할 경우 발생한다. 또한 소화기 질환, 간장질환, 신장질환 등에 의하여 나타나기도 하고, 선천성 단백질 대사장애, 흡수장애, 단백질 배설 증가로 나타날 수 있다. 그러나 일차적인 요인은 섭취 부족으로 발생하지만 대부분은 에너지가 부족과 동시에 여러 가지 영양소가 부족하여 나타나는 경우가 많다. 성인에게는 단시간에 나타나지 않고 장시간 결핍되었을 때 나타난다.

특히 성장기 어린이에게 나타나는 단백질 결핍증으로는 단백질 결핍이 장시간 계속되었을 때 콰시오커(kwashiorkor)가 나타나고, 열량과 함께 단백질이 결핍되었을 때 마라스무스(marasmus)가 나타난다.

### (1) 콰시오커(kwashiorkor)

콰시오커는 5세 이하, 특히 이유기 또는 그 직후의 어린이에게 가장 흔히 나타난다. 극심한 단백질 결핍증으로 저개발 국가의 성장기 어린이에게 나타나는 병으로 증상은 심한 성장 정지로 머리와 배만 크고, 팔다리는 심하게 말라서 잘 걷지도 못한다. 그 외에 간의 기능 퇴화, 머리카락 변색, 피부염, 소화기계 장애, 신경계 이상, 부종 등이 나타나 결국 사망하게 된다(그림 5.15 참조).

콰시오커는 충분한 양질의 단백질을 공급함으로써 치료가 가능한데 심한 경우는 탈지분유를 공급하고, 경과를 봐가면서 고단백식이(대두분, 두유 등)를 제공하면 치유가 된다. 예방을 위해서는 충분한 모유 수유나 우유를 공급하고, 가족들에게 영양교육도 필요하다. 그 외에 위생 상태 개선, 생활 주거환경 개선 등도 감염성 질환을 줄이는데 효과가 있다.

### (2) 마라스무스(marasmus)

마라스무스는 '소모한다' 라는 그리스 말로서 단백질과 열량이 같이 부족할 때 나타나는 질병으로서 단백질-열량 영양불량(protein calorie malnutrition; PCM)이라고도 한다. 증상은 콰시오커와는 달리 피하지방이 심하게 감소하며, 얼굴은 '애늙은이' 또는 '원숭이' 와 같이 주름이 잡히고 피골이 상접한 것이 특징이다.

적당한 식이요법으로 치료하지 않으면 감염에 의하여 쉽게 사망한다. 치료식으로는 고단백질 식사, 고열량 식사를 공급하고 전염병의 예방과 치료, 보건과 적절한 영양교육이 필요하다.

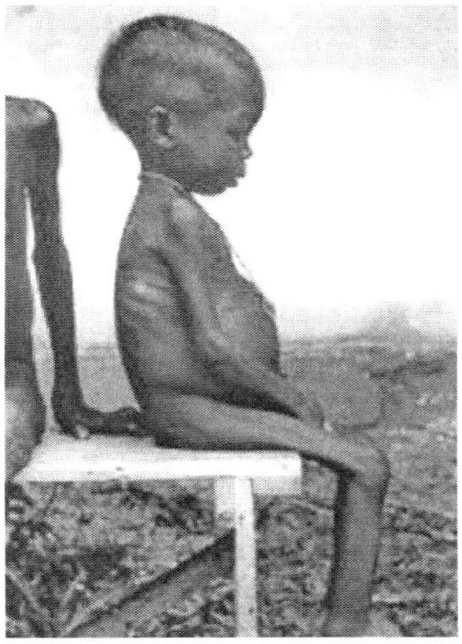

[그림 5.15] 콰시오커

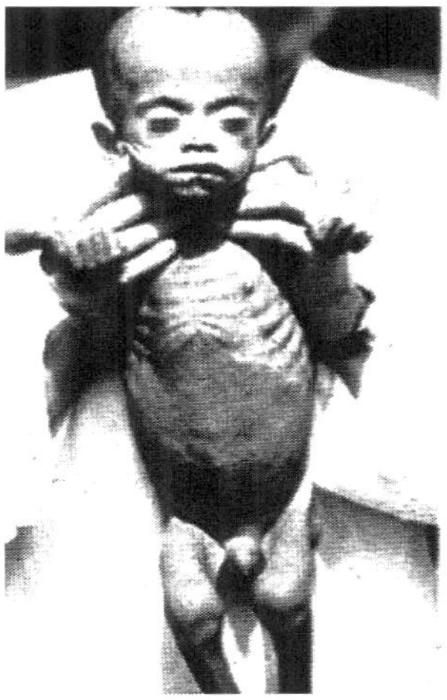

[그림 5.16] 마라스무스

### 2) 단백질 과잉 섭취

단백질은 인체 내에서 매우 중요한 역할을 하지만 과다하게 섭취하였을 경우 오히려 건강에 해를 줄 수 있다. 동물성단백질을 많이 섭취하게 될 경우 여분의 단백질이 글리코겐이나 저장지방으로 전환되어 체중을 증가시킬 수도 있고, 상대적으로 곡류 및 과채류의 섭취가 부족하여 균형을 이룬 영양소 섭취가 어렵다.

동물성단백질의 과다한 섭취는 산성아미노산을 중화하기 위하여 칼슘을 끌어내기 때문에 소변을 통한 칼슘의 배설량이 증가하고, 갱년기 이후의 여성들에게 골다공증을 유발할 수도 있다. 따라서 고단백질을 섭취하는 사람은 칼슘의 섭취를 늘려주어야 한다. 또한 단백질의 과다 섭취는 단백질 분해물의 증가로 요소를 많이 배출해야하므로 신장에 부담을 주게 된다.

## 9. 단백질 급원 식품

### 1) 한국인의 단백질 섭취 현황

우리나라 사람들의 단백질 섭취량은 2005년도에 보건복지부에서 전국적으로 실시한 제3기 국민건강 영양조사 결과에 의하면 1인 하루 평균섭취량이 75.8g으로서 2001년도의 67.1g보다 증가하였다. 이중에서 동물성단백질의 섭취량은 35.9g이고, 동물성단백질 섭취 비율은 42.4%였다. 이것은 1970년대에 동물성단백질 섭취 비율이 20~30%에 머물던 것에 비하면 많이 증가한 것으로 경제성장에 의한 식생활 구조의 개선에 의한 것이다.

2005년도 제3기 국민건강 영양조사에 따르면 한국인이 단백질 급원으로서 가장 많이 섭취한 식품은 백미로서 13.2g이었으며, 전체의 17.4%를 차지하였다. 그러나 미국인들은 우유에서 7.3g을 섭취하여 전체의 9.4%를 나타내었다. 우리나라는 백미 다음으로 돼지고기, 닭고기, 달걀, 쇠고기 등의 순으로 단백질을 섭취하였으며, 미국인은 우유 다음으로 닭고기, 쇠고기, 치즈, 빵류, 피자 등의 순으로 단백질을 섭취하여서 우리나라와 미국 사이에 단백질 섭취 급원 식품에 차이가 있었다(표 5.10 참조).

[표 5.10] 한국인과 미국인의 단백질 섭취량의 주요 급원 식품

| 순위 | 한 국 | | | 미 국 | | |
|---|---|---|---|---|---|---|
| | 식품명 | 섭취량(g) | 섭취비율(%) | 식품명 | 섭취량(g) | 섭취비율(%) |
| 1 | 백미 | 13.2 | 17.4 | 우유 | 7.3 | 9.4 |
| 2 | 돼지고기 | 4.7 | 6.2 | 닭고기 | 6.5 | 8.3 |
| 3 | 닭고기 | 3.5 | 4.6 | 쇠고기 | 6.4 | 8.2 |
| 4 | 달걀 | 3.2 | 4.2 | 치즈 | 3.8 | 4.9 |
| 5 | 쇠고기 | 3.1 | 4.1 | 빵류 | 3.3 | 4.3 |
| 6 | 두부 | 2.2 | 2.9 | 피자 | 3.1 | 4.0 |
| 7 | 우유 | 2.1 | 2.8 | 쇠고기요리 | 2.5 | 3.1 |
| 8 | 삼겹살 | 1.9 | 2.6 | 닭고기요리 | 2.4 | 3.1 |
| 9 | 김치 | 1.8 | 2.4 | 돼지고기 | 2.2 | 2.8 |
| 10 | 멸치 | 1.7 | 2.2 | 햄버거 | 2.1 | 2.7 |
| 11 | 대두 | 1.5 | 2.0 | 소시지 | 1.9 | 2.4 |
| 12 | 라면 | 1.4 | 1.8 | 런천미트 | 1.9 | 2.4 |
| 13 | 고등어 | 1.2 | 1.6 | 스파게티 | 1.8 | 2.3 |
| 14 | 된장 | 1.1 | 1.5 | 멕시코요리 | 1.7 | 2.2 |
| 15 | 어묵 | 1.0 | 1.4 | 달걀요리 | 1.2 | 1.5 |
| 16 | 오징어(마른) | 0.9 | 1.2 | 달걀 | 1.2 | 1.5 |
| 17 | 콩나물 | 0.8 | 1.1 | 시리얼 | 1.2 | 1.5 |
| 18 | 오징어 | 0.8 | 1.1 | 솔티크래커 | 0.9 | 1.1 |
| 19 | 명태(마른) | 0.8 | 1.1 | 콩류 | 0.9 | 1.1 |
| 20 | 국수(삶은) | 0.7 | 1.0 | 생선요리 | 0.9 | 1.1 |
| 21 | 국수(마른) | 0.7 | 0.9 | 통밀빵 | 0.9 | 1.1 |
| 22 | 조기 | 0.6 | 0.8 | 아이스크림 | 0.8 | 1.1 |
| 23 | 굴비(염건) | 0.6 | 0.8 | 쌀요리 | 0.6 | 0.8 |
| 24 | 간장 | 0.6 | 0.8 | 옥수수빵 | 0.6 | 0.8 |
| 25 | 명태, 동태 | 0.5 | 0.7 | 감자튀김 | 0.6 | 0.8 |
| 26 | 김 | 0.5 | 0.7 | 칠면조고기 | 0.6 | 0.8 |
| 27 | 밀가루 | 0.5 | 0.7 | 쌀 | 0.6 | 0.7 |
| 28 | 고등어(마른) | 0.5 | 0.6 | 마른국수 | 0.6 | 0.7 |
| 29 | 마늘 | 0.4 | 0.6 | 돼지가공품 | 0.5 | 0.7 |
| 30 | 김치 | 0.4 | 0.6 | 쿠키 | 0.5 | 0.7 |

자료: 국민건강영양조사 제 3기(2005) 영양조사 보고서

## 2) 단백질 필요량과 질소평형

### (1) 질소평형(nitrogen equilibrium)

인체에서 단백질의 필요량은 섭취한 질소와 배설한 질소의 양이 평형 상태를 이루는데 필요한 최소량을 의미한다. 질소는 단백질 중량에 대하여 평균적으로 16% 정도가 함유되어 있다. 따라서 섭취하는 단백질의 양에 따라 질소량을 측정할 수 있고, 소변 속의 질소량을 측정하면 배설된 질소량을 측정할 수 있다.

건강한 성인은 질소의 섭취량과 배설량이 같은 질소평형 상태(nitrogen equilibrium)에 있다. 그러나 질소가 신체 조직단백질을 합성할 때에는 섭취량이 배설량보다 많아지는데, 이것을 양의 질소평형 상태(positive nitrogen balance)라고 한다. 양의 질소평형 상태는 단백질 조직을 합성해야 할 임신부, 성장기 어린이, 근육 증강 등에서 나타나며, 질병에서 회복될 때, 호르몬 분비가 증가할 때 볼 수 있다. 음의 질소평형 상태(negative nitrogen balance)는 질소의 배설량이 섭취량보다 많을 때이다. 열량 공급이 부족해지면 신체의 조직단백질을 분해하여 열량을 공급하기 때문에 질소의 배설량이 많아지며, 단백질 섭취 부족, 필수아미노산 결핍, 감염, 갑상선호르몬 분비 증가 등에서도 배설이 증가한다(표 5.11 참조).

[표 5.11] 단백질 균형

| 양의 질소평형 상태<br>질소 섭취량 〉 질소 배설량 | 질소평형 상태<br>질소 섭취량 = 질소 배설량 | 음의 질소평형 상태<br>질소 섭취량 〈 질소 배설량 |
|---|---|---|
| 성장기<br>임신기<br>질병 회복기<br>체력훈련에 의한 근육 증강<br>인슐린, 성장, 성호르몬 분비 | 건강한 성인 | 단백질 섭취 부족<br>열량 공급 부족<br>발열, 화상, 감염<br>필수아미노산 결핍<br>갑상선 호르몬 분비 증가 |

## (2) 평균필요량과 권장섭취량

### 1 성인

우리나라는 평균필요량을 미국/캐나다의 질소평형 연구를 기초로 하여 체중 kg당 하루 단백질 평균필요량을 0.66g으로 적용하였다. 권장섭취량은 평균필요량에 12.5%의 변이계수를 적용하여 한 인구집단 내에서 대부분의 개인이 필요량을 만족시켜 줄 수 있는 권장섭취량을 적용하였다.

따라서 성인의 단백질 권장섭취량은 0.66×1.25=0.83g/kg/일로 적용하였으며, 여기에 기준체중을 고려하여 권장섭취량을 계산하고 5단위로 수치를 조정하였다(표 5.12 참조)

[표 5.12] 한국 성인의 연령별 단백질 평균필요량과 권장섭취량

| 성별 | 연령 (세) | 체중 (kg) | 평균 필요량 (g/kg/일) | 평균필요량(g/일) | | 권장섭취량 (g/kg/일) | 평균필요량(g/일) | |
|---|---|---|---|---|---|---|---|---|
| | | | | 계산치 | 조정치 | | 계산치 | 조정치 |
| 남 | 20~29 | 65.8 | ×0.66 | 43.4 | 45 | ×0.83 | 54.6 | 55 |
| | 30~49 | 63.6 | | 42.0 | 45 | | 52.8 | 55 |
| | 50~64 | 60.6 | | 40.0 | 40 | | 50.3 | 50 |
| | 65~74 | 59.2 | | 39.1 | 40 | | 49.1 | 50 |
| | 75이상 | 59.2 | | 39.1 | 40 | | 49.1 | 50 |
| 여 | 20~29 | 56.3 | ×0.66 | 37.2 | 35 | ×0.83 | 46.7 | 45 |
| | 30~49 | 54.2 | | 35.8 | 35 | | 45.0 | 45 |
| | 50~64 | 52.2 | | 34.5 | 35 | | 43.3 | 45 |
| | 65~74 | 50.2 | | 33.1 | 35 | | 41.7 | 45 |
| | 75이상 | 50.2 | | 33.1 | 35 | | 41.7 | 45 |

### 2 임신 및 수유부

임산부의 추가 단백질 평균필요량은 요인가산법으로 질소평형 유지와 체단백질 축적에 필요한 양을 추가로 적용하였다. 임산부의 1일 권장섭취량은 임신초기, 중기, 말기의 질소평형 유지 필요량 증가분, 체단백질 축적량, 식이단백질이 조직단백질로 전환되는 비율, 체단백질 축적 평균필요량 등을 고려하여 평균필요량을 산출하고(19g/일), 변이계수 12.5%를 적용하여(19g/일×

1.25=23.8g/일) 나타난 값을 조정하여 +25g/일로 하였다.

수유부는 모유 생산에 필요한 단백질의 필요량이 모유 분비량에 증가한다는 이론을 근거로 산출한 추가필요량(0.37g/kg/일)에 성인여자 체중(56.3kg)을 곱하여 산출된 값을 조정하여 평균필요량을 +20g/일로 하였다. 부가 권장섭취량은 변이계수 12.5%를 적용하여(20g/일×1.25=25g/일) +25g/일로 적용하였다(표 5.13 참조)

[표 5.13] 임신부 및 수유부의 단백질 평균필요량과 권장섭취량

| 기간 | 평균필요량(g/일) | 권장섭취량(g/일) |
|---|---|---|
| 임신 전 기간 | +19 | +25 |
| 수유 전 기간 | +20 | +25 |

## 3 영아

영아 전기인 0~5개월 사이의 단백질 충분섭취량은 체중 kg당 1.52g/kg/일에 기준체중 6.5kg을 적용하여 9.5g/일로 산정하였다.

영아 후기인 6~11개월 사이의 단백질 평균필요량은 1.1g/kg/일에 기준체중 9.1kg을 적용하여 10.0g/일이 산출되었다. 권장섭취량은 1.5g/kg/일에 기준체중 9.1kg을 적용하여 산출하였다(표 5.14 참조).

[표 5.14] 영아기 단백질 충분섭취량, 평균필요량 및 권장섭취량

| 영아기(개월) | 기준체중(kg) | 충분섭취량(g/일) | 평균필요량(g/일) | 권장섭취량(g/일) |
|---|---|---|---|---|
| 0~5 | 6.5 | 9.5 | – | – |
| 6~11 | 9.1 | – | 10.0 | 13.5 |

### 4 유아, 아동 및 청소년

유아, 아동, 청소년기는 FAO/WHO/UNU 보고서를 근거로 하여 기준체중을 이용하여 평균필요량과 권장섭취량을 계산하고 수치를 5단위로 조정하였다. 청소년기는 성장 속도의 차이로 남녀 간 차이를 두었다(표 5.15 참조).

[표 5.15] 유아, 아동 및 청소년의 단백질 평균필요량과 권장섭취량

| 성별 | 연령(세) | 체중(kg) | 평균 필요량(g/kg/일) | 평균필요량(g/일) | | 권장섭취량(g/kg/일) | 평균필요량(g/일) | |
|---|---|---|---|---|---|---|---|---|
| | | | | 계산치 | 조정치 | | 계산치 | 조정치 |
| 유아 | 1~2 | 12.2 | 0.96 | 11.7 | 12 | 1.20 | 14.6 | 15 |
| | 3~5 | 16.3 | 0.88 | 14.3 | 15 | 1.10 | 18.0 | 20 |
| 남 | 6~8 | 23.8 | 0.80 | 19.0 | 20 | 1.00 | 23.8 | 25 |
| | 9~11 | 34.5 | 0.80 | 27.6 | 30 | 1.00 | 34.5 | 35 |
| | 12~14 | 49.6 | 0.78 | 38.7 | 40 | 0.98 | 48.6 | 50 |
| | 15~19 | 63.8 | 0.72 | 45.9 | 45 | 0.90 | 57.2 | 60 |
| 여 | 6~8 | 22.9 | 0.80 | 18.3 | 20 | 1.00 | 22.9 | 25 |
| | 9~11 | 32.6 | 0.80 | 26.1 | 25 | 1.00 | 32.6 | 35 |
| | 12~14 | 46.5 | 0.76 | 35.3 | 35 | 0.95 | 44.2 | 45 |
| | 15~19 | 53.0 | 0.68 | 36.0 | 35 | 0.85 | 45.1 | 45 |

자료: FAO/WHO/UNU, Energy and Protein Requirements p 105, Table 33 참조

## 3) 단백질 급원식품

단백질은 생명의 기본 물질로서 인체의 약 20%를 차지하는 중요한 영양소이다. 단백질은 살아있는 세포에서 수분 다음으로 풍부하게 존재하는 물질로서 식이를 통하여 체내에 필요한 단백질을 규칙적으로 공급해주는 것은 건강 유지에 필수적인 일이다.

단백질 급원은 동물성단백질과 식물성단백질로 구분할 수 있으며, 동물성단백질 급원에는 육류, 우유류, 어패류, 알류 등이 있고, 식물성단백질 급원으로서는 콩류, 호두, 잣, 해바라기씨 등의 견과류 및 종실류, 쌀, 보리, 밀 등의 곡류, 감자, 브로콜리 등의 채소류가 있다. 대체로 동물성단백질의 섭취량은 전체 단백질 섭취

량 중 1/3 이상으로 할 것을 권장하고 있다(표 5.16 참조).

[표 5.16] 단백질 급원식품

| | | |
|---|---|---|
| 동물성 단백질 | 육류 | 닭고기(19), 돼지고기(18~22%), 쇠고기(17~25%) |
| | 우유 및 가공품 | 우유(3.2%), 분유(26%), 치즈(18~27%) |
| | 어패류 | 가자미(22%), 고등어(19%), 명태(20%), 굴(19%) |
| | 알류 | 달걀(13%), 오리알(13%), 메추리알(13%) |
| 식물성 단백질 | 곡류 | 쌀(6.5%), 보리(9.4%), 밀(10%), 율무(14%) |
| | 두류 | 검정콩(35%), 두부콩(35%), 녹두(22%), 팥(21%) |
| | 견과 및 종실류 | 호두(15%), 잣(15%), 해바라기씨(20%), 땅콩(25%) |
| | 채소류 | 감자(2.5%), 브로콜리(5%), 쑥(5%), 냉이(4.7%) |

# 10. 단백질과 피부미용

단백질은 약 20여 종의 아미노산으로 이루어져 있는 세포 구성단위로서 인체의 약 20%가 단백질로 이루어져 있다. 단백질의 인체분포는 근육이 가장 많으며, 그 외에 장기, 혈액, 신경, 피부, 모발, 뼈, 손톱, 발톱, 호르몬, 효소, 면역체 등에 함유되어 있다.

피부의 표피를 이루는 각질세포는 케라틴(keratin)이라는 단백질로 이루어져 있으며, 진피의 주요성분인 콜라겐(collagen)과 엘라스틴(elastin)도 단백질로 이루어져 있기 때문에 피부 구성성분의 거의가 단백질로 이루어져 있다고 볼 수 있다.

피부조직에 있어서 단백질은 탁월한 재생작용이 있기 때문에 부족할 경우 진피세포의 노화가 촉진되어 피부의 잔주름이 형성되고, 피부와 모발의 탄력성도 저하된다. 또한 박테리아의 번식이 잘 되어 여드름도 유발되며, 빈혈을 유발하여 얼굴색도 창백해진다. 그러나 과다섭취하면 색소침착의 원인이 되어 기미가 생길수도 있으므로 적절한 섭취가 중요하다.

충분한 필수 아미노산의 공급을 위해서는 일정량의 단백질은 반드시 돼지고기, 쇠고기, 달걀, 생선 등의 동물성 단백질로 보충해 주는 것이 바람직하다. 또한 식물성 단백질보다 필수 아미노산이 많이 함유되어 있어 적당한 동물성 단백질의 섭취는 윤기가 있고, 건강한 피부와 모발을 유지할 수 있다.

★ **참고**

단백질과 피부미용

- 피부의 저항력 증진
- 피부의 윤기와 탄력성 향상
- 피부의 각화현상 원활
- 콜라겐은 화장품 성분으로 사용
- 피부조직의 재생작용
- 피부의 주름 방지
- 저항력 강화로 세균감염 억제

CHAPTER 06

# 비타민

비타민(vitamin)이란 생명(vital)과 관계있는 아민(amine)이라는 말로 'vital'과 'amine'의 합성어이다. 비타민이란 이름은 1912년 폴란드의 Funk라는 학자에 의하여 명명되었다. 비타민은 미량으로 생리작용의 조절에 반드시 필요하며, 인체 내에서 합성하기 어려운 유기 성분을 말하는데 반드시 음식물을 통하여 섭취해야 한다.

## 1. 비타민의 정의

비타민은 미량으로 인간의 영양을 지배하고 정상적인 생리기능을 수행하여 완전한 물질대사가 일어나도록 하는 유기화합물로서 인체조직의 구성 성분도 아니고 열량원도 아닌 필수물질의 총칭으로 인체 내에서 만들어지지 않기 때문에 반드시 식품을 통하여 섭취해야 하는 물질이다. 인체에서 비타민과 가장 유사한 물질이 호르몬과 효소이지만 이들은 영양이 충분한 상태에서는 자유롭게 합성하고 분비되는 것으로서 식품을 통하여 섭취할 필요가 없기 때문에 비타민으로 취급하지 않는다. 또 어떤 비타민은 장내세균에 의하여 합성되지만 장은 인체가 아니고 생성량이 적어 식품으로 섭취해야 하기 때문에 비타민으로 규정하고 있다. 대사기능은 동물에 따라서 차이가 있는데, 예를 들면 비타민 C의 경우 대부분의 동물들은 포도당에서 비타민 C를 합성하기 때문에 비타민이 아니지만 사람이나 원숭이는 합성경로가 없기 때문에 비타민인 것이다.

비타민은 발견된 순서에 따라서 A, B, C 등으로 명명되었으며, 또한 $B_1$, $B_2$ 등으로 숫자를 붙여 세분화시켰는데, 각각의 화학 구조가 밝혀지면서 그 구조를 나타내는 정확한 화학명칭과 물질명칭이 제안되어 현재는 비타민 명칭과 화합물 명칭이 병용되고 있다.

# 2. 비타민의 분류

## 1) 비타민의 분류

비타민은 표 6.1과 같이 수용성 비타민과 지용성 비타민으로 분류한다. 수용성 비타민은 비타민 B 복합체인 비타민 $B_1$(thiamin), $B_2$(riboflavin), 나이아신(niacin), $B_6$(pyridoxine), 엽산(folic acid), $B_{12}$(cobalamine), 비오틴(biotin), 판토텐산(pantothenic acid), 그리고 비타민 C(ascorbic acid) 등 9가지가 있다. 이들은 식품을 통하여 인체에 들어와 소장에서 주로 흡수되어 혈액과 함께 체내의 세포에 도달하며, 효소 등의 작용물질이 되어 대사에 관여한 뒤 소변으로 배설된다.

지용성 비타민은 비타민 A(retinol), D(calciferol), E(tocopherol), K(phylloquinone, menaquinone, menadione) 등 네 가지가 있다. 지용성비타민은 소화관에서 지질과 함께 흡수된다. 즉 일정량의 지질이 없으면 지용성 비타민의

[표 6.1] 비타민의 분류

| 수용성 비타민 | 지용성 비타민 |
|---|---|
| • Vitamin B 복합체<br>– Vitamin $B_1$(Thiamin)<br>– Vitamin $B_2$(Riboflavin)<br>– Niacin<br>– Vitamin $B_6$(pyridoxine)<br>– Folic acid(엽산, Folacin, Folate)<br>– Vitamin $B_{12}$(Cobalamin)<br>– Biotin<br>– Pantothenic acid(Pantothenate)<br>• Vitamin C(Ascorbic acid) | • Vitamin A(Retinol)<br>• Vitamin D(Calciferol)<br>• Vitamin E(Tocopherol)<br>• Vitamin K<br>(Phylloquinone, menaquinone,menadione) |

흡수가 나빠진다. 따라서 동물성 식품 속의 지용성 비타민은 지질이 풍부하기 때문에 흡수가 잘 되지만 식물성 식품에 함유되어 있는 지용성 비타민이나 그 전구체는 흡수가 나쁘기 때문에 기름을 사용한 조리가 필요하다.

## 2) 비타민의 일반적 성질

수용성 비타민은 인체 내에서 탄수화물, 지질, 단백질의 대사에 관여하는 여러 가지 보조효소의 구성성분으로서 체내대사를 조절하는 윤활유 역할을 한다. 수용성 비타민은 물에 녹기 때문에 과량 섭취하여도 저장되지 않고, 소변으로 배설되기 때문에 매일 식품을 통하여 필요량을 섭취하여야 한다. 그리고 결핍증상도 빨리 나타난다.

지용성 비타민은 물에는 녹지 않고 기름에 녹기 때문에 지질이 함유된 식품에 들어있으며, 장에서 식품 중의 지질과 함께 흡수된다. 많은 양을 섭취하면 체내에 저장되기 때문에 섭취량이 부족해도 결핍증이 서서히 나타난다. 따라서 필요량을 매일 공급할 필요는 없으며, 장기간 과량을 섭취하면 지방세포에 저장되어 독성을 나타낸다(표 6.2 참조).

[표 6.2] 비타민의 일반적 성질

| 수용성 비타민 | 지용성 비타민 |
|---|---|
| • 물에 녹는다.<br>• 필요량 이상은 방출된다.<br>• 소변으로 쉽게 방출된다.<br>• 결핍증상이 빨리 나타난다.<br>• 필요량을 매일 공급해야한다.<br>• 일반적으로 전구체가 없다. | • 기름과 유기용매에 녹는다.<br>• 필요량 이상 공급되면 저장된다.<br>• 체외로 방출되기 어렵다.<br>• 결핍증상이 천천히 나타난다.<br>• 필요량을 매일 공급할 필요가 없다.<br>• 전구체가 존재한다. |

# 3. 지용성 비타민의 종류

지용성 비타민은 소화관에서 지질과 함께 흡수되어 혈액을 통하여 체내의 세포에 전달되며, 효소 등의 작용물질이 되어 대사에 관여한 다음 체외로 배출되지 않고 간(비타민 A, D, K)이나 지방세포(비타민 E)에 축적되면 과다증을 일으킬 수가 있다.

지용성 비타민은 지질의 흡수에 영향을 미치는 요인들, 예를 들면 췌장액이나 쓸개즙의 분비에 이상을 일으키는 췌장질환, 간질환 등의 경우에는 지질 흡수장애를 일으켜 지용성 비타민의 흡수를 나쁘게 한다. 그리고 동물성 식품은 지질을 어느 정도 함유하고 있어서 지용성 비타민의 흡수를 좋게 하지만, 식물성 식품은 지질이 적거나 비타민의 전구체인 프로비타민(provitamin)으로 존재하기 때문에 유지를 이용하여 조리한 뒤 섭취하는 것이 지용성 비타민의 흡수를 좋게 한다.

## 1) Vitamin A(Retinol)

### (1) 비타민 A의 종류 및 구조

비타민 A는 동물성 식품에서 공급되는 비타민 A와 식물성 식품에 함유되어 있는 카로티노이드(carotinoids)계 색소물질은 체내에서 비타민 A로 전환되기 때문에 비타민 A 전구체(provitamin A)라고 한다(그림 6.1 참조). 비타민 A에는 레티놀(retinol), 레티날(retinal), 레티노인산(retinoic acid)이 있는데, 생체 내에서 retinol은 retinal 및 retinoic acid로 변환된다. 비타민 A는 $A_1$과 $A_2$로 분류하며, $A_1$은 육상 척추동물과 해양동물 중에 함유되어 있는 것을 말하고, $A_2$는 담수어 중에 들어 있는 것을 말한다.

Carotinoid계 색소는 체내에서 비타민 A로 전환되며, 비타민 A의 작용을 가지는 provitamin A로서 $\alpha$-carotene, $\beta$-carotene, $\gamma$-carotene과 cryptoxanthin 등이 있다. 이중에서 비타민 A로서의 효력은 $\beta$-carotene이 가장 크다. 그러나 $\beta$-carotene의 효력은 비타민 A의 약 1/3이고, 비타민 A를 $\beta$-carotene 형태로 섭취할 때에는 비타민 A 필요량의 3배가 필요하다.

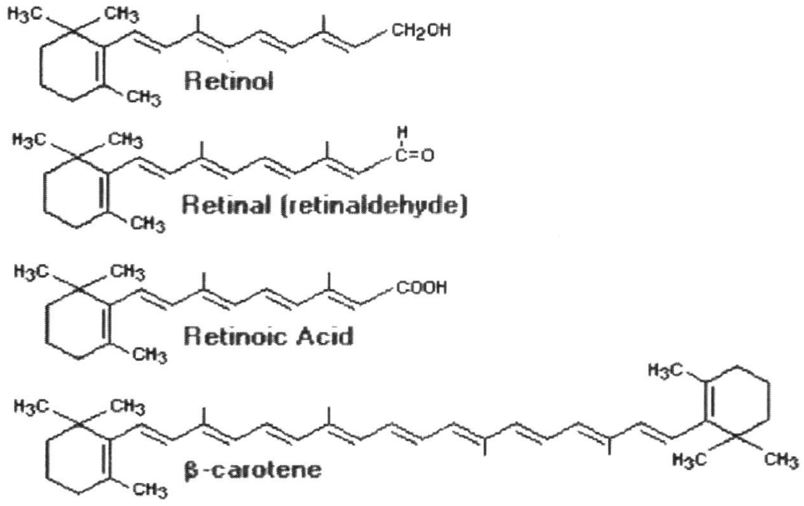


[그림 6.1] 비타민 A 및 $\beta$-carotene의 구조

## (2) 생리적 기능

### 1 시각작용

망막에는 원추세포와 간상세포가 있다(그림 6.2 참조). 원추세포는 밝은 곳에서 강한 빛에 흥분되어 명암, 형태, 색채감각을 일으킨다. 간상세포는 어두움에서 작용하여 명암과 형태시각만을 일으킨다.

간상세포 속에는 시홍(rhodopsin)이라는 감광물질이 있는데, 이것은 opsin이라는 단백질과 비타민 A가 결합한 것이다. 시홍이 빛을 받으면 분해되어 시황이 되고, 이때 에너지가 방출되어 시신경을 흥분시켜 대뇌에서 시각을 일으킨다. 시황의 일부는 어두운 곳에서 다시 시홍으로 되돌아가고, 일부는 단백질과 비타민 A로 된다. 어두운 곳에서는 시황이나 시홍은 에너지를 받아 시홍으로 재합성됨으로서 다음의 빛에 대한 자극을 받아들일 준비를 한다.

시백의 비타민 A는 일부가 분해되기 때문에 분해된 만큼의 비타민 A를 보충해야하는데, 보충이 되지 않으면 시홍의 생성이 적어서 야맹증(nyctalopia)을 일으킨다.

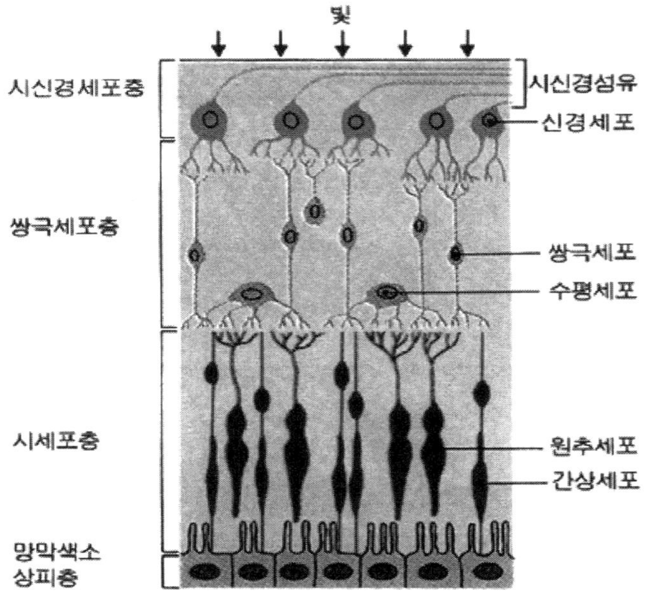


[그림 6.2] 망막의 구조

**2** 성장, 생식 및 생명 유지

비타민 A는 성장에 직접적인 영향을 미치는데, 미성숙한 세포가 성숙한 근육, 피부, 신경세포로 전환되는데 필요하다. 성장기 아동에게 비타민 A가 결핍되면 골격의 성장이 중지되거나 부실하게 이루어지며, 이때 중추신경계의 손상이 나타날 수 있다. 그렇게 초래되는 신경증세가 마비로서 신경의 정상적인 기능이 상실되어 운동능력이 소실된다.

또 동물의 생식기능이 손상되는데, 비타민 A의 결핍은 스테로이드 합성에 필요한 효소를 감소시킴으로서 여러 가지 성호르몬의 생성을 저하시키고, 생식선(sex glands)의 세포들이 변화하여 부신조직이 쇠퇴하는 경향이 있다.

**3** 상피세포의 건강

상피세포는 신체의 외부층을 말하는데, 피부를 덮고 있는 세포뿐만 아니라 소화기관, 눈, 내분비선, 호흡기관, 생식기관 등의 표면층이 포함된다. 비타민 A는 상피세포에 점액을 분비하여 윤활제의 역할을 하게함으로서 세균에 의한 감염이나 위산과 같은 해로운 물질이 상피조직으로 침투되어 들어가는 것을 막는 역할을 한다. 비타민 A가 부족하면 부드럽고 촉촉했던 상피세포들은 점점 단단하고 건조한 각질조직으로 변하고, 각질화가 진행되면서 점액과 기타 다른 분비물들의 분비기능이 상실되어 세균의 침입을 쉽게 받는다.

**4** 항산화, 항암 및 면역기능

비타민 A의 전구체인 카로틴(carotene)은 체내에서 항산화 작용을 함으로서 심혈관계 질환을 예방하고, 특정 항원에 대한 면역능력을 향상시켜 전염병에 대한 감염율을 감소시킨다. 그리고 폐암, 피부암, 방광암, 유방암, 구강암 등의 발생을 감소시킨다.

### (3) 결핍증

비타민 A의 결핍증은 시각과 관련하여 초기에는 야맹증에서 비롯하여 안구 건조증까지 발전되며, 심하면 실명을 초래하는 안구 연화증으로 발전한다.

비타민 A는 상피세포의 기능을 정상적으로 유지하는데 필수적인 요소이므로 결핍되면 피부의 모낭각화증, 소화기관의 궤양, 세균에 의한 전염성 질병 등이 발생할 수 있다. 그 외 식욕부진, 성장억제, 생식기능 저하, 체세포 손상, 운동능력 상실 등의 증세를 유발할 수 있다.

### (4) 과다증

비타민 A는 섭취기준보다 많은 양을 장기간 섭취하면 체내에 축적되어 독성을 나타낼 수 있다. 독성은 급성독성과 만성독성으로 나타나는데, 급성독성은 불쾌감, 두통, 현기증, 무력감, 흐린 시력, 가려움증 등이 있다.

만성독성은 50여 가지가 보고 되고 있는데, 증상은 원형탈모증, 골관절 통증, 설염, 결막염, 두통, 고지혈증, 표피 건조증, 다양한 피부질환, 시력손상 등이 있다. 그리고 산모가 비타민 A를 과량 섭취하였을 경우 유산, 기형아 출산, 출산아의 영구적 학습장애 등이 나타날 수 있다. 비타민 A의 전구체인 카로틴(carotene)은 독성은 없으나 과량 섭취하면 피부색이 노랗게 변할 수 있으나, 섭취량을 줄이면 원래대로 회복된다.

### (5) 대사

**1** 소화 및 흡수

식품에 함유되어 있는 비타민 A는 주로 레티놀(retinol)과 지방산의 복합체로서 레티닐 에스테르(retinyl ester)를 이루고 있다. 이것은 소장에서 담즙과 장내 효소에 의하여 분해되고, 레티놀은 장점막 세포로 흡수되어 에스테르화하여 다시 레티닐 에스테르가 되며, 림프계와 순환계를 통하여 간으로 이동한다.

**2** 대사

혈액에 의하여 비타민 A가 간으로 이동하면 간은 비타민 A를 혈액으로부터 제거하여 저장하기도 하고, 다시 혈액으로 방출하여 혈액 내의 비타민 A 수준을 일정하게 유지시키기도 한다. 체내에 저장된 비타민 A의 약 90%는 간에 들어 있으며, 나머지는 폐, 피하지방, 신장, 부신 등에 레티닐 에스테르 형태로 저장되어 있다. 신체의 다른 부분에서 비타민 A를 필요로 하면 레티닐 에스테르는 레티놀로 가수분해하여 단백질과 결합해서 이동한다.

### (6) 급원식품과 필요량

비타민 A는 동물성 식품에는 비타민 A로 식물성 식품에는 전구체인 카로틴(carotene)으로 존재한다. 동물이나 어류의 간에 많고, 장어, 계란 노른자, 우유, 버터 등에 많으며, 전구체인 카로틴은 당근, 시금치, 붉은 고추, 늙은 호박, 살구, 키위 등에 많이 함유되어 있다(표 6.3 참조).

비타민 A 섭취량의 주요 급원식품은 2005년 국민건강영양조사 보고서에 의하면 당근이 11.4%로 가장 많았으며, 그 다음이 고춧가루로 10.1%를 차지하였다. 그리고 시금치, 김, 김치, 달걀 등에서 각각 5% 이상을 섭취하고 있는 것으로 나타났다(표 6.4 참조). 한국인의 연령별 1일 비타민 섭취기준은 표 6.5와 같이 성인의 경우 하루 섭취권장량이 약 700 ㎍ RE인 것으로 나타났다

[표 6.3] 비타민 A 급원식품

| 식품명 | RE/100g | 식품명 | RE/100g |
|---|---|---|---|
| 돼지 간 | 10,119 | 꼼장어 | 960 |
| 닭 간 | 10,092 | 치커리 | 893 |
| 소 간 | 9,472 | 고춧잎 | 764 |
| 붉은 고추(마른) | 4,623 | 머위 | 754 |
| 명태(창란 젓) | 3,965 | 곰치 | 736 |
| 고춧가루 | 3,360 | 조제분유 | 627 |
| 김밥용 김 | 2,431 | 호박잎 | 592 |
| 조선김 | 1,948 | 가죽나물 | 588 |
| 마아가린 | 1,700 | 부추 | 516 |
| 들깻잎 | 1,553 | 근대 | 508 |
| 당근 | 1,257 | 열무김치 | 508 |
| 민물 뱀장어 | 1,240 | 시금치 | 500 |
| 아욱 | 1,143 | 파슬리 | 490 |
| 붉은 고추(생) | 1,078 | 난황 | 453 |

자료: 식품의약품안전청 식품성분표(RE=retinol)

[표 6.4] 비타민 A 섭취량 및 주요 급원식품(전국 평균)

| 순위 | 식품명 | 섭취량(RE) | 비율(%) | 순위 | 식품명 | 섭취량(RE) | 비율(%) |
|---|---|---|---|---|---|---|---|
| 1 | 당근 | 89.5 | 11.4 | 16 | 쑥 | 12.5 | 1.6 |
| 2 | 고춧가루 | 79.4 | 10.1 | 17 | 생미역 | 11.6 | 1.5 |
| 3 | 시금치 | 53.0 | 6.8 | 18 | 취나물 | 10.6 | 1.4 |
| 4 | 김 | 46.8 | 6.0 | 19 | 라면 | 9.2 | 1.2 |
| 5 | 배추김치 | 43.2 | 5.5 | 20 | 파김치 | 8.3 | 1.1 |
| 6 | 달걀 | 42.6 | 5.4 | 21 | 아욱 | 8.3 | 1.1 |
| 7 | 열무김치 | 35.7 | 4.6 | 22 | 들미나리 | 8.2 | 1.0 |
| 8 | 깻잎 | 32.7 | 4.2 | 23 | 닭고기 | 7.1 | 0.9 |
| 9 | 고추장 | 23.7 | 3.0 | 24 | 쑥갓 | 5.3 | 0.7 |
| 10 | 기능성 음료 | 23.0 | 2.9 | 25 | 아이스크림 | 5.1 | 0.7 |
| 11 | 우유 | 19.9 | 2.5 | 26 | 부청 | 4.8 | 0.6 |
| 12 | 상추 | 18.5 | 2.4 | 27 | 나박김치 | 4.8 | 0.6 |
| 13 | 토마토 | 18.4 | 2.4 | 28 | 말린 미역 | 4.7 | 0.6 |
| 14 | 파 | 16.5 | 2.1 | 29 | 풋고추 | 4.5 | 0.6 |
| 15 | 부추 | 12.6 | 1.6 | 30 | 머위 | 4.2 | 0.5 |

자료: 2005 제 3기 국민건강영양조사(RE=retinol)

[표 6.5] 한국인 1일 비타민 A 섭취권장량(μg RE/일)

| 구분 | 연령 | 권장 섭취량 | 상한 섭취량 |
|---|---|---|---|
| 영아 | 0~5개월 | 350 | 600 |
| | 6~11개월 | 400 | 600 |
| 유아 | 1~2세 | 300 | 700 |
| | 3~5세 | 300 | 1,000 |
| 남자 | 6~8세 | 400 | 1,400 |
| | 9~11세 | 550 | 2,100 |
| | 12~14세 | 700 | 2,400 |
| | 15~19세 | 850 | 3,000 |
| | 20~29세 | 750 | 3,000 |
| | 30~49세 | 750 | 3,000 |
| | 50~64세 | 700 | 3,000 |
| | 70세 이상 | 700 | 3,000 |
| 여자 | 6~8세 | 400 | 1,000 |
| | 9~11세 | 500 | 1,400 |
| | 12~14세 | 650 | 2,100 |
| | 15~19세 | 700 | 2,400 |
| | 20~29세 | 650 | 3,000 |
| | 30~49세 | 650 | 3,000 |
| | 50~64세 | 700 | 3,000 |
| | 70세 이상 | 700 | 3,000 |
| 임산부 | | +70 | 3,000 |
| 수유부 | | +500 | 3,000 |

★ 참고

• 어두운 곳(영화관 같은)에 갑자기 들어가면 앞이 보이지 않는 이유?

어두운 곳에 갑자기 들어가면 앞이 보이지 않다가 시간이 조금 지나면 서서히 보이기 시작한다. 이런 현상은 비타민 A가 시홍(rhodiopsin)을 만들기 때문에 가능하다. 즉 비타민 A가 부족하면 어두운 곳에 들어가도 계속 잘 보이지 않게 되는데 이런 증상을 야맹증이라고 한다.

• 밀감을 많이 먹으면 피부가 노랗게 변한다?

밀감과 같이 카로틴(carotene) 함량이 높은 과일을 많이 섭취하거나 카로틴 보충제를 매일 먹게 되면 피부 색깔이 –특히 손바닥–황달처럼 노랗게 변하는데, 이것은 특별한 병적 증상이 아니고, 카로틴 섭취를 줄이면 원래상태로 돌아온다.

## 2) Vitamin D(Calciferol)

### (1) 비타민의 D의 종류 및 구조

비타민 D는 다른 지용성 비타민과 마찬가지로 전구체(provitamin)를 가지고 있다. 이들 전구체는 에르고스테롤(ergosterol)과 7-디하이드로콜레스테롤(7-dehydrocholesterol)로서 자외선에 의하여 합성되어 비타민 $D_2$ 및 $D_3$가 된다(그림 6.3 참조). Ergosterol은 비타민 $D_2$의 전구체로서 버섯, 효모 등의 식물계에 존재하며, 7-dehydrocholesterol은 비타민 $D_3$의 전구체로서 사람의 피하조직에 존재하고 있다(그림 6.4 참조).

타민 D는 발견된 순서대로 $D_1$, $D_2$, $D_3$ 등으로 명명되었으나 $D_1$은 $D_2$와 $D_3$의 혼합물이라는 것이 밝혀지면서 지금은 쓰지 않고 있다. 현재 비타민 D 작용이 있는 화합물은 $D_2$~$D_7$까지 6종류가 알려져 있으나 $D_4$~$D_7$은 천연의 존재량이 적고 생리활성도가 낮기 때문에 비타민 D라고 하면 $D_2$와 $D_3$를 말한다.

비타민 $D_3$는 자외선에 의하여 피부에서 합성되지만 그 양은 피부색깔, 나이, 계절, 지리적 조건, 햇빛 노출시간 등에 따라서 달라진다. 필요한 비타민 $D_3$의 90% 정도는 햇빛에 의하여 2~3분 만에 합성되는데, 나이가 많아지면 피하조직의 비타민 $D_3$ 전구체의 농도가 낮아지기 때문에 비타민 $D_3$의 합성량은 노인이 청년에 비하여 30% 밖에 되지 않는다. 또한 자외선 차단제의 사용은 비타민 $D_3$의 합성을 지연 또는 중단시키므로 노인의 경우 자외선 차단제를 장기간 사용하는 것은 좋지 않다. 비타민 $D_3$의 정상적인 합성을 위해서는 자외선 차단제의 SPF(sun protection factors)는 8이하를 사용할 것을 권장하고 있다.

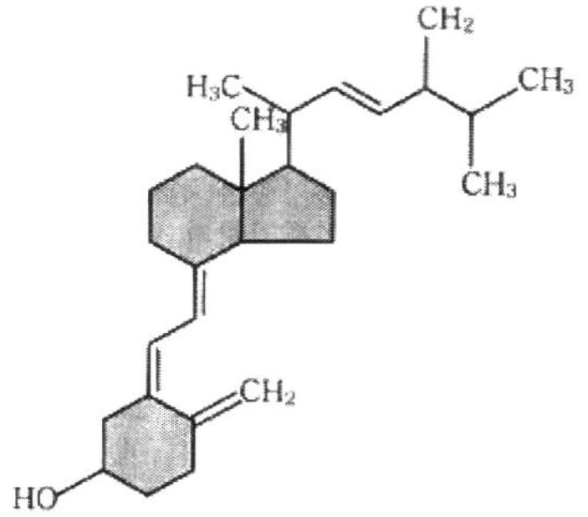


비타민 $D_2$(ergocalciferol)

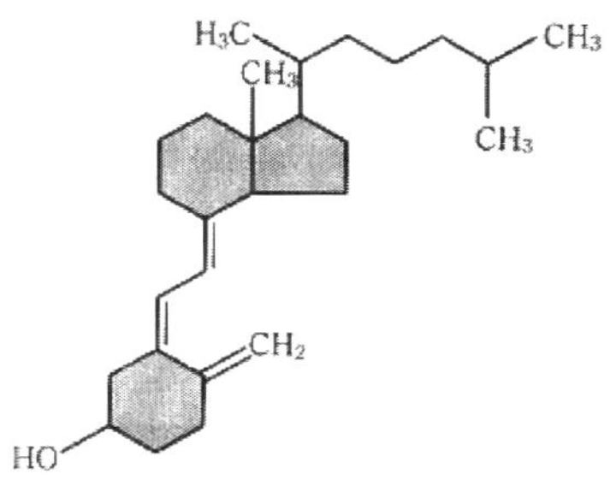


비타민 $D_3$(cholecalciferol)

[그림 6.3] 비타민 $D_2$ 및 $D_3$ 의 구조

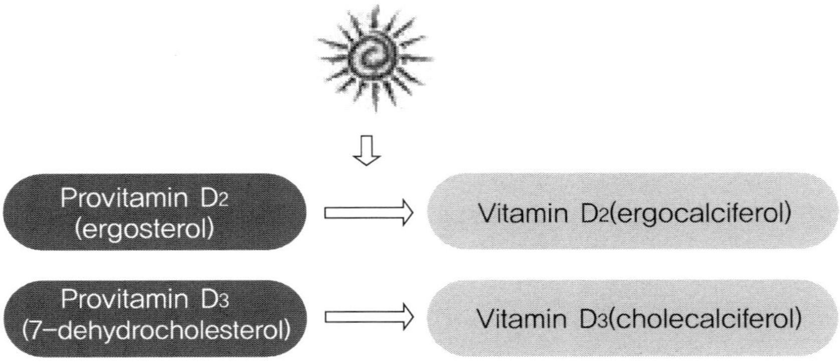


[그림 6.4] 햇빛에 의한 비타민 D 합성

### (2) 생리적 기능

비타민 D의 가장 중요한 생리적 기능은 칼슘(Ca)과 인(P)의 소장에서의 흡수를 촉진한다. 그리고 칼슘과 인의 배설을 적게 하여 체내 농도를 적절하게 균형을 유지하며, 칼슘을 뼈에 침착시켜 골격형성에 관여한다.

또한 비타민 D는 혈액 중의 칼슘축적을 조절하는 부갑상선의 기능을 원만하게 하고, 갑상선의 기능도 건전하게 한다. 생식기능이 있으며, 결핵치료를 촉진하는 면역증강 작용이 있고, 유전자 조절 및 세포분열을 촉진하며, 백혈병, 유방암, 림프암, 대장암 등의 암을 억제한다.

### (3) 결핍증

비타민 D는 골격형성과 치아발육에 관여한다. 어린이의 경우 비타민 D가 결핍되면 골격형성에 이상이 생기거나 형태가 변형되어 다리가 O형 또는 ×형으로 굽는 구루병이 나타난다(그림 6.5 참조). 어린이에게 구루병은 다리의 변형뿐만 아니라 이마와 뒤통수가 지팡이 손잡이처럼 튀어나오는 장두증(杖頭症), 가슴뼈가 튀어나오는 새가슴, 갈비뼈의 혹, 골반변형 등이 수반되기도 한다.

성인에게서는 골연화증이 나타나는데, 골격이 약해지고 골절이 쉽게 발생한다. 주로 자외선에 의한 비타민 D의 합성이 잘 이루어지지 않는 노인이나 신장, 위장,

담낭, 소장 등에 질병이 있는 경우도 발생하기 쉽다. 그리고 임신부나 수유부에게도 잘 나타나는데 골다공증이나 뼈의 기형의 원인이 되기도 한다. 따라서 이 기간에 칼슘제재를 섭취할 경우 비타민 D의 섭취도 고려해야 한다.

비타민 D는 인슐린 분비와 당대사에도 관여하는 것으로 알려져 있는데, 한 연구에 의하면 햇빛이나 식사를 통하여 비타민 D를 충분히 얻지 못하는 노인들은 혈액 내 비타민 D 농도가 낮으며, 당내성 역시 낮았다는 결과를 얻고, 비타민 D의 결핍을 정상화시키면 당뇨병이 예방될 수 있음을 시사하는 것이라고 보고하였다.

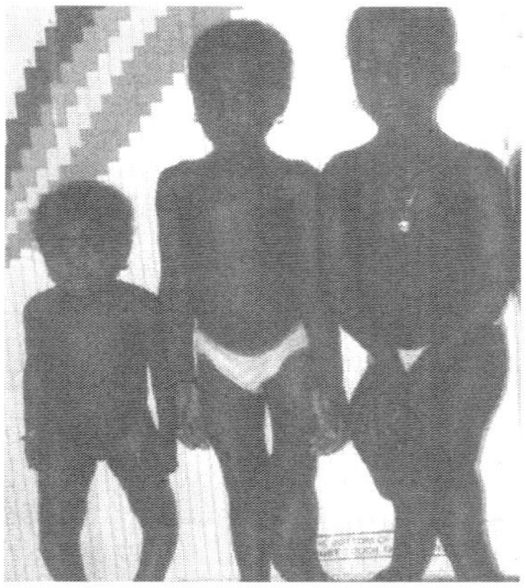

[그림 6.5] 구루병

## (4) 과다증

비타민 D의 과다섭취에 의한 독성은 비타민 중에서 가장 큰 것으로 알려져 있다. 신생아의 경우 비타민 D의 과다섭취로 혈액 내 비타민 D의 양이 증가하고, 이로 인한 혈액 내 칼슘이 증가하는 고칼슘혈증(hypercalcemia)이 나타나면 심장, 폐, 신장 등의 손상을 가져온다. 성인은 고칼슘혈증에 의하여 식욕부진, 갈증, 피로, 불쾌감, 구토, 체중감소 등의 증상이 나타난다. 그러나 초기의 고칼슘혈증은 비타민 D의 섭취를 중단함으로서 치유할 수 있으나, 고칼슘혈증이 장기간 계속되면 장기조직이 석회화되어 사망할 수도 있다.

## (5) 대사

자외선을 통하여 피하지방에서 합성되었거나 식품을 섭취하여 체내로 들어온 비타민 D는 소장에서 흡수되어 림프관을 통하여 혈액으로 이동하고, 혈액 내의 비타민 D는 비타민 D 결합단백질(vitamin D binding protein)과 결합한다. 그런 다음 혈액 내를 순환하여 간으로 이동 한 후 간에서 저장된다. 비타민 D도 다른 지용성 비타민과 마찬가지로 지용성이기 때문에 지질대사와 관련된 질환을 앓고 있는 사람에게는 비타민 D의 대사에도 영향을 미칠 수 있다.

### (6) 급원식품과 필요량

건강한 성인은 햇빛에 의하여 피부에서 합성되는 양으로 비타민 D의 공급은 충분하다. 그러나 햇빛을 통하여 비타민 D의 공급을 충분히 받지 못하면 식품 중의 비타민 D를 섭취함으로서 공급해야 한다. 그러나 대부분의 식품에는 비타민 D가 거의 함유되어 있지 않다. 급원식품으로서는 청어, 연어, 정어리, 다랑어, 새우 등 지질이 많은 생선과 계란, 우유, 요쿠르트, 버터, 생선간유 등의 동물성 식품, 비타민 D가 강화된 식품, 마른 버섯 같은 식물성 식품 등이 비타민 D의 좋은 급원이라고 할 수 있다.

비타민 D의 하루 섭취권장량은 11개월 이전의 영아에게는 하루 5㎍, 유아나 19세 미만의 사람들에게는 하루 10㎍이 필요하며, 임신부나 수유부에게는 섭취권장량에다 5㎍을 더 섭취해주면 된다(표 6.6 참조).

[표 6.6] 한국인의 1일 비타민 D 섭취권장량

| 구분 | 연령 | 섭취 권장량(㎍/일) |
|---|---|---|
| 영아 | 0~5개월 | 5 |
| | 6~11개월 | 5 |
| 유아 | 1~2세 | 10 |
| | 3~5세 | 10 |
| 남녀 | 6~8세 | 10 |
| | 9~11세 | 10 |
| | 12~14세 | 10 |
| | 15~19세 | 10 |
| | 20~29세 | 5 |
| | 30~49세 | 5 |
| | 50~74세 | 10 |
| | 75세 이상 | 10 |
| 임산부 | | +5 |
| 수유부 | | +5 |

## 3) Vitamin E(tocopherol)

### (1) 비타민 E의 종류 및 구조

비타민 E의 활성을 가지는 물질로서 $R_1$, $R_2$와 결합되어 있는 메틸기(-CH3)의 수와 위치에 따라 α-, β-, γ-, δ-tocopherol(토코페롤) 네 종류와 토코페롤 측쇄에 이중결합을 가지는 α-, β-, γ-, δ-tocotrienol(토코트리에놀) 네 종류로 8 종류가 있다(그림 6.6 참조). 이 중에서 자연계에 가장 많이 분포되어 있으면서 가장 활성이 뛰어나는 것은 α-토코페롤이며, 좁은 의미로 비타민 E는 α-토코페롤이다.

비타민 E는 지용성 비타민 중에서 공기 중의 산소에 의하여 가장 산화되기 쉬우며, 여기에 광선이 비치게 되면 산화는 더욱 빨라진다. 이렇게 비타민 E가 다른 물질들보다 빨리 산화됨으로서 다른 유지류의 자동산화를 억제하는 항산화제로서 작용한다.

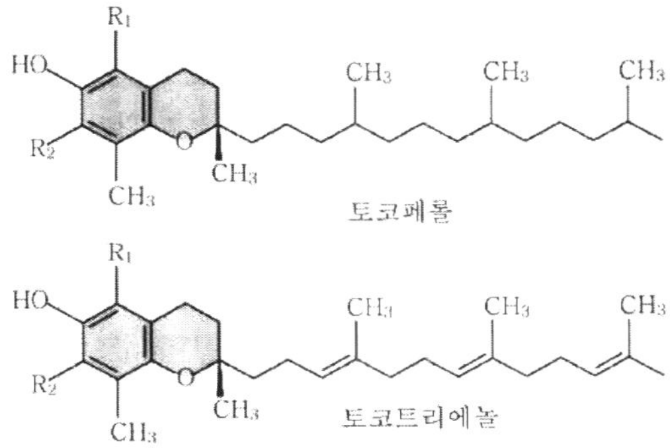


| $R_1$ | $R_2$ | Tocopherol | Tocotrienol |
|---|---|---|---|
| $CH_3$ | $CH_3$ | α-tocopherol | α-tocotrienol |
| $CH_3$ | H | β-tocopherol | β-tocotrienol |
| H | $CH_3$ | γ-tocopherol | γ-tocotrienol |
| H | H | δ-tocopherol | δ-tocoprienol |

[그림 6.6] Tocopherol 및 Tocotrienol의 구조

### (2) 생리적 기능

비타민 E의 주된 생리작용은 항산화 작용으로서 불포화지방산의 산화분해로 발생하는 독성을 방지하여 노화를 방지한다. 그리고 인체 내의 모든 세포막의 구성

성분인 지방산의 파괴를 방지하거나 세포막의 안정성과 강직성을 부여하여 정상적인 세포막을 형성하는데 중요한 역할을 한다. 또한 비타민 E는 헤모글로빈(hemoglobin)의 구성성분인 헴(heme)의 합성에 관여하기 때문에 부족할 때에 빈혈을 일으키기도 한다.

이외에도 뇌졸중과 심장병을 예방하며, 황체 호르몬을 정상적으로 유지하며, 임신의 조건을 형성할 뿐만 아니라 세포의 수명을 연장시키고, 호흡기를 보호하고 에너지를 향상시켜 운동능력을 향상시키다. 또한 뇌세포의 활동을 왕성하게 하고 동맥경화 및 암을 예방하며, 스트레스에 의한 피로회복과 노화를 방지한다.

### (3) 결핍증

비타민 E는 인체 내에서 재생되어 이용되기 때문에 결핍증상은 흔하게 나타나지 않는다. 그러나 사람에게 빈혈, 부종, 생체막의 약화, 적혈구 수명저하 등의 증상이 나타나며, 근육약화, 퇴행성 신경질환, 간의 지방과산화, 노화증상 촉진 등의 기능 장애가 올 수 있다. 쥐의 실험에서 수컷은 정자를 생산하는 상피세포에 변성이 오고, 암컷은 유산하는 경우가 관찰되었다.

### (4) 과다증

비타민 E는 과다 섭취하여도 독성이 잘 나타나지 않는 지용성 비타민으로서 과다증에 대한 증상이 잘 알려져 있지 않다. 다만 비타민 E($\alpha$-tocopherol)를 수개월 또는 수년간 과량 섭취하였을 경우 근육무력, 피로, 착시, 메스꺼움, 설사, 경련 등의 증세가 나타날 수 있다.

### (5) 대사

비타민 E는 담즙과 췌장액의 도움으로 주로 소장의 공장부분에서 흡수된 후 림프계와 흉관을 통하여 이동한다. 세포 내에서 비타민 E는 토코페롤 결합단백질과 결합하여 이동하며, 주로 세포막에 존재한다. 비타민 E는 다른 지용성 비타민들과는 달리 지방조직에 주로 저장되어 있으며, 간, 뇌, 폐, 심장, 근육 등에는 적은 양이 존재한다.

비타민 E는 섭취량이 많아지면 지방조직의 비타민 E의 양은 증가하는데 다른 조직에서의 양은 변화가 없거나 적은 양이 증가한다. 그리고 비타민 E의 섭취량이 줄면 지방조직에서의 분비는 천천히 일어나고, 간과 혈액에서는 빠르게 양이 감소한다. 비타민 E의 주요 배설경로는 담즙을 통하여 대변으로 배설되고, 소변으로는 약 1% 정도가 배설된다.

### (6) 급원식품과 필요량

비타민 E는 콩기름, 옥수수기름, 면실유 등의 식물성 기름과 씨눈에 많이 함유되어 있고, 동물성 기름에도 들어있으나 그 양은 아주 적다. 식물성 식품에는 녹색채소, 고구마, 땅콩에 소량의 비타민 E가 함유되어 있다.

비타민 E는 결핍증과 과다증이 잘 일어나지 않는다. 비타민 E의 요구량은 세포내의 불포화지방산의 양과 관계가 있는데, 우리나라 사람들에게는 불포화지방산에 대한 비타민 E의 비율은 0.5 정도가 바람직한 것으로 알려져 있으며, 우리나라 남여의 불포화지방산 섭취량이 10~16g 정도로 추정되기 때문에 비타민 E의 필요량은 5~8mg 정도이다. 성인 남여의 하루 섭취권장량은 10mg으로 정하고 있으며, 흡연자는 두 배가 더 필요하다(표 6.7 참조).

[표 6.7] 한국인의 1일 비타민 E 섭취권장량

| 구분 | 연령 | 섭취 권장량(mg/일) |
|---|---|---|
| 영아 | 0~5개월 | 3 |
| | 6~11개월 | 4 |
| 유아 | 1~2세 | 5 |
| | 3~5세 | 6 |
| 남녀 | 6~8세 | 7 |
| | 9~11세 | 9 |
| | 12~14세 | 10 |
| | 15~19세 | 10 |
| | 20~29세 | 5 |
| | 30~49세 | 5 |
| | 50~74세 | 10 |
| | 75세 이상 | 10 |
| 임산부 | 전반기 | +0 |
| 수유부 | | +3 |

### 4) Vitamin K(phylloquinone, menaquinone, menadione)

#### (1) 비타민 K의 종류 및 구조

비타민 K는 혈액을 응고시켜 피딱지를 만드는데 필수적인 비타민으로서 "K"는 독일어 "Koagulation(응고)"의 첫 자에서 따온 것이다. 비타민 K는 식물성 식품에 존재하는 필로퀴논(phylloquinone, $K_1$), 동물성 식품에 함유되어 있으며 장내 세균에 의하여 합성 가능한 메나퀴논(menaquinone, $K_2$), 그리고 인위적으로 합성된 메나디온(menadione, $K_3$)이 있다(그림 6.7 참조).

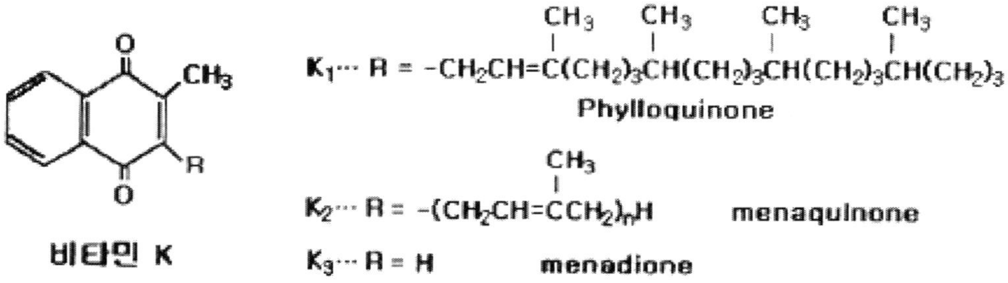


[그림 6.7] 비타민 K의 구조

#### (2) 생리적 기능

비타민 K는 혈액응고에 필요한 단백질인 fibrin을 생성하는데 관여하는 prothrombin을 합성하는 데 필요한 비타민이다. Prothrombin은 효소인 thrombokinase와 칼슘이온에 의하여 thrombin으로 변화하는데 이것은 혈장 속에 있는 가용성의 fibrinogen을 불용성의 fibrin으로 바꾸는 역할을 한다(그림 6.8 참조). 따라서 비타민 K가 모자라면 지혈이 늦어진다.

이외에도 비타민 K의 생리적 기능은 간 기능의 보조역할을 하고, 혈청 칼슘이온의 생성을 도우며, 뼈의 석회화에 관여하여 뼈의 유지 및 골절치료에 중요한 역할을 하기 때문에 장기간의 비타민 K 부족은 키의 성장을 억제할 수 있다. 또한 폐경기 이후의 골다공증 치료 및 예방을 하며, 암 예방과 치료에 유효한 것으로 알려져 있다.

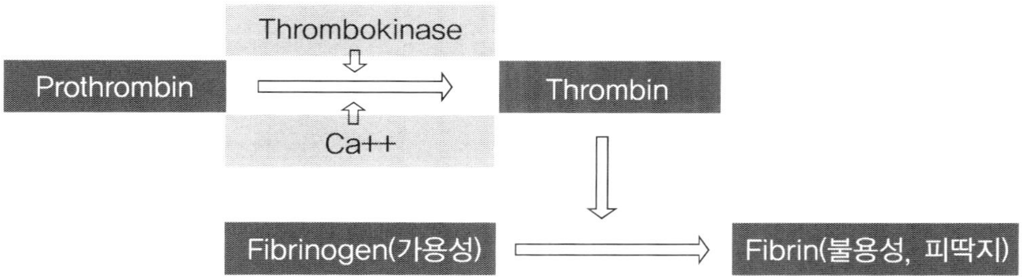


[그림 6.8] 혈액의 응고과정

### (3) 결핍증

비타민 K는 녹황색 채소나 해조류 등에 함유되어 있고, 체내에서는 장내 세균에 의하여 합성되기 때문에 결핍증은 거의 없다. 그러나 신생아나 장기간 항생제를 복용하는 사람들은 장내 세균의 발육을 억제하여 비타민 K의 합성이 충분하지 못하기 때문에 결핍증이 나타날 수도 있다.

비타민 K의 부족은 혈액의 응고가 지연되거나 출혈이 멈추지 않아 혈액이 부족하여 쇼크로 사망할 수가 있다. 그리고 지질의 흡수가 되지 않거나 지방변증, 만성 췌장염, 간질환이 있을 때에도 비타민 K의 결핍증이 나타날 수 있다.

### (4) 과다증

자연에 존재하는 비타민 $K_1$(필로퀴논)과 $K_2$(메나퀴논)은 많은 양을 섭취하여도 독성이 나타나지 않는다. 그러나 인위적으로 합성한 비타민 $K_3$(메나디온)는 많은 양을 섭취하면 구토, 빈혈, methemoglobin 혈증, porphyrin 뇨증 등이 나타난다.

### (5) 대사

식물성 식품을 통하여 섭취된 필로퀴논(비타민 $K_1$)은 소장의 공장부분에서 흡수되며, 장내 세균에 의하여 합성된 메나퀴논(비타민 $K_2$)은 대장에서 흡수되며, 합성 비타민인 메나디온(비타민 $K_3$)은 소장의 말단에서 흡수된다. 그리고 비타민 K가 흡수되는 데에는 담즙과 췌장액이 필요하며, 흡수율은 약 40~80% 정도이다. 흡수된 비타민 K는 림프계를 통해 이동하여 간에 축적된 후 부신, 폐, 골수, 신장, 림프절 등의 각 기관에 분산 저장된다. 간에 저장되는 것은 10% 정도가 필로퀴논이고, 90% 정도가 장내 세균에 의하여 합성된 메나퀴논이다.

### (6) 급원식품과 필요량

비타민 K의 주요 급원식품으로서는 케일, 파슬리, 시금치, 브로콜리, 양배추, 상추 등 녹색잎 채소에 주로 함유되어 있다. 그리고 식품을 통하지 않아도 장내 세균에 의하여 합성되는 메나퀴논(비타민 $K_2$)이 체내의 비타민 K의 주요급원이 된다.

성인남여의 평균필요량이나 섭취권장량은 설정되어 있지 않고, 우리나라 성인남자는 약 75㎍, 성인여자는 65㎍이 충분섭취량으로 설정되어 있다(표 6.8 참조).

[표 6.8] 한국인 1일 비타민 K 충분 섭취량

| 구분 | 연령 | 충분 섭취량(㎍/일) |
|---|---|---|
| 영아 | 0~5개월 | 4 |
| | 6~11개월 | 7 |
| 유아 | 1~2세 | 25 |
| | 3~5세 | 30 |
| 남자 | 6~8세 | 45 |
| | 9~11세 | 55 |
| | 12~14세 | 70 |
| | 15~19세 | 80 |
| | 20~29세 | 75 |
| | 30~49세 | 75 |
| | 50~74세 | 75 |
| | 75세 이상 | 75 |
| 여자 | 6~8세 | 45 |
| | 9~11세 | 55 |
| | 12~14세 | 65 |
| | 15~19세 | 65 |
| | 20~29세 | 65 |
| | 30~49세 | 65 |
| | 50~74세 | 65 |
| | 75세 이상 | 65 |
| 임산부<br>수유부 | | +0 |

# 4. 수용성 비타민의 종류

수용성 비타민의 가장 중요한 인체 내의 기능은 보조효소(조효소)로서의 기능이다. 인체 내에서 일어나는 많은 화학적 반응들은 효소(enzyme)의 촉매활성으로 일어난다. 효소들은 비타민 B복합체 중의 하나가 결합되어야만 비로소 활성을 나타낸다. 조효소가 결합되지 않은 효소는 활성이 없기 때문에 불완전효소(apoenzyme, 아포효소)라고 하며, 불완전효소에 조효소가 결합하면 완전효소(holoenzyme)라고 한다. 즉 효소가 그 기능을 다하기 위해서는 비타민 B 복합체 중의 하나가 필요한 것이다.

수용성 비타민은 소장에서 흡수되어 순환계를 통하여 비타민이 사용되는 특정 세포조직으로 운반된다. 수용성 비타민을 과다하게 섭취하면 불완전효소에 결합하는 이외 여분의 수용성 비타민은 소변을 통하여 배설된다. 따라서 정기적으로 매일 또는 수일 이내에 섭취하여야 한다. 다만 비타민 $B_{12}$는 간에 저장되는 것으로 알려져 있다. 비타민 C는 조효소의 형태는 아니지만 세포 내의 산화환원 반응에 참여함으로서 다양한 대사과정에 관여한다. 수용성 비타민은 8가지의 비타민 B복합체와 비타민 C가 있다.

## 1) Vitamin $B_1$(Thiamin)

비타민 $B_1$은 최초로 발견된 비타민으로서 피리미딘(pyrimidine)과 티아졸(thiazol)로 구성되어 있으며, 티아민(thiamin) 또는 아노이린(aneurine)이라고 한다(그림 6.9 참조)

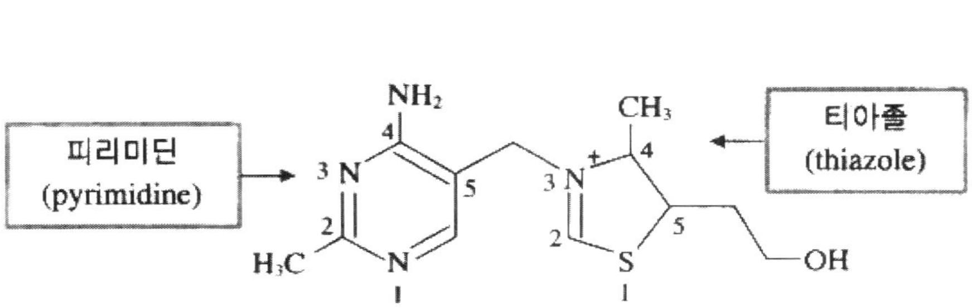


[그림 6.9] 비타민 $B_1$(thiamin)의 구조

### (1) 생리적 기능

**1** TPP(thiamin pyrophosphate) 생성

티아민에 두개의 인산기가 부착되어 생성되는데, TPP는 조효소로서 해당작용, TCA회로, 5탄당회로 등 인체 내에서 에너지를 생산하는 과정 중에 중요한 역할을 한다. 따라서 음식물 중의 탄수화물 량이 많을수록 티아민 필요량은 증가하며, 중노동자, 임신부, 수유부 등에서도 요구량이 증가한다.

**2** 신경전달물질의 합성

신경 세포막의 성분으로서 신경전달물질의 합성에 관여한다. 따라서 두뇌성장이 활발한 시기에 중요한 영양소이다.

### (2) 결핍증

결핍은 도정이 많이 된 탄수화물 과다섭취, 심한 육체노동자, 임신부, 수유부, 고열성 질환 등에서 나타나기 쉽다. 결핍되면 각기병이 발생하는데 증상은 다리근육이 아프고 쓰리기 시작하여 무릎의 반사작용이 떨어지고, 발과 발가락 근육이 마비되는 걸을 수 없는 다발성 신경염이 나타난다. 기억력과 사고력이 떨어지고, 불안감을 느끼며, 말초신경세포가 분해되어 정신장애가 생길 수 있다. 현재는 식생활이 풍부해지면서 심한 각기병 증상이 많이 줄었지만 식욕이 없고, 기분이 나쁘며, 다리에 힘이 없는 가벼운 비타민 $B_1$의 결핍증상은 간혹 나타나기도 한다.

인체에서 필요한 양보다 과다하게 섭취하였을 경우는 소변으로 배설되기 때문에 과잉증상은 나타나지 않는다.

### (3) 급원식품과 필요량

비타민 $B_1$의 주요 급원식품은 도정이 덜된 곡류, 통밀, 건조콩, 땅콩, 해바라기씨, 돼지고기 등이다.

성인 남자의 권장섭취량은 하루 1.2mg이며, 성인 여자는 1.1mg이다. 임신부는 권장섭취량에 +0.5mg이, 수유부는 +0.4mg이 더 필요하다.

## 2) Vitamin B2(Riboflavin)

비타민 $B_2$는 리보플라빈(riboflavin)이라고도 하며, 5탄당의 리비톨(ribitol)과 플라빈(flavin)이 결합되어 있다(그림 6.10 참조). 리보플라빈은 라틴어의 'flavus' 라는 노란색의 뜻과 사슬에 붙어있는 리보오스를 합쳐 붙여진 화학명이다.

Riboflavin은 성장촉진인자로 알려져 있으며, 세포 내에서 조효소인 FMN(flavin mononucleotide)과 FAD(flavin adenine dinucleotide)를 만든다. 리보플라빈은 밝은 노란색을 띠는 결정체이며, 자외선에 의하여 쉽게 파괴되기 때문에 비타민 $B_2$의 보호를 위해서는 햇빛과의 접촉을 피해야 한다.

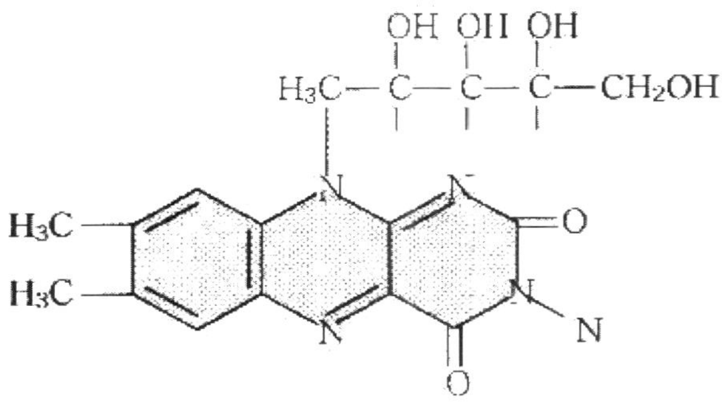

[그림 6.10] 비타민 $B_2$(riboflavin)의 구조

### (1) 생리적 기능

비타민 $B_2$는 식품 중에 riboflavin, FMN 및 FAD로 존재하고 있으며, FMN과 FAD는 소장에서 흡수되기 전에 유리 riboflavin으로 전환된다. 식품으로 섭취한 riboflavin은 소장상부에서 약 70% 정도가 흡수된다.

FMN과 FAD는 여러 종류의 단백질과 결합하여 활성을 나타내며, TCA회로, 지질산화, 전자전달계의 조효소로서 작용한다. 따라서 비타민 $B_2$는 탄수화물, 지질, 단백질이 분해되어 에너지를 생산하는 단계에서 작용하는 조효소이다.

그밖에 비타민 $B_2$는 아미노산인 트립토판(trytophan)이 비타민인 나이아신(niacin)으로 전환되는데 필요하며, 적혈구 형성, 글리코겐 합성, 세포분열과 성장에 간접적으로 영향을 미친다.

### (2) 결핍증

비타민 B2의 결핍은 주로 입 주위, 혀, 피부, 눈, 안면 등에 나타나는데, 결핍증이 가장 먼저 나타나는 곳은 입과 혀의 염증이다. 그 외에 코, 입 주위, 귀, 음낭이나 회음부의 지루성 피부염, 안질, 신경계 질환 등의 증세가 나타난다.

### (3) 급원식품과 필요량

비타민 B2의 주요 급원식품은 우유, 요구르트, 치즈, 생선, 계란, 동물의 간 등의 동물성 식품과 두류, 곡류, 버섯, 아스파라거스, 브로콜리, 시금치 등의 식물성 식품이다. 성인 남자의 하루 평균필요량은 1.3mg, 성인 여자는 1.1mg이며, 임신부는 +0.3mg, 수유부는 0.4mg이 더 필요하다.

## 3) 나이아신(Niacin)

나이아신은 자연계에서 니코틴산(nicotinic acid)과 니코틴산아미드(nicotinamide)로 존재하며, 체내에서는 나이아신으로 작용한다(그림 6.11 참조). 나이아신은 비타민 B3라고도 하고, 체내에서 필수아미노산인 트립토판(tryptophan)으로부터 생합성되며, 합성량은 트립토판 60mg에서 1mg의 비율로 합성된다.

나이아신(니코틴산) 나이아신아미드(니코틴산아미드)

[그림 6.11] 나이아신의 구조

### (1) 생리적 기능

나이아신은 다른 수용성 비타민들과는 달리 식품의 가공과정과 조리할 때 열에 매우 안정하여 손실이 거의 없으며, 다른 비타민 B복합체와 마찬가지로 탄수화물, 지질, 단백질의 대사과정에 조효소로 작용한다. 나이아신은 주로 조효소인 NAD(nicotinamide adenine dinucleotide)와 NADP(nicotinamide adenine dinucleotide phosphate) 형태이며, 탈수소효소의 활성을 도와주고, 세포내 산화·환원반응에 관여한다.

나이아신은 위와 소장에서 쉽게 흡수되며, 세포 내에서 조효소인 NAD와 NADP로 전환되어 필요한 양이 신장, 간, 뇌 등에 저장된다. 나이아신의 특징은 필수아미노산인 트립토판이 전구체라는 점이고, 아미노산이 골고루 함유된 동물성 단백질을 섭취하면 자연스럽게 인체 내에서 만들어진다.

나이아신의 조효소 역할은 해당과정, TCA회로, 전자전달계의 반응에 필요하며, 탄수화물 대사, 지방산 대사, 지질의 합성과 분해, 스테로이드 합성, 아미노산의 분해 및 합성에도 관여한다. 여분의 나이아신은 소변으로 배설된다.

### (2) 결핍증

나이아신은 에너지 대사나 새로운 세포를 합성하는 과정에 조효소로서 작용하며, 결핍되면 펠라그라(pellagra)가 발생한다. 펠라그라의 증상은 4D로 표현하는데 피부염(dermatitis), 설사(diarrhea), 치매(dementia), 사망(death)을 꼽는다. 나이아신 결핍 초기에는 얼굴, 손발 등이 햇빛에 노출되면 피부의 이상 증세가 나타나고, 검어지며, 흰 더께가 생긴다. 이후 혀끝에 혈관이 많이 생겨 적색으로 변하며 통증이 있다. 혀에서 시작된 증상은 소화기관으로 번져나가 음식물의 소화흡수가 잘 안되고, 혈액이 섞인 설사를 하게 되며, 심하면 사망에 이른다. 펠라그라는 주로 옥수수를 주식으로 하는 남유럽, 남미, 러시아, 이집트 등의 개발도상국과 북한같이 식량부족으로 옥수수를 주식으로 하는 경우에 발병하기 쉽다.

### (3) 급원식품과 필요량

나이아신은 돼지고기, 쇠고기, 닭고기, 칠면조, 육류의 간, 고등어, 참치 등의 동물성 식품에 많고, 아스파라거스, 배추김치 등의 식물성 식품에도 소량 함유되어 있다. 성인 남자의 하루 권장섭취량은 16mg이고, 성인 여자는 14mg이며, 임신부와 수유부는 +4mg이 더 필요하다.

### 4) 판토텐산(Pantothenic acid)

판토텐산은 판토인산(pantoic acid)과 알라닌(alanine)이 결합한 것으로 항스트레스 비타민, 비타민 $B_5$라고도 한다(그림 6.12 참조). 판토텐산은 "어디에나 있는 산"이란 뜻으로 동식물계에 널리 분포되어 있으며, 사람에게 결핍증은 거의 없다.

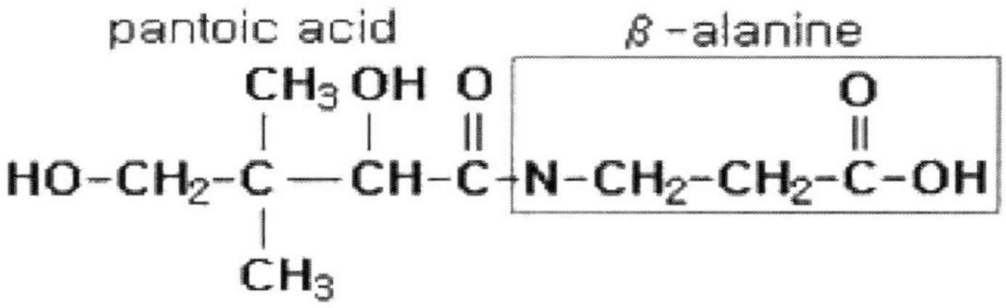


[그림 6.12] 판토텐산(pantothenic acid)의 구조

#### (1) 생리적 기능

판토텐산은 탄수화물, 지질, 단백질의 대사과정에 필수적인 조효소인 코엔자임 A(coenzyme A, CoA)의 구성성분이다. 또한 부신피질호르몬 및 아드레날린을 증가시키는 효과가 있기 때문에 신체의 모든 기능과 관련이 있으며, 원기를 증진시키고, 병균의 침입을 막거나 상처를 빨리 낫게 하여 병의 회복을 촉진시킨다. 그리고 신체의 정상적인 성장을 돕고, 뇌와 중추신경을 발달시키는 작용이 있으며, 노화를 예방하는 작용이 있다. 호르몬과 콜레스테롤 합성에도 필수적인 것으로 알려져 있다.

#### (2) 결핍증

판토텐산은 결핍되는 경우가 거의 없으나, 알콜 중독자, 만성 투석환자, 당뇨병 환자 등에서는 결핍될 수가 있다. 결핍증상으로서는 스트레스로 인한 피로, 불면증, 초조감, 현기증, 근무력증, 발육지연, 부신피질 기능저하, 저혈당, 저혈압, 위염증, 설사 등이 있다. 그리고 과잉 섭취하였을 경우 설사의 원인이 된다.

### (3) 급원식품과 필요량

판토텐산의 주요 급원식품은 모든 동물성 식품, 특히 효모, 동물의 장기, 통밀제품, 버섯, 소맥배아, 밀기울, 로얄젤리, 녹색잎 채소, 양배추과 채소 등이다.

판토텐산의 섭취권장량은 설정되어 있지 않으며, 충분섭취량은 성인 남여의 경우 하루 5mg이며, 임신부는 +1mg, 수유부는 +2mg이 더 필요하다.

## 5) Vitamin $B_6$(Pyridoxine, Pyridoxal, Pyridoxamine)

비타민 $B_6$는 자연계에서 피리독신(pyridoxine), 피리독살(pyridoxal), 피리독사민(pyridoxamine)의 세 가지 물질로 존재한다(그림 6.13 참조). 피리독신은 주로 식물성 식품에 들어있으며, 피리독살과 피리독사민은 동물성 식품에 들어 있다. 열에는 안정하지만 자외선 조사에 의하여 파괴되며, 쉽게 산화되어 기능을 상실한다.

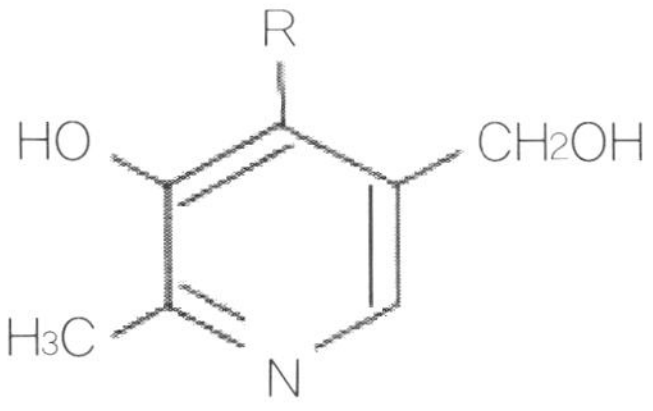


Pyridoxine : R = $CH_2OH$
Pyridoxal : R = CHO
Pyridoxamine : R = $CH_2NH$

[그림 6.13] 비타민 $B_6$의 구조

### (1) 생리적 기능

비타민 $B_6$는 아미노산 대사에 관여하며, 트립토판이 나이아신으로 전환되는 과정에도 관여한다. 또한 신경세포의 신경전달물질을 합성하고, 헤모글로빈의 합성과 백혈구의 합성에 필요한 비타민이다. 여러 가지 호르몬과 골격계의 형성기능을 조절하고, 치아감염과 충치예방에도 관여한다.

그 외에 근육과 임파, 간과 신경조직에 조효소 역할을 하며, 체액의 화학적 균형, 수분배설 조절, 에너지 생산, 스트레스 저항성을 유지하고, 호르몬의 내분비계에 영향을 미친다.

### (2) 결핍증

비타민 B6는 대부분의 식품에 함유되어 있기 때문에 결핍증은 잘 나타나지 않지만, 당뇨병 환자, 흡연자, 마그네슘 결핍자에게서 나타날 수 있으며, 단백질 및 지질의 과잉섭취, 임신부, 수유부, 만성 혈액 투석환자, 영양분 흡수장애, 장기 약물 복용자, 불면증, 조급증 환자에게는 좀 더 많은 비타민 B6가 필요하다.

결핍증상으로는 면역기능 장애, 성장장애, 근육기능 이상, 구강내 염증, 불면증, 신경계 이상, 조급증, 구토, 피부염 등이 나타날 수 있다.

### (3) 급원식품과 필요량

비타민 B6의 주요 급원식품은 육류, 생선류, 가금류, 알류 등의 동물성 식품과 밀, 감자, 바나나, 브로콜리, 시금치, 통밀 등이다.

성인 남자의 하루 권장섭취량은 1.5mg이고, 성인 여자는 1.4mg이며, 임신부는 +0.8mg, 수유부는 +0.7mg이 더 필요하다.

## 6) Biotin

Biotin(비오틴)은 피부염을 방지하는 비타민으로서 독일어 "Haut(피부)"에서 "H"를 따와 비타민 H라고도 한다. 비오틴의 화학구조는 그림 6.14에서 보는 바와 같다. 비오틴은 공기, 광선, 열에는 비교적 안정하지만 자외선에 노출되었을 때는 서서히 파괴된다.

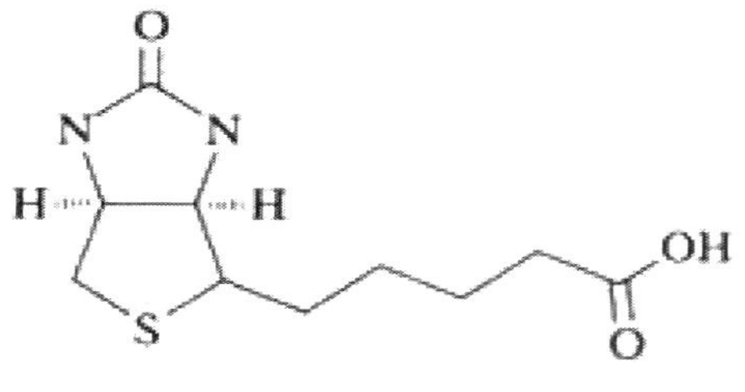

[그림 6.14] Biotin의 구조

### (1) 생리적 기능

비오틴은 소장에서 흡수되며, 탄수화물, 지질, 단백질의 대사를 정상적으로 유지하는데 중요한 역할을 한다. 비오틴은 머리카락이 희어지는 것을 방지하고, 탈모증 예방 및 치료에 효과가 있으며, 습진과 피부염에도 좋다.

비오틴은 아비딘(avidin)이라는 단백질에 의하여 흡수에 방해를 받는다. 아비딘은 생계란의 흰자에 들어있으며, 장 속에서 비오틴과 결합하여 복합체를 형성하기 때문에 비오틴의 흡수를 방해한다. 그러나 비오틴은 동·식물성 식품에 널리 분포되어 있고, 장내 세균에 의하여 합성되기 때문에 적은 양의 생계란 섭취는 비오틴을 부족하게 할 만큼 영향을 미치지는 않는다. 그러나 규칙적으로 매일 12개 이상의 생계란을 먹으면 비오틴 결핍이 초래될 수 있다고 알려져 있다.

### (2) 결핍증

비오틴은 모든 식품에 함유되어 있고, 장내 세균에 의하여 합성되어 결핍되는 일은 잘 없지만, 모유에는 비오틴이 부족하기 때문에 모유를 먹는 어린이, 항생제를 장기간 복용하는 환자들에게서 가끔 나타날 수 있다.

비오틴의 결핍증상은 탈모, 머리카락 탈색, 지루성 피부염, 습진 등이 발생하며, 모유를 먹는 영아에게는 입, 눈, 코 주위의 피부발진, 붉은 반점의 피부염, 머리, 눈썹의 탈모 증상이 나타난다.

### (3) 급원식품과 필요량

비오틴은 대부분의 식품 중에 함유되어 있지만 특히 육류의 간, 계란 노른자, 곡류, 땅콩, 치즈, 우유 등에 많이 함유되어 있다.

비오틴은 권장섭취량은 설정되어 있지 않으나 충분섭취량은 20세 이상의 성인 남녀는 하루 30mg으로 설정되어 있다.

## 7) Folate(엽산)

엽산은 잎을 의미하는 라틴어인 "folium"에서 유래되었으며, 프테리딘(pteridine), 파라아미노벤조산(p-aminobenzoic acid), 글루타민산(glutamic acid)의 세 가지 물질이 결합되어 이루어졌다(그림 6.15 참조).

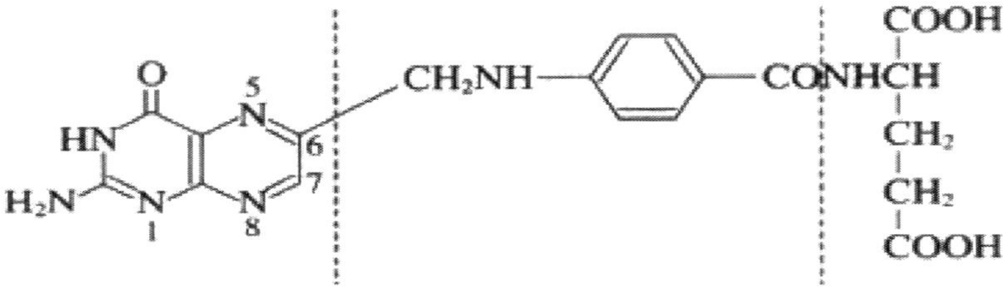


[그림 6.15] 엽산(Folate)의 구조

### (1) 생리적 기능

엽산은 소장에서 흡수되어 혈액을 통해 신체의 각 세포로 이동하며, 여분의 엽산은 간에 저장된다. 엽산은 여성 특히 임신부와 애주가들에게서 결핍하기 쉬운데, 엽산은 비타민 $B_{12}$의 협력자로서 적혈구의 생산을 도와 악성빈혈을 방지하며, 세포의 성장과 분열, RNA와 DNA의 합성에 필요하다. 그리고 단백질 대사와 정상적인 성장을 돕고, 상처 회복과정에도 필요하다. 또한 항체생산, 모발과 피부의 건강유지, 임신 중의 면역체계 및 태아의 면역발달에도 중요한 역할을 한다.

동물에서는 골수 내 연약한 세포의 성숙 촉진작용이 있으며, 적혈구 합성 초기단계에서 엽산이 부족하면 DNA는 합성되지 않고, 세포만 크지는 미숙한 거대적아구(megaloblast)가 형성된다. 따라서 엽산이 부족하면 정상 적혈구가 혈액에 적은 양이 존재하기 때문에 산소운반이 감소되고 거대 적혈구성 빈혈(macrocytic anemia)이 발생한다.

### (2) 결핍증

엽산이 부족하면 아미노산대사에 영향을 미쳐 세포분열이 정상적으로 일어나지 않아서 빈혈이 발생하고, 심한 피부질환, 탈모, 순환장애, 피로, 우울증, 설염, 성장장애 등이 일어난다. 임신부는 습관성 유산, 난산, 유아 사망률 증가 등의 원인이 되고, 특히 태아는 신경관 손상에 의한 무뇌증(anemcephaly), 척추 분리증(spina bifida)이 생겨 마비, 지능장애 등의 증상이 나타난다(그림 6.16 참조). 남성은 성욕저하 원인이 되기도 한다.

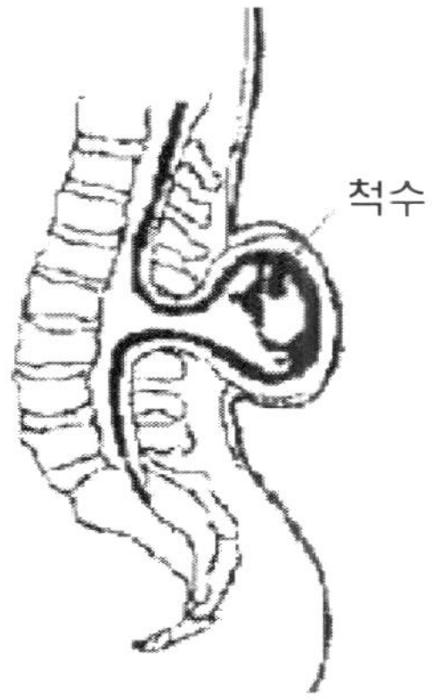


[그림 6.16] 척추 분리증(Spina bifida)

### (3) 급원식품과 필요량

엽산은 동물의 간, 녹색채소, 녹두, 땅콩, 해바라기 씨, 오렌지 주스 등에 함유되어 있으며, 조리나 가공할 때에 50~90% 정도가 파괴되므로 날것으로 섭취하는 것이 좋다.

엽산의 권장섭취량은 20세 이상의 성인 남녀는 하루 400㎍이며, 임신부는 +200㎍, 수유부는 +150㎍을 더 섭취해야 한다.

## 8) Vitamin $B_{12}$(Cobalamin)

비타민 $B_{12}$는 중심에 무기질인 코발트(Cobalt, Co)가 함유되어 있기 때문에 코발아민(cobalamin)이라고 한다. 비타민 중에서 금속이온을 구성성분으로 하는 것은 비타민 $B_{12}$뿐이며, 상업적으로 많이 이용되는 것은 코발트에 시안기(-CN)가 결합되어 있는 시아노코발아민(cyanocobalamin)이다(그림 6.17).

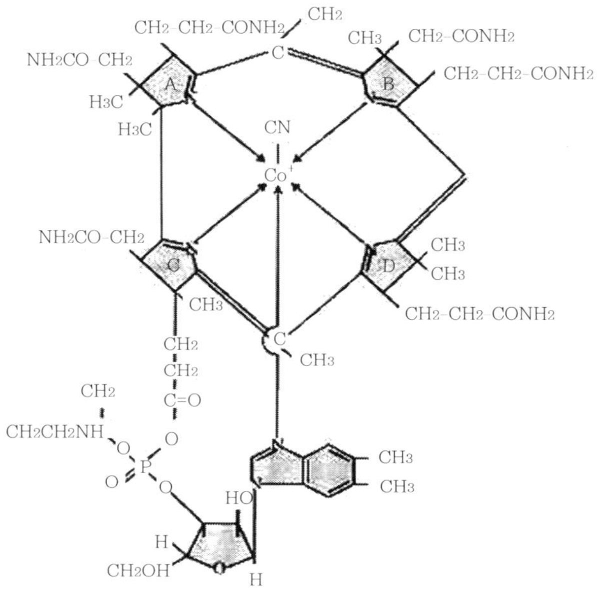


[그림 6.17] 비타민 $B_{12}$(Cyanocobalamin)의 구조

### (1) 생리적 기능

비타민 $B_{12}$는 인간의 몸에서 피가 만들어지는데 반드시 필요한 인자로서 RNA와 DNA합성에 관여하고 있다. 그리고 아미노산 대사에 중요한 역할을 하며, 세포의 분열과 성장에 영향을 미치고, 신경기능 유지, 성장촉진, 체중감소를 막는다. 또한 신경세포막, 장관, 골수, 성장호르몬을 보호하며, 적혈구의 생산과 중추신경계의 유지를 도와 준다.

비타민 $B_{12}$는 엽산(folate)을 대사반응에 필요한 활성형으로 전환시켜주는 작용을 하기 때문에 부족하면 엽산 결핍증을 일으킬 수 있다. 따라서 비타민 $B_{12}$와 엽산 중 한 가지만 부족하여도 DNA가 정상적으로 합성되지 못하여 세포분열에 지장을 초래하고, 결국 끊임없이 세포증식을 요구하는 적혈구의 발달에 장애가 온다.

### (2) 결핍증

비타민 $B_{12}$가 부족하기 쉬운 사람은 임신부, 수유부, 채식주의자, 영양 결핍자, 영양소 흡수장애자, 알콜 중독자 등이며, 결핍증상은 매우 드물지만 악성빈혈이 나타난다. 그 외에 성장지연, 탄수화물대사 장애, 골수파괴, 피부염, 입안 염증, 불면증, 신경장애, 장관의 점막손상 등이 나타난다.

### (3) 급원식품과 필요량

비타민 $B_{12}$는 식물성 식품에는 거의 함유되어 있지 않고, 육류, 우유, 해산물, 계란, 동물의 내장 등 동물성 식품에 많이 함유되어 있다. 따라서 동물성 식품의 섭취를 기피하는 채식 주의자에게서 비타민 $B_{12}$의 결핍이 발생할 수 있다.

비타민 $B_{12}$의 권장섭취량은 20세 이상의 성인 남녀는 하루 2.4㎍이며, 임신부와 수유부는 +0.2㎍이 더 필요하다.

## 9) Vitamin C(Ascorbic acid)

비타민 C는 아스코르빈산(ascorbic acid)이라고도 하는데, 필요한 만큼의 양을 초과 섭취하였을 때는 소변으로 배설된다. 그리고 인간의 몸에서 자체적으로 합성되지 않기 때문에 매일 섭취해야 하는 필수 영양소 중의 하나이다. 인체에서 활성을 나타내는 비타민 C는 환원형의 L-아스코르빈산(L-ascorbic acid)과 산화형의 L-디히드로아스코르빈산(L-dyhydroascorbic acid)이 있다(그림 6.18 참조).

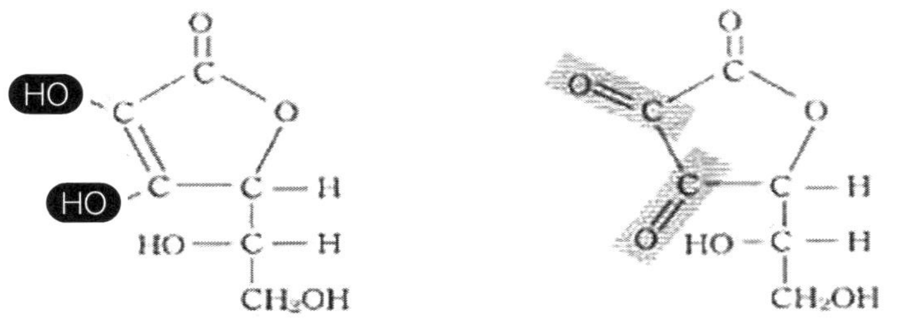


L-ascorbic acid　　L-dehydroascorbic acid

[그림 6.18] 비타민 C의 구조

### (1) 생리적 기능

**1** 항산화 작용

비타민 C의 가장 중요한 기능은 비타민 E, β-carotene(비타민 A 전구체) 등과 함께 항산화작용을 하는 물질이다. 비타민 C는 자신이 산화됨으로서 다른 물질이 산화되는 것을 방지하거나 억제하고, 손상된 산화물들을 제거한다. 특히 세포와 체액에 있는 지용성 영양소인 불포화지방산, 비타민 A 및 E 등이 산화되는 것을 방지하기 때문에 세포막의 정상적인 기능유지에 필요한 성분이다. 그 외에 비타민 C는 가공식품의 항산화제로서 이용되고 있으며, 육제품의 발색제로 사용한 아질산염이 발암물질인 니트로자민(nitrosamine)을 형성하는 것을 억제한다.

**2** 콜라겐 합성

콜라겐(collagen)은 조직세포를 서로 결합시키는 결합단백질로서 뼈, 결체조직, 치아, 피부 등을 구성하고 있는데, 비타민 C는 콜라겐의 합성에 중요한 역할을 한다. 비타민 C가 부족하면 피부의 콜라겐 합성이 감소되어 결합기능이 떨어져서 괴혈병을 일으킨다.

**3** 기타 기능

비타민 C의 다른 생리적 기능은 아미노산 대사조절, 모세혈관의 강도와 탄력유지, 뼈, 치아, 연골의 생성을 보조하며, 모든 세포와 조직의 건강에 영향을 미친다. 그리고 정상적인 성장과 상처치유, 철분흡수 보조, 면역기능 강화 등이 있다.

### (2) 결핍증

비타민 C가 결핍되기 쉬운 사람은 신생아, 조산아, 영양결핍, 알콜 질환자, 임신부, 수유부, 항생제 투여자, 흡연자 등에서 나타나기 쉽다. 결핍증상은 괴혈병(scurvy)으로서 증상은 신체 능력저하, 피로, 조급증, 관절통, 감염성 질환, 피부 및 잇몸 출혈, 점막조직 손상, 골절, 치아탈락 등이 발생한다(그림 6.19 참조).

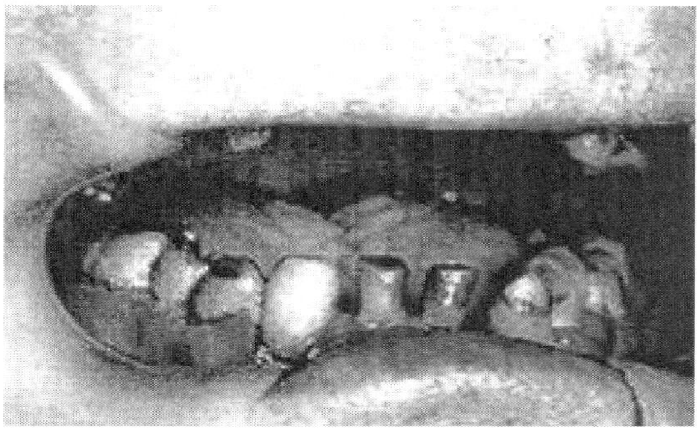

[그림 6.19] 괴혈병 환자의 잇몸

### (3) 급원식품과 필요량

식품 중의 비타민 C 주요급원은 귤, 피망, 딸기, 브로콜리, 풋고추, 양배추, 파인애플, 감 등의 식물성 식품에 많이 함유되어 있고 계란, 우유 및 유제품에는 소량이 들어 있으며, 곡류, 육류, 생선, 유지, 당류 등에는 거의 들어있지 않다.

비타민 C의 권장섭취량은 20세 이상의 성인 남녀는 하루 100mg이며, 임신부는 +10mg, 수유부는 +35mg이 더 필요하다.

## 5. 비타민과 피부미용

비타민은 인체의 건강에도 필수적인 영양소이지만 피부의 기능에도 큰 영향을 미치므로 피부미용에 없어서는 안 되는 중요한 영양소이다. 피부건강을 위하여 식품을 통한 비타민 섭취도 중요하지만 피부에 직접적인 영향을 미치기 위해서는 비타민 성분을 함유한 기초 화장품을 사용하기도 한다. 비타민을 피부에 적용하면 산화방지작용, 각화작용 촉진, 콜라겐 합성 촉진 등 탁월한 노화방지 효과를 가지고 있어 화장품의 원료로 사용되고 있다. 하지만 피부에 미치는 비타민 화장품의 효과는 비타민 성분의 함유량과 얼마나 피부 속 깊숙이 흡수되는가 하는 화장품의 제조기술에 달려 있다고 본다.

## 1) 지용성 비타민

### (1) 비타민 A(retinol)

비타민 A는 피부의 상피세포나 모발의 신진대사를 원활하게 한다. 특히 비타민 A는 건성피부의 경우 표피의 각질과정이 원활하지 못하면 심한 각질이 생성되는데, 각화과정을 정상화시켜 피부의 재생과 노화예방에 탁월한 작용을 한다. 그리고 피지선과 한선의 기능을 조절하여 피부의 윤활유 역할을 하며 세포의 저항력을 증진시켜 화농성 여드름 유발을 억제 한다. 비타민 A는 상피세포를 보호하는 비타민으로 알려져 있어 화장품의 성분으로도 많이 활용하고 있다.

**1** 피부내기능

- 피지선과 한선의 기능을 조절해주는 촉매역할을 하며 모공, 면포, 여드름이 감소되고 피지선, 한선의 기능이 조절되어 피부의 산성 보호막이 안정화 된다
- 항산화 물질로 유해산소(Free Radical)에 의해 피부가 산화되는 것을 방지해주며, 햇빛에 의해 손상되기 쉬운 DNA의 재생에 결정적인 역할을 한다.
- 진피층의 콜라겐 섬유가 햇빛을 받아 조기에 변성되는 것을 방지함으로써 피부의 탄력성 상실과 주름 형성을 방지한다.
- 세포분화와 관련하여 상피세포의 생명력을 강화시키며, 피부의 정상적인 각화과정을 도와 민감한 피부를 예방한다.
- 각질화 조절제로 피부결과 부드러움을 개선시킨다.

**2** 결핍증

- 면역기전의 조절작용에 이상이 생겨 세균감염에 대한 저항력 약화
- 손톱의 갈라짐
- 모발 조기퇴색, 탈모현상
- 피부각화증
- 한선과 피지선의 활동저하
- 색소침착
- 피부건조증

### (2) 비타민 D(calciferol)

피부에 있는 프로비타민 D(7-디하이드로콜레스테롤)는 자외선을 받으면 비타민 D로 변화하여 활성화된다. 자외선에 의한 비타민 D의 생산은 계절, 일광 노출시간, 대기오염도, 인종 등에 따라서 달라진다.

**1** 피부내 기능

- 피부습진, 건선, 경화증에 탁월한 효과
- 색소침착과 표피의 재생에 효과
- 각화과정 조절제로 사용

**2** 결핍증

- 피부의 습진
- 피부 건선, 경화증 초래

### (3) 비타민 E(tocopherol)

토코페롤(tocopherol)이라고 불리는 비타민 E는 천연유지에 함유되어 있으며, 인체에 매우 중요한 항산화제로서 모세혈관 내 혈액순환을 촉진시키고 불포화 지방산의 산화를 방지하며, 여성호르몬의 분비를 증진하여 피부를 부드럽고 매끈하게 가꾸어 준다. 또한 인체 내의 산화작용에 의해 발생하는 현상 중의 하나인 지방의 갈색소가 생성하는 것을 방지한다.

비타민 E의  항산화작용의 일환으로 조직의 기초대사에 필요한 산소량이 감소되며 적혈구의 세포막에 존재하는 불포화지방산의 산화를 방지함으로서 혈액순환을 촉진시켜 혈색이 맑은 피부를 만든다. 혈액순환의 정상화는 영양장애피부 및 노화피부에 세포를 새롭게 형성하는데 도움을 준다.

비타민 E는 식물성 유지에 많이 존재하며 세포의 에너지를 증강시키기 때문에 탄력성이 감소되어 늘어진 결합조직의 섬유성분에 긴장감을 주어 노화방지나 세포재생에 탁월한 효능을 가지고 있다

**1** 피부내 기능

- 항염증 작용
- 불포화 지방산의 산화방지

- 피부 보호막 작용 증가
- 세포형성 촉진
- 노화피부의 혈액순환 원활
- 모세혈관의 혈액순환 촉진
- 피부세포막의 손상 방지

**2** 결핍증

- 피부건조와 노화촉진
- 혈액세포의 손상
- 조로 피부 초래
- 근육위축, 신경체계 손상
- 일광에 의한 피부병 발생

#### (4) 비타민 K(phylloquinone, menaquinone, menadione)

비타민 K는 혈액응고 단백질인 피브린(fibrin)을 생성하는데 필요한 prothrombin을 합성하는 비타민으로서 항출혈성 비타민 또는 혈액응고 비타민으로 부른다. 결핍증은 조직 내의 출혈(자반)이 나타난다. 피부미용에서의 비타민 K의 부족은 모세혈관의 확장 또는 모세혈관의 파열을 일으킨다. 모세혈관 벽의 강화를 위해 비타민 P(bioflavonoid)와 함께 사용하기도 한다.

### 2) 수용성 비타민

수용성 비타민은 체내에서 이용되고 남으면 체액을 통해 운반되어 소변으로 배설된다. 따라서 수용성 비타민은 인체에 축적되지 않기 때문에 매일 필요량을 음식을 통하여 섭취해야 한다. 수용성비타민은 인체의 신진대사와 관련된 조효소로서 작용하기 때문에 결핍되면 피부미용에 영향을 미친다.

#### (1) 비타민 $B_1$(thiamin)

**1** 피부내 기능

- 민감성 피부의 면역성 증가

- 입술등 점막피부의 상처치유효과

**2** 결핍증

- 피부부종, 말초혈관의 확장증
- 모발의 광택 상실
- 피부발진 및 수포형성

### (2) 비타민 B2(riboflavin)

**1** 피부내 기능

- 피지분비 조절
- 항피부염성 비타민
- 피부의 보습력 증가
- 광예민성, 지루성 피부에 효과
- 모세혈관성 피부, 알르레기 피부예방

**2** 결핍증

- 민감성, 지루성 피부염 발생
- 구순, 구각염 발생
- 피부 각화현상
- 습진, 머리비듬, 탈모 발생

### (3) 나이아신(Niacin)

**1** 피부내 기능

- 피부의 탄력과 건강유지
- 구강 점막의 염증 효과

**2** 결핍증

- 펠라그라 발생
- 햇빛 노출시 목, 얼굴, 손 등에 흑색 피부염 유발
- 설사증으로 피부 탄력상실

### (4) 비타민 $B_6$(Pyridoxine)

**1** 피부내 기능

- 모세혈관의 혈액순환 촉진
- 피지선의 기능조절로 피지분비 억제
- 피부염증 방지(항피부염 비타민)
- 지루성 피부의 염증 억제
- 강한 자외선에도 광선에 의한 홍반 약화

**2** 결핍증

- 지루성 피부염 발생
- 탈모 및 부종발생
- 소양증 및 작열감을 동반한 피부염
- 피부점막의 염증발생

### (5) 비타민 $B_{12}$(Cobalamin)

**1** 피부내 기능

- 피부점막의 형성,
- 피부의 세포 재생과정 촉진으로 새로운 세포 형성에 관여
- DNA 합성에 관여하여 간접적으로 세포와 조직 형성
- 모세혈관 확장피부의 진정효과

**2** 피부내 결핍

- 세포조직의 변형이 발생
- 지루성 피부병 발생
- 악성빈혈로 피부색 창백

### (6) 판토텐산(Pantothenic acid)

**1** 피부 내 기능

- 탁월한 흡습성으로 피부의 보습 유지

- 모발, 피부, 손톱 등의 각질 정상화
- 피부점막의 감염에 대한 저항력 강화
- 자외선 차단효과로 피부 탄력유지

**2** 결핍증

- 자외선에 대한 광예민성반응
- 피부각질의 경화증으로 노화초래
- 모발의 조기 퇴색현상

### (7) Biotin

**1** 피부내 기능

- 신진대사 원활로 피부탄력 효과
- 탈모예방, 머리카락 퇴색 방지
- 습진 및 피부염에 치유 효과

**2** 결핍증

- 습진, 지루성 피부염 발생
- 탈모, 머리카락 탈색
- 피부색이 회색으로 변함

### (8) 비타민 C

**1** 피부내기능

- 결합조직에 증강작용을 하여 피부, 골격, 혈관을 튼튼하게 하고 피부와 관계가 깊은 영양소로 피부미용 비타민으로 불리기도 한다.
- 콜라겐 합성조절에 관여하여 피부의 탄력 강화
- 피부 보호막의 자연적인 저항능력을 강화시켜 탄력이 있고, 건강한 피부유지
- 진피조직의 강화로 탄력이 있는 피부 재생효과
- 철분의 흡수를 촉진시켜 빈혈을 예방하여 건강한 혈색유지
- 모세혈관의 저항력을 강화하여 민감성 피부를 예방하며 알레르기 피부에도 효과적

- 세포의 결합조직인 콜라겐과 보습물질인 히아루론산을 형성하여 건성, 노화 피부예방
- 항산화제 작용으로 유해산소의 생성을 억제시켜 기미 등의 피부손상과 햇빛에 의한 노화현상예방
- 광선에 대한 저항력 증가로 멜라닌 색소의 형성을 억제하여 주근깨, 기미 등의 색소침착 방지

**2** 결핍증

- 피부 및 점막의 출혈로 피부상처의 회복저하
- 각화증, 색소침착 증상
- 콜라겐 합성감소로 결합기능 저하되어 잇몸, 피부 출혈발생
- 피부 부종

CHAPTER 07

# 무기질

무기질은 인체나 식품에 함유된 원소 중 산소(O), 수소(H), 탄소(C), 질소(N)을 제외한 원소를 총칭하는 말로서 미네랄(mineral)이라고도 한다. 인체에 함유된 원소의 약 96%가 앞의 O, H, C, N이며, 나머지 약 4%가 무기질이다. 그 중 비교적 많은 무기질은 칼슘, 인, 칼륨, 황, 나트륨, 염소, 마그네슘 등이고, 기타 미량성분으로서 철, 구리, 망간, 요오드, 코발트, 아연, 몰리브덴, 크롬, 불소 등이 있다.

## 1. 무기질의 정의

자연계를 구성하는 물질 중에서 탄소를 함유하는 물질을 유기질이라고 하고, 탄소를 함유하지 않는 것을 무기질이라고 한다. 탄수화물, 지질, 단백질, 비타민 등은 탄소를 함유하고 있는 유기질이지만 무기질은 단일 원소 그 자체가 영양소이다. 무기질은 에너지를 생성하지 못하고, 태우면 재 또는 회분의 형태로 남는다.

인체를 구성하는 원소는 탄소 18%, 수소 10%, 산소 65%, 질소 3%로 전체의 96%이고, 나머지 4%는 무기질이다. 무기질의 양은 비록 소량이지만 세포가 적절한 기능을 하는데 필수적인 성분이다. 인체에 존재하는 무기질은 20여 종류로서 체중의 0.05% 이상이거나 하루 섭취량이 100mg 이상 필요한 무기질을 다량 무기질이라고 하며, 여기에는 칼슘(Ca), 인(P), 나트륨(Na), 마그네슘(Mg), 칼륨(K), 염소(Cl), 황(S) 등이 있다. 그리고 체내에 미량이 존재하고, 식사에서 100mg 이하로 요구량이 적은 것을 미량 무기질이라고 하며, 여기에는 철(Fe), 요오드(I), 망간(Mn), 구리

(Cu), 아연(Zn), 코발트(Co), 셀레늄(Se), 몰리브덴(Mo), 불소(F), 크롬(Cr) 등이 있다.

## 2. 무기질의 기능

탄수화물, 지질, 단백질 및 비타민의 일부는 인체 내에서 합성이 가능하지만 무기질은 합성이 되지 않기 때문에 반드시 식품을 통하여 섭취해야 할 영양소이다. 인체 내에서 소량이 존재하지만 신체의 구성성분이면서 근육조직과 체액에서 많은 생리작용에 관계하고 있어 생명유지에 절대적으로 필요한 영양소이다.

### 1) 산 · 알칼리 균형

인체 내에서 무기질은 체액에 녹아 이온의 형태로 존재하는데, 체내에서 대사작용이 정상적으로 유지될 수 있도록 체액의 산도(acidity)나 알칼리도(alkalinity)의 균형을 맞추어 적절한 pH가 유지되도록 한다.

양이온을 형성하는 칼슘, 칼륨, 나트륨, 마그네슘 등은 수산기($-OH^-$)와 결합하여 체액의 알칼리도를 형성하기 때문에 이들을 많이 함유한 식품을 알칼리성 식품이라고 한다. 그리고 음이온을 형성하는 염소, 황, 인 등은 체액의 수소이온($-H^+$)과 결합하여 산도를 증가시키기 때문에 이들을 많이 함유한 식품을 산성식품이라고 한다(표 7.1 참조).

[표 7.1] 산·알칼리를 형성하는 무기질 및 식품

| 구분 | 무기질 | 식품 |
|---|---|---|
| 알칼리성 식품 | 칼슘, 칼륨, 나트륨, 마그네슘 | 과일류, 채소류 |
| 산성 식품 | 염소, 황, 인 | 곡류, 육류, 알류, 어류 |

## 2) 신체의 구성 성분

### (1) 경조직 구성

칼슘, 인, 불소 등은 뼈나 치아 같은 단단한 조직을 구성하며, 아연, 구리, 망간 등은 연골, 피부, 뼈 주위조직과 같은 연결조직을 구성한다. 따라서 경조직을 구성하는 무기질이 적당하게 공급되지 않으면 골격의 형성과 발달, 치아의 발달이 원활하지 못하게 된다.

### (2) 호르몬, 효소, 비타민 구성

무기질은 인체 내에서 여러 가지 중요한 기능을 하는 호르몬, 효소, 비타민의 구성성분이 된다. 요오드(I)는 갑성선호르몬, 황(S)과 아연(Zn)은 인슐린을 구성한다. 철(Fe)은 피의 헤모글로빈을 구성하고, 염소(Cl)는 위산을 구성하여 소화작용을 돕는다. 효소의 구성성분으로서 철은 시토크롬계 효소, 아연은 탄산탈수소효소, 몰리브덴(Mo)과 철은 잔탄산화효소를 구성하고 있다. 비타민의 구성성분으로서 황은 비타민 $B_1$과 비오틴을 구성하고, 코발트(Co)는 비타민 $B_{12}$를 구성하고 있다.

## 3) 삼투압 조절

무기질은 세포 내·외액 및 세포 사이에 존재하면서 세포막을 중심으로 체내대사에 적합한 삼투압을 유지하는데 관여하고 있다. 세포가 적당한 영양을 얻기 위해서는 혈액에서 세포 내로 영양소가 운반되어야 한다. 물은 반투과성의 세포막을 통하여 삼투압에 의하여 운반이 되며, 이동하는 방향과 양은 무기질의 농도에 의하여 결정된다. 따라서 무기질이 균형을 이루지 못했을 때 체액은 축적되어 부종을 일으키거나 탈수현상을 일으킨다.

## 4) 대사의 촉매작용

무기질은 인체 내에서 대사되는 여러 가지 과정을 촉매하는 효소구성성분이 되거나 조효소가 된다. 마그네슘은 탄수화물, 지질, 단백질의 대사에 관여하며, 칼슘, 마그네슘, 구리, 망간, 아연 등은 이화작용 및 동화작용의 촉매기능 및 효소의 구성성분으로 필요한 물질이다. 구리는 소장에서 철의 흡수를 촉진시키고, 적혈구 형성에 관여하며, 칼슘은 비타민 $B_{12}$가 소장벽을 통과하는데 필요하고, 마그네슘과 나트륨은 단당류의 흡수를 촉진한다.

무기질은 근육의 수축 및 이완작용에도 관여하는데 칼슘은 근육의 수축기능이 있고, 칼륨, 나트륨, 마그네슘 등은 수축된 근육을 이완시키는 기능이 있다.

## 3. 다량 무기질

### 1) 칼슘(Calcium, Ca)

칼슘은 인체에 가장 많이 함유된 무기질로서 인체의 약 2% 정도가 존재하며, 인체에 함유된 칼슘의 약 99% 정도가 골격과 치아를 형성하고, 나머지는 혈액 및 근육에 존재한다.

#### (1) 대사

식품을 통하여 섭취한 칼슘의 10~30%가 장을 통하여 흡수되며, 십이지장에서는 능동수송에 의하여 흡수되고, 공장과 회장에서는 수동적 확산에 의하여 흡수된다. 칼슘의 흡수는 여러 가지 요인에 의하여 촉진되거나 저해된다.

칼슘의 흡수를 증진시키는 요인으로서는 성장기, 임신부, 수유부, 혈액 내 칼슘이온농도 저하, 유당, 비타민 C 및 D, 장의 산성화 등이며, 칼슘의 흡수를 저해하는 요인은 비타민 D 결핍, 과량의 지방 및 식이섬유 섭취, 장내의 염기성 환경, 폐경기 등이 있다(표 7.2 참조)

[표 7.2] 칼슘의 흡수증진 및 저해요인

| 흡수 증진요인 | 흡수 저해요인 |
|---|---|
| -장내 산성 환경조성<br>-칼슘과 인의 섭취비율(1:1)<br>-비타민 D<br>-비타민 C<br>-아동기, 임신기, 수유기<br>-낮은 칼슘섭취<br>-부갑상선호르몬<br>-유당<br>-포도당<br>-단백질 | -장내 염기성 환경조성<br>-칼슘에 비해 과량의 인, 철, 아연섭취<br>-피틴산, 수산<br>-비타민 D 결핍<br>-폐경기<br>-탄닌<br>-과다한 식이섬유 섭취<br>-과다한 지질섭취<br>-탄산음료<br>-나트륨 |

## (2) 생리적 기능

### 1 골격과 치아 형성

인체에 함유된 칼슘의 약 99%는 골격과 치아에 존재한다. 뼈의 80%는 조직이 치밀하고 단단한 치밀골(compact bonə)과 혈액이 통과하는 부드러운 조직인 해면골(cancellous bone)로 이루어진다(그림 7.1 참조).

뼈는 지속적으로 생성과 분해과정을 거치는 조직으로서 뼈를 만드는 세포인 조골세포(osteoblast)와 분해하는 파골세포(osteoclast)로 이루어진다. 조골세포는 지속적으로 새로운 뼈의 기질을 형성하여 뼈를 만들고, 파골세포는 무기질을 용해하고 콜라겐 기질을 파괴하여 뼈를 분해한다. 이 두 세포의 지속적 작용에 의하여 칼슘은 들어오고 나감으로서 뼈세포는 동적 평형상태를 유지한다. 골질량은 뼈의 생성과 분해에 의하여 이루어지기 때문에 혈중 칼슘농도를 정상적으로 유지하는 것이 골격대사와 골질량 유지에 중요하다. 만약 혈중 칼슘농도가 저하되면 뼈에서 칼슘이 빠져나와 골격대사와 골질량 저하에 영향을 미친다.

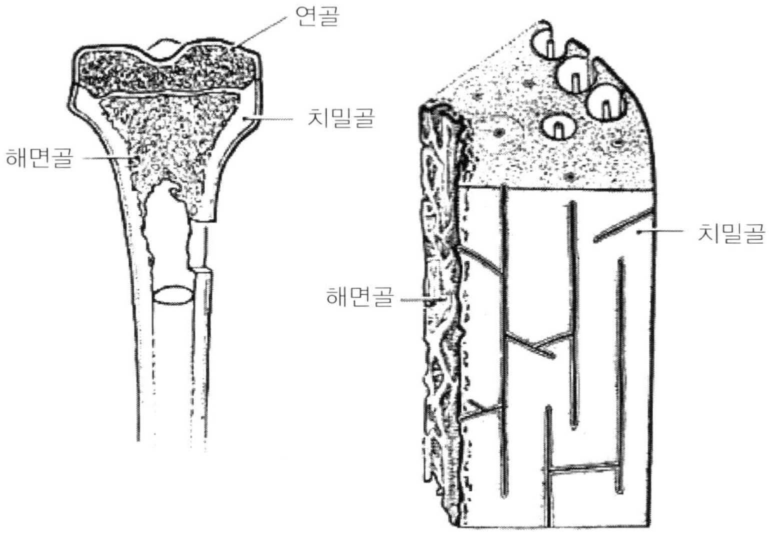


[그림 7.1] 뼈의 구조

**2** 근육의 수축작용

근육은 근섬유(muscle fiber)로 이루어져있고, 근섬유는 수많은 근원섬유(myofibrils)로 구성되어 있으며, 근원섬유는 미오신(myosin)과 액틴(actin)이 약 3:1의 비율로 구성되어 있다. 신경자극으로 근육이 흥분되면 칼슘이 방출되어 미오신과 액틴이 결합하여 액토미오신(actomyosin)을 형성하면서 근육이 수축된다. 그러나 칼슘이 다시 세포 내로 돌아가면 미오신과 액틴이 분리되어 근육은 이완상태가 된다.

**3** 신경전달 작용

세포외액에서 세포내로 칼슘이온이 유입되어 세포내의 칼슘농도가 높아지면 신경전달물질이 방출되어 신경자극이 전달된다. 칼슘은 이러한 신경전달물질의 방출을 촉진시키는 것으로 알려져 있다.

**4** 혈액응고

칼슘은 출혈이 있을 때 프로트롬빈(prothrombin)을 트롬빈(thrombin)으로 전환시켜 수용성의 피브리노겐(fibrinogen)을 불용성의 피딱지인 피브린(fibrin)으로 바꾸어 혈액을 응고시켜 지혈작용을 한다(그림 6.8 참조).

### (3) 결핍증

칼슘의 결핍은 여러 가지 생리기능 및 대사기능에 문제를 발생시킨다. 혈중에 칼슘이 부족하면 저칼슘혈증을 유발하며, 근육의 수축 및 경련, 신경흥분 등의 증상이 발생하고, 뼈의 생성이 감소되기 때문에 골밀도가 저하되어 골격형성과 관련된 증상이 나타난다.

골다공증은 칼슘부족으로 나타나는 증상으로 뼈 조직이 가늘어지고, 작아지며, 내부조직에 구멍이 생겨 일상적인 활동이 힘들고(그림 7.2 참조), 등이 굽으며, 쉽게 골절이 발생한다.

구루병도 칼슘의 결핍으로 뼈의 성장이 지연되어 나타나는 병으로서 뼈의 형태가 변형되어 ○나 ×형으로 굽는다. 그리고 앞가슴 뼈가 튀어나오거나 골반변형 등이 나타난다(그림 6.5 참조).

골연화증은 성인형 구루병으로서 여러 차례의 분만이나 장기간 동안의 수유를 한 여자가 칼슘이 부족한 식사를 하였을 때 나타난다. 골연화증은 뼈가 연화되는 현상으로서 뼈의 크기는 정상인과 동일하지만 뼈 속의 칼슘이 많이 빠져나가 골밀도가 많이 감소하는 증상이다. 이것은 비타민 D의 결핍에 의해서도 나타난다.

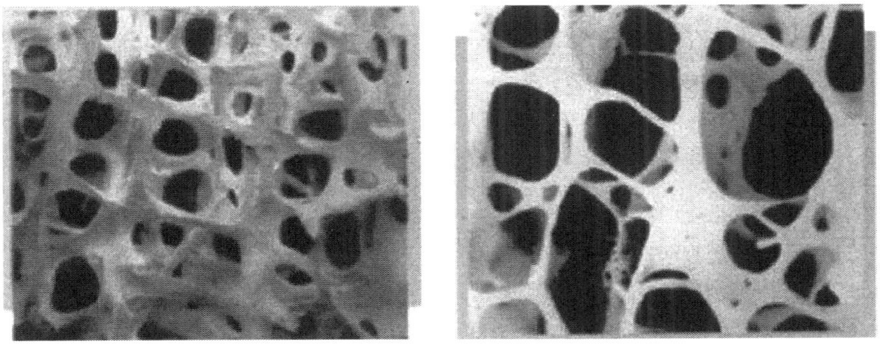

정상인 골다공증

[그림 7.2 ] 정상인과 골다공증 환자의 뼈

### (4) 급원식품과 필요량

칼슘의 급원식품은 표 7.3과 같이 건조시킨 새우, 멸치, 해삼, 다시마, 미역 등에 많이 함유되어 있으며, 식물성 식품으로서는 참깨, 들깨, 냉이 등에 많이 들어있다.

하루 동안의 권장섭취량은 20세 이상의 성인 남자는 700mg이고, 여자는 700~800mg이며, 임신부는 +300mg, 수유부는 +400mg이 더 필요하다.

[표 7.3] 칼슘 급원식품(칼슘mg/식품 100g)

| 식품명 | 칼슘함량(mg) | 식품명 | 칼슘함량(mg) |
|---|---|---|---|
| 마른 새우 | 2,100 | 고춧잎 | 211 |
| 마른 멸치 | 1,977 | 파슬리 | 206 |
| 마른 해삼 | 1,757 | 마른 고사리 | 188 |
| 참깨 | 1,245 | 냉이 | 145 |
| 민물 우렁이 | 1,057 | 계란 노른자 | 129 |
| 뱅어포 | 982 | 들깻잎 | 128 |
| 마른 미역 | 920 | 팥 | 128 |
| 미꾸라지 | 780 | 녹두 | 126 |
| 마른 다시마 | 690 | 달래 | 124 |
| 치즈 | 503 | 우유 | 105 |

자료: 식품의약품안전청

★ 골다공증을 예방하는 생활

골다공증을 예방하려면 ① 충분한 칼슘 섭취 ② 카페인 섭취 제한 ③ 과량의 섬유질 섭취 제한 ④ 금연 ⑤ 알코올 섭취 제한 ⑥ 적당한 운동 ⑦ 충분한 일광욕 ⑧ 인의 섭취와 균형 ⑨ 충분한 비타민 D 섭취 ⑩ 짠 음식 제한

## 2) 인(Phosphorus, P)

인은 체중의 0.8~1.2%를 차지하는 무기질로서 체내 인 함량의 약 85% 정도가 골격 및 치아의 형성에 관여하고, 나머지는 근육, 뇌, 신경, 간, 폐, 체액 등에 골고루 분포되어서 에너지대사 반응에 관여한다.

### (1) 대사

인은 소장 상부에서 흡수되며, 흡수율은 약 70% 정도이고, 칼슘과 비타민 D는 인의 흡수를 촉진시키는 영양소이다. 음식 섭취를 통한 인의 흡수는 칼슘과 비슷한 양이 존재할 때 흡수율이 높고, 어느 한 가지라도 많이 있으면 흡수가 저해되어 배설된다.

장에서 흡수된 인은 혈액을 통하여 뼈, 치아 등에 축적되고, 일부는 체 조직으로 운반되어 이용된다. 뼈와 조직 내의 인은 혈중 농도가 낮아지면 다시 방출되어 혈액으로 이동한다. 체내 인의 양을 조절하는 것은 흡수율보다 신장을 통하여 재흡수 또는 배설함으로서 조절한다. 신장에서 인의 재흡수는 비타민 D와 부갑상선호르몬이 관여하는데, 비타민 D는 인의 재흡수를 촉진시키지만 부갑상선호르몬은 인의 재흡수를 억제한다.

### (2) 생리적 기능

인체에 존재하는 대부분의 인은 칼슘과 함께 골격과 치아조직을 형성하여 뼈와 치아를 튼튼하게 해준다.

탄수화물, 지질, 단백질이 에너지를 발생시키는데 필수 물질인 ATP의 구성성분이며, 몇 가지 비타민의 조효소의 작용에도 관여한다. 그리고 단백질 합성에 필요한 DNA, RNA 등의 구성성분이며, 세포막을 구성하고 있는 인지질의 성분이기도 하다. 또한 인은 포도당과 결합하여 포도당의 장내 흡수를 촉진시키고, 신장을 통한 포도당의 재흡수를 도와주며, 혈액과 세포내에서 산과 알칼리의 평형을 조절하는 완충작용을 한다.

### (3) 결핍증

식품에는 인이 많이 함유되어 있어서 결핍증은 잘 일어나지 않지만 인이 결핍되거나 칼슘과 균형이 맞지 않을 때 어린이는 성장이 지연되고, 뼈의 기형, 치아의 모양이나 구성이 왜곡될 수 있고, 성인은 골연화증이나 골다공증이 발생할 수 있다.

#### (4) 급원식품과 필요량

인은 거의 모든 식품에 풍부하게 함유되어 있는 무기질이다. 일반적으로 단백질이 많이 함유된 육류, 어류, 알류, 우유 등에 많이 들어 있다.

인의 권장섭취량은 성인 남녀가 하루 700mg을 섭취하면 적당하다. 이것은 칼슘 섭취량과 비슷한 비율로 설정되었으며, 현재 우리는 인의 섭취를 충분히 하고 있다는 것을 명심하자.

### 3) 마그네슘(Magnesium, Mg)

마그네슘은 엽록소의 구성성분으로서 식물성 식품에 많이 함유되어 있고, 성인은 체내에 약 25~30g의 마그네슘을 함유하고 있으며, 이 중 약 60~70%는 칼슘 및 인과 결합하여 골격과 치아에 존재하고, 나머지는 근육, 간에 분포되어 있다.

#### (1) 대사

마그네슘은 소장에서 흡수되며, 흡수율은 약 30~40% 정도이다. 마그네슘 섭취가 부족하면 흡수율은 약 80%까지 증가하고, 알칼리제제를 다량으로 섭취하면 흡수율은 감소한다. 배설은 대부분 담즙을 통하여 일어나고, 1/3은 소변으로 나머지는 대변으로 배설된다.

#### (2) 생리적 기능

마그네슘은 골격과 치아의 구성에 필수적인 무기질이다. 특히 치아의 에나멜질에서 칼슘의 안정성을 증가시켜 충치를 예방한다. 또한 포도당, 지방산, 아미노산 대사, ATP합성 등에 작용하며, 단백질 합성의 여러 경로에 관여한다.

그리고 마그네슘은 칼슘, 칼륨, 나트륨 등과 함께 신경자극전달과 근육의 수축 및 이완작용을 조절한다. 마그네슘과 칼슘은 근육에서 서로 상반된 작용을 하는데, 칼슘은 근육의 수축 및 신경흥분 작용이 있는 반면 마그네슘은 근육의 이완 및 신경안정 효과가 있다.

### (3) 결핍증

마그네슘은 식품 중에 풍부하게 함유되어 있고, 부족하면 골격에 함유되어 있는 마그네슘이 혈액으로 이동하기 때문에 결핍은 잘 일어나지 않는다. 마그네슘이 부족한 경우는 설사나 구토로 인하여 체액이 많이 소실되거나 알콜중독, 신장병, 간경화증, 급성 췌장염 등으로 흡수가 불량하면 발생한다.

혈중의 마그네슘이 감소하면 세포 외액의 다른 무기질과 균형이 무너져 신경자극전달, 근육의 수축 및 이완 등이 정상적으로 이루어지지 않아 신경과 근육에 심한 경련이 발생한다.

과다증은 정상인에게는 발생하지 않지만 신장기능 저하에 의한 과다증이 발생하면 근육약화, 구토, 권태감 등의 증상이 일어난다.

### (4) 급원식품과 필요량

마그네슘은 엽록소의 구성성분이기 때문에 녹색 채소에 많이 함유되어 있고, 코코아, 견과류, 두류 등에 많다.

권장섭취량은 20세 이상의 성인 남자는 하루 340~350mg, 성인 여자는 280mg이며, 임신부는 +40mg이 더 필요하다.

## 4) 칼륨(Potassium, K)

칼륨의 인체 내 함량은 보통 성인의 경우 칼슘의 약 1/5인 180~260g 정도이며, 이 중에서 약 95%는 세포내액의 중요한 양이온으로 존재하고 나머지는 세포외액에 들어있다. 칼륨은 세포외액의 중요한 양이온으로 존재하는 나트륨의 2배 정도가 들어있다.

### (1) 대사

칼륨은 소장에서 쉽게 흡수되고, 장내 소화액 중에 많은 양이 들어있으며, 이들은 대부분 재흡수된다. 흡수된 칼륨의 대부분은 소변으로 배설되며, 이뇨작용이 있다.

### (2) 생리적 기능

칼륨은 세포내액에 존재하며, 체액의 정상적인 삼투압 유지, 수분유지, 산·알칼리 평형유지 등에 관여한다. 그리고 신경의 흥분, 근육의 수축 및 이완 등을 조절한다. 또한 탄수화물대사와 단백질 합성에 관여하며, 혈압을 낮추는 것과도 관련이 있다.

### (3) 결핍증

칼륨은 모든 식품에 존재하고 있어서 결핍증은 잘 발생하지 않는다. 칼륨이 부족한 경우는 지속적 구토와 설사에 의한 체액 손실, 알콜중독, 위 절제, 이뇨제 복용, 저열량 식사, 영양실조 등의 원인으로 나타난다. 결핍증은 식욕부진, 근육약화, 무기력, 정신착란, 불규칙적인 맥박 등이 있다.

그러나 신장기능이 저하된 경우 과다증이 나타나는데 심장박동을 느리게 하고, 혼수, 호흡곤란, 사지마비 등의 증세가 나타난다.

### (4) 급원식품과 필요량

칼륨은 식품에 널리 분포되어 있으며, 특히 콩류, 곡류, 과일 및 채소류, 감자, 육류 등에 많이 들어있다.

칼륨은 권장섭취량은 설정되어 있지 않고, 충분섭취량은 20세 이상의 성인 남녀는 하루 4.7g이며, 수유부는 +0.4g이 더 필요하다.

## 5) 염소(Chloride, Cl)

염소는 세포외액과 혈액 등에 음이온 상태로 존재하며, 보통 성인의 인체에 약 100g 정도가 들어있다. 인체에서 많은 양의 염소가 위에서 위산인 염산(HCl)의 형태로 들어있다.

### (1) 대사

염소는 소장에서 쉽게 흡수되며, 주로 신장을 통하여 배설되고, 일부는 땀으로도 분비된다. 염소는 나트륨과 마찬가지로 부신피질에서 분비되는 알도스테론에 의하여 배설이 조절된다.

### (2) 생리적 기능

염소는 나트륨과 함께 체액의 삼투압 유지와 수분평형에 관여하며, 위산의 성분인 염산을 구성하고, 펩시노겐을 활성화시킨다.

### (3) 결핍증

염소는 음식물 중의 소금(NaCl) 형태로 많이 섭취하기 때문에 결핍증은 잘 발생하지 않는다. 염소가 부족한 경우는 구토나 설사에 의한 체액 손실, 위장질환 등에 의하여 나타날 수 있다. 염소가 결핍되면 위액의 산도가 저하되어 식욕부진, 소화불량이 나타나고, 위내의 세균 억제력이 감소한다. 또한 과다한 염소의 섭취는 나트륨이온의 작용을 증가시켜 고혈압의 원인이 될 수 있다.

### (4) 급원식품과 필요량

우리가 먹는 음식에는 나트륨과 함께 소금의 형태로 충분히 섭취하고 있다. 권장섭취량은 설정되어 있지 않으나 충분섭취량은 20세 이상의 성인 남녀는 하루 1.6~2.3g이며, 수유부는 +0.4g이 더 필요하다.

## 6) 나트륨(Natrium, Na)

나트륨은 세포외액에 존재하는 중요한 양이온으로서 식품 중의 소금으로부터 대부분을 섭취하고 있고, 인체에는 체중의 약 0.15~0.2%가 들어있으며, 이 중에서 50%는 세포외액에, 40%는 골격에, 10%는 세포내에 존재한다.

### (1) 대사

섭취한 나트륨의 대부분은 소장에서 흡수되고, 소량이 위에서 흡수되며, 포도당이나 염소와 함께 흡수될 때 흡수가 촉진된다. 나트륨은 총 배설량의 95% 정도가 소변으로 배설되며, 나머지는 피부를 통하여 땀으로 배설된다.

### (2) 생리적 기능

나트륨은 체액의 산·알칼리 평형을 유지하며, 농도에 따라 삼투압에 의한 수분이 이동된다. 나트륨이온과 칼륨이온의 비율은 세포외액에서는 28:1, 세포내액에서는 1:10으로 유지될 때 혈장 및 세포 내의 삼투압이 정상을 유지한다.

그리고 나트륨은 근육의 전기화학적 자극을 전달하여 근육의 흥분성을 정상적으로 유지하고, 나트륨-칼륨 펌프작용을 통하여 포도당이나 아미노산 같은 영양소가 세포를 통과하도록 돕는다.

#### (3) 결핍증

일반적으로 나트륨 결핍증상은 잘 일어나지 않으나 심한 구토 및 설사, 땀 배출, 부신피질의 기능 부족 등에 의하여 일시적인 결핍증세가 올 수 있다. 나트륨의 결핍은 혈압저하, 성장감소, 식욕부진, 모유분비 감소, 근육경련, 두통 등의 증세가 나타나지만 나트륨은 결핍증보다 과다증이 되기 더 쉽다.

나트륨 과다증은 혈압상승, 부종이 나타나고, 위암, 위궤양 등을 유발할 수 있다.

#### (4) 급원식품과 필요량

나트륨은 된장, 간장, 고추장 등 양념류에 많이 들어 있으며, 육류, 생선, 유제품, 계란 등 동물성 식품에 존재한다.

나트륨은 권장섭취량은 설정되어 있지 않으며, 충분섭취량은 20세 이상의 성인 남녀는 하루 1.1~1.5g으로 설정되어 있다.

### 7) 황(Surfur, S)

대부분의 무기질은 인체 내에서 이온상태로 존재하는데, 황은 비타민 $B_1$이나 비오틴 같은 비타민의 구성성분이면서 함황아미노산의 구성성분으로 결체조직, 피부, 모발, 손발톱 등에 많이 존재한다. 황은 인체의 모든 세포에서 발견되며, 체중의 약 0.25%를 차지하고 있다.

#### (1) 대사

황은 소장에서 흡수되며, 배설은 소변을 통하여 이루어진다. 황은 주로 단백질에 함유되어 있어서 단백질 섭취량과 조직 단백질이 분해되는 양에 따라 배설되는 양이 결정된다.

### (2) 생리적 기능

황은 함황아미노산의 구성성분으로서 인체에는 결체조직, 피부, 손발톱, 모발 등을 구성하고 있으며, 연골, 건, 골격, 피부, 심장판막 등에서 발견되는 점질다당류인 콘드로이틴황산염의 구성성분이다.

그리고 글루타치온(glutathione)의 구성성분으로서 산화·환원반응에 관여하며, 체내의 산·알칼리 평형에도 관여한다. 또한 인체의 유해물질인 페놀류, 크레졸류 등과 결합하여 소변으로 배설시킴으로 해독작용이 있다.

### (3) 결핍증

황의 결핍은 메티오닌(methionine)이 적은 식품을 섭취한 경우 메티오닌 결핍으로 발생하며, 증상은 빈혈, 저단백혈증, 뇌출혈, 간세포의 괴사, 성장지연 등이 있다. 그리고 모발, 손발톱처럼 황을 많이 필요로 하는 조직의 발육에 장애가 온다.

### (4) 급원식품과 필요량

황이 많이 함유된 식품은 육류, 생선, 우유, 달걀 등 단백질이 풍부한 식품이며, 영양섭취기준은 설정되어 있지 않다.

## 4. 미량 무기질

미량 무기질은 인체에 500mg 이하가 존재하고, 하루 필요량이 100mg 이하인 무기질을 말한다. 미량 무기질은 인체에 아주 작은 양이 들어있지만 생체조절기능은 다량 무기질 못지않게 중요한 역할을 한다.

### 1) 철(Iron, Fe)

철분은 인체의 약 0.004% 정도가 함유되어 있다. 이 중에서 65~70%의 철분이 혈액의 헤모글로빈(hemoglobin)을 구성하고 있고, 약 5%는 근육 중의 미오글로빈(myoglobin)을 구성하고 있으며, 이들은 빨간색을 띠는 색소단백질로서 동물의 피와 근육이 빨간색을 나타내는 역할을 한다. 그리고 약 25% 정도는 간, 비장, 골수에서 단백질과 결합된 저장철의 형태인 페리틴(ferritin)으로 존재한다.

### (1) 대사

식품 중의 철은 주로 산화형 철($Fe^3$)인데 위에서 환원되어 환원형 철($Fe^2$)로 바뀌어 십이지장에서 흡수되며, 흡수율에 영향을 미치는 요인은 표 7.4와 같다. 철분의 흡수는 장점막 상피세포에 있는 저장 철인 페리틴의 양에 의하여 결정된다. 흡수된 철분은 단백질과 결합하여 트랜스페리틴(transferritin)이 되어 필요한 곳으로 이동한다.

인체 내에서 철분은 효율적으로 재이용되기 때문에 체외로의 손실이 적다. 철분의 배설은 대변, 소변, 땀 등을 통하여 이루어지는데 남자는 하루 0.5~1.5mg 정도이고, 여자는 생리혈로 배설되는 양이 약 0.5mg이어서 약 1.0~2.0mg이다.

[표 7.4] 철분의 흡수율에 영향을 미치는 요인

| 흡수 증진요인 | 흡수 저해요인 |
|---|---|
| -임신부, 수유부, 성장기 어린이<br>-생리중인 여자<br>-철결핍성 빈혈<br>-유기산, 위산<br>-동물성 단백질<br>-비타민 C<br>-고산지대 거주자<br>-운동선수 | -위액분비 감소<br>-피틴산, 수산, 탄닌<br>-철분과 결합하는 식이섬유소<br>-아연, 망간, 칼슘 등 다른 무기질<br>-차, 커피<br>-체내 저장량이 많은 사람<br>-감염 및 질환<br>-제산제 복용 |

### (2) 생리적 기능

철분의 가장 중요한 기능은 산소의 운반과 저장기능인데, 혈색소인 헤모글로빈을 구성하여 조직 내로 산소를 운반하는 기능과 미오글로빈을 구성하여 근육 중에 산소를 저장하는 기능을 한다.

그리고 미토콘드리아 전자전달계의 산화·환원반응에 관여하는 효소의 구성 성분으로서 에너지 생산에 작용하며, 정상적인 면역반응, 콜라겐 합성, 신경전달물질 합성에도 관여한다.

#### (3) 결핍증과 과다증

철분의 결핍은 성장기의 어린이, 사춘기, 생리혈의 손실이 있는 가임기 여성, 임산부, 수유부, 수술이나 사고로 인한 출혈환자 등에게서 흔히 발생한다. 철분 결핍으로 가장 흔한 증상은 철분 결핍성 빈혈이다.

임산부가 철분을 과다 섭취하였을 경우는 태아가 급성 철 중독으로 사망할 수 있다. 그리고 과다한 철분섭취는 간 손상, 심부전 등을 유발할 수 있다.

#### (4) 급원식품과 필요량

철분의 주요한 공급원은 육류, 어패류, 계란 등의 동물성 식품과 곡류나 곡류로 만든 가공식품, 콩, 녹색 잎 채소 등이 있다. 그러나 우유는 철분함량이 낮으면서 칼슘이 많이 함유되어있기 때문에 철분의 흡수를 억제하는 식품이다.

권장섭취량은 20세 이상의 성인 남자는 하루 10mg, 성인 여자는 하루 9~14mg이며, 임신부는 +10mg을 더 섭취해야 한다.

### 2) 아연(Zinc, Zn)

아연은 인체에 1.5~3.0g 정도로 미량이 존재하지만 간장, 신장, 췌장, 뇌, 모발, 골격, 손발톱, 안구, 피부, 고환, 혈액 등 인체의 거의 모든 조직에 분포되어 있어 성장과 건강유지에 필수적인 무기질이다.

#### (1) 대사

식품으로 섭취한 아연은 약 20~30%가 흡수되며, 나머지는 거의 대변으로 배설되나 소변이나 땀으로도 소량이 배설된다. 아연은 동물성 단백질에 의하여 흡수가 촉진되고, 피틴산, 수산, 식이섬유 같은 것에 의하여 흡수가 저해된다. 또한 철분과 구리는 체내에서 상호 경쟁적으로 작용하기 때문에 이들의 비율이 높으면 아연의 흡수가 저해된다.

### (2) 생리적 기능

아연의 생리적 기능은 DNA, RNA 등 핵산합성에 관여하여 단백질 대사를 조절하며, 상처회복 및 성장을 돕고, 면역기능을 향상시킨다. 그리고 생식기관과 골격의 적절한 발달에 관여하며, 인슐린의 저장과 방출, 세포막의 기능과 안정성 유지에도 중요한 역할을 한다.

### (3) 결핍증

아연이 결핍되기 쉬운 경우는 식이섬유나 피틴산을 많이 섭취하는 사람, 성장기 어린이와 가임기 여성, 단백질 섭취부족, 당뇨병, 흡수불량, 악성빈혈, 암, 피임약 복용 등이 결핍의 원인이 된다. 결핍증상으로서는 성장장애, 미각기능 감퇴, 상처치료 지연, 피부염, 탈모, 생식기 발달저해, 면역기능 저하 등의 증상이 나타난다.

### (4) 급원식품과 필요량

아연은 동식물 조직에 고르게 분포되어 있으나 동물성 식품이 주요 공급원이다. 특히 육류, 갑각류, 조개류, 달걀에 많이 함유되어 있으며, 채소, 과일, 정제된 식품에는 함유량이 적다.

아연의 권장섭취량은 20세 이상의 성인 남자는 하루 8~10mg이며, 성인 여자는 7~9mg이고, 임신부는 +2.5mg, 수유부는 +5.0mg이 더 필요하다.

## 3) 구리 (Copper, Cu)

구리는 성인의 체내에 약 70~150mg이 함유되어 있으며, 뇌, 심장, 신장, 간, 안구, 모발, 혈액, 근육 등에 농축되어 있다.

### (1) 대사

구리는 소장상부에서 흡수되고, 흡수율은 약 30% 정도이며, 구리의 대부분은 장관을 통하여 대변으로 배설되나 소변, 땀, 생리 등으로도 미량이 배설된다. 식품에 함유된 많은 양의 구리를 섭취하여도 흡수되는 양은 소량이고, 적은 양의 구리를 섭취하면 흡수율은 증가한다. 임신 중에 구리의 흡수가 촉진되고, 피틴산, 칼슘, 아연, 카드뮴, 황, 몰리브덴의 농도가 높을 때 흡수가 저해된다.

### (2) 생리적 기능

구리는 많은 효소의 구성성분으로서 콜라겐과 엘라스틴 합성, 콜레스테롤 대사에 관여하여 정상적인 심장혈관계의 기능유지, 면역계의 적절한 기능유지, 헤모글로빈 합성, 포도당 대사와 에너지 생산, 신경 세포벽의 인지질 형성 등의 기능이 있다.

### (3) 결핍증 및 과다증

구리는 일반적인 식사를 하는 정상인에게서는 나타나지 않는다. 미숙아, 장기간의 설사, 소화불량 환자 등에서 나타나는데, 증상은 빈혈, 골격변화, 성장장애, 심장장애, 부종 등이 있다.

장기간 다량 섭취하면 구토, 복통, 불쾌감, 설사 등을 유발하며, 심하면 혼수, 간세포 손상, 사망 등에 이를 수 있다.

### (4) 급원식품과 필요량

구리의 주요 급원식품은 간을 비롯한 내장고기, 굴, 갑각류, 패류, 견과류, 두류, 종실류 등에 풍부하고, 옥수수, 계란, 시금치, 코코아, 토마토, 감자 등에도 함유되어 있다.

구리의 권장섭취량은 미국의 경우를 참고하여 20세 이상의 성인 남녀는 하루 800㎍으로 책정하였으며, 임신부는 +130㎍, 수유부는 +450㎍이 더 필요하다.

## 4) 요오드(Iodine, I)

인체 내의 요오드는 약 15~30mg으로 소량 함유되어 있으며, 50~70%가 갑상선에 존재하고, 근육에 약 20%가 있으며, 나머지는 피부, 골격, 기타 내분비선에 들어 있다. 요오드의 배설은 섭취량에 따라서 다르지만 어른은 소변을 통하여 하루 20~70㎍, 어린이는 20~35㎍, 운동선수는 이들보다 두 배의 양이 소변으로 배설된다. 이것은 주로 식품 중 요오드의 미흡수 부분으로서 섭취한 요오드의 5~30%에 해당한다.

### (1) 대사

요오드는 소화관의 각 부위에서 흡수되지만 대부분은 소장 상부에서 빠른 속도로 흡수된다. 흡수된 요오드는 단백질과 결합하여 혈액을 통해 갑상선으로 이동한다. 그 중 1/3이 갑상선에서 흡수되어 감상선 호르몬의 합성에 이용되고, 나머지는 2~3일 후 소변으로 배설되며, 수유기간 중에 섭취한 요오드의 약 10~20%는 모유로 분비된다.

### (2) 생리적 기능

요오드는 갑상선호르몬인 티록신(thyroxine)의 구성성분이다. 갑상선은 목 앞쪽에 튀어나온 물렁뼈 아래에 있는 기관으로서(그림 7.3 참조), 요오드가 부족하면 갑상선에서 호르몬의 생성이 지연되거나 저해를 받는다. 갑상선호르몬은 영양소의 대사촉진, 성장 및 발육촉진, 중추신경계 발달에 관여한다.

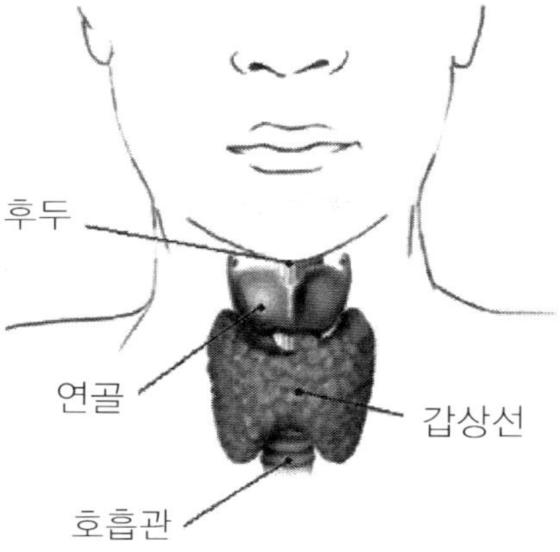


[그림 7.3] 갑상선의 위치 및 구조

### (3) 결핍증 및 과다증

요오드 섭취량이 부족하면 갑상선호르몬이 정상적으로 생산되지 않아 갑상선 자극호르몬의 생산을 자극하여 갑상선이 비대해지는 갑상선종이 나타난다(그림 7.4 참조). 갑상선종의 초기단계에서는 요오드의 섭취로 치료가 가능하지만 요오드로 치료가 불가능할 때에는 수술을 해야 한다.

그리고 임신기간 중 요오드 섭취가 부족하면 태아의 두뇌발달을 저해하여 출산 후 정신박약, 성장지연, 운동기능 장애, 왜소증 등에 걸리는 크레틴병(cretinism)을 유발한다.

요오드 섭취가 과다하면 갑상선기능이 항진되어 신경과민, 허약, 빠른 심장박동, 안구돌출 등의 증상이 나타난다(그림 7.5 참조)

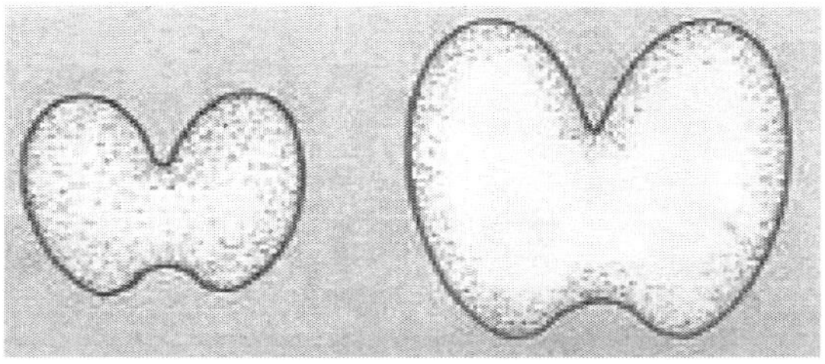

[그림 7.4] 정상 갑상선과 갑상선종

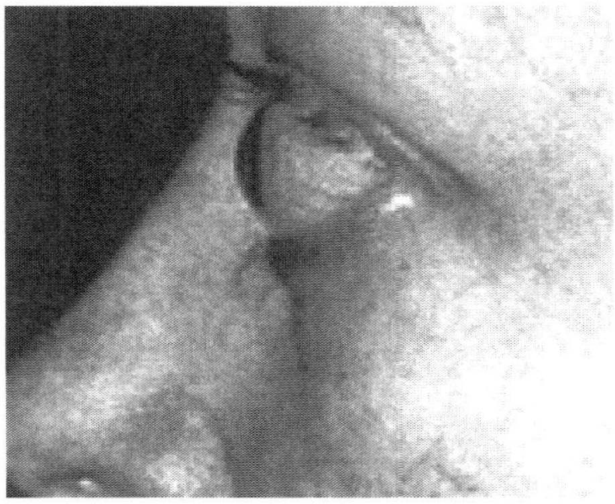

[그림 7.5] 갑상선기능항진에 의한 안구돌출

### (4) 급원식품 및 필요량

요오드의 주요한 급원식품은 김, 미역, 다시마 등의 해조류와 해산물이며, 곡류와 채소류는 요오드가 풍부한 땅에서 재배된 것은 요오드 함량이 높다.

요오드의 권장섭취량은 20세 이상의 성인 남녀는 하루 150㎍이며, 임신부는 +90㎍, 수유부는 +180㎍을 더 섭취해야한다.

## 5) 불소(Fluoride, F)

불소는 뼈, 치아, 갑상선, 피부 등에 함유되어 있으며, 체내 불소의 약 95%가 뼈와 치아에 존재한다. 불소는 음용수 중에 들어있으며, 상수도를 제외하고 전국적으로 지하수에 함유되어 있는 불소는 각각 함량이 다르다. 그렇기 때문에 각 지역의 음용수의 불소함량이 그 지역의 치아건강에 영향을 미친다. 음용수 중의 적절한 불소 함량은 1ppm 정도이며, 기준을 30% 정도 미달하거나 초과하면 치아건강에 나쁜 영향을 미친다.

### (1) 대사

불소는 위와 소장에서 흡수되어 골격과 치아에 축적되며, 흡수된 양의 80% 정도는 소변으로 배설된다. 불소는 식품 중의 마그네슘이 불소의 장내 흡수를 방해하고 골격과 치아에 축적되는 양을 감소시켜 이용률을 떨어뜨린다.

### (2) 생리적 기능

불소의 가장 중요한 기능은 충치를 예방하는 것이다. 충치의 원인은 입속에 있는 세균이 음식물 중의 당을 분해하여 산을 만들고, 이 산이 치아표면의 에나멜질을 녹이면 이곳에 다른 세균이 침입하여 상아질 및 치수를 상하게 하는 복합적인 질병이다. 불소는 산에 대한 저항성을 높여주어 에나멜질이 녹지 않게 하여 충치를 예방하는데 우리나라 식품위생법에서는 음용수 수질의 불소함량을 1ppm으로 정하고 있다.

### (3) 결핍증 및 과다증

불소의 결핍에 의한 대표적인 질병이 충치인데 음용수 중에 1ppm 정도가 녹아 있는 것이 가장 적당한 것으로 보고하고 있다. 음용수 중의 불소함량이 적정량 이하가 존재하면 충치를 일으키고, 과다하면 치아에 반점이 생기는 반상치(mottled enamel)가 나타난다.

따라서 지하수를 식수로 이용하는 지역에서는 지하수 중의 불소함량에 따라 치아가 건강한 지역, 충치가 잘 발생하는 지역, 반상치가 잘 발생하는 지역이 각각 다를 수 있다. 그러므로 우리나라는 공중보건사업의 일환으로 수돗물에 불소를 첨가하거나 제거하여 불소의 함량을 1ppm으로 조절하여 급수하고 있다.

#### (4) 급원식품과 결핍증

불소의 주요 급원식품은 차, 뼈째 먹는 생선, 해조류, 해산물 등이다. 권장섭취량은 설정되어 있지 않으며, 충분섭취량은 20세 이상의 성인 남자는 하루 3.0~3.5 mg, 성인 여자는 하루 2.5~3.0mg으로 정하고 있다.

### 6) 셀레늄(Selenium, Se)

셀레늄은 소장에서 흡수되며, 체내에 약 1.5mg 정도 존재한다. 체내 분포는 간, 심장, 신장, 비장 등이며, 생체 이용률은 철, 아연, 구리 등의 무기질보다 높다.

#### (1) 대사

소장을 통하여 흡수되는 셀레늄은 용해도, 식품 내 셀레늄과 황의 비율에 따라서 흡수율이 다르다. 체내에서의 이용은 식품의 종류, 조리, 가공, 장관의 상태에 따라서 다르며, 소변을 통하여 주로 배설된다.

#### (2) 생리적 기능

셀레늄의 중요한 기능은 글루타티온 퍼옥시다제(glutathione peroxidase)의 구성성분이 되어 세포를 산화적 손상으로부터 보호하는 기능을 한다. 그리고 비타민 E와 긴밀한 협동관계를 유지하며, 서로 필요량을 절약해 준다.

#### (3) 결핍증 및 과다증

셀레늄이 부족한 경우는 토양 중의 셀레늄 함량이 부족하여 식품을 통한 셀레늄 섭취가 적어서 나타나는데, 셀레늄 결핍으로 발생하는 케샨병(keshan disease)은 중국의 일부지역에서 나타나는 풍토병이다. 흔한 증상은 심장비대와 심장기능 저하이다. 또한 갑상선 기능에도 영향을 미치는데, 특히 셀레늄 결핍은 요오드 결핍에 의한 갑상선 기능저하를 더 악화시킬 수 있다.

반면, 과다증은 셀레늄 함량이 높은 토양에서 재배한 작물을 섭취할 경우 나타나는데, 주요증상은 빈혈, 탈모, 생식장애, 마늘냄새, 초조감 등이 나타난다.

#### (4) 급원식품과 필요량

셀레늄의 주요 급원식품은 동물의 내장과 해산물이며, 육류, 곡류, 우유, 알류 등에도 함유되어 있다. 권장섭취량은 20세 이상의 성인 남녀는 하루 50㎍으로 설정되어 있다.

### 7) 기타 미량 무기질

#### (1) 망간(Manganese, Mn)

망간은 탄수화물, 지질, 단백질 대사에 관여하는 효소들의 보조인자로 작용한다. 섭취한 망간은 3~5%만 흡수되고 나머지는 대변으로 배설되며, 주로 골격, 간, 신장, 췌장, 뇌하수체, 세포 등에 존재한다.

결핍증은 잘 나타나지 않지만 체중감소, 성장지연, 생식장애, 골격이상 등의 증상이 나타나며, 과다증은 광산의 광부들에게서 간혹 나타나는데, 증상은 근육장애, 생식장애, 면역기능 저하, 신장염, 췌장염, 간 손상 등이 나타난다.

일반적인 식품섭취로 충분한 양이 공급되지만 주요 공급원은 곡류, 두류, 종실류, 잎채소, 차, 커피 등의 식물성 식품이다. 권장섭취량은 2.0~5.0㎎이다.

#### (2) 크롬(Chromium, Cr)

크롬은 간에서 당내성인자(glucose tolerance factor)의 구성성분으로서 인슐린의 생리적 활성을 향상시키는 기능을 한다. 섭취한 크롬의 약 1%가 소장에서 흡수되고, 흡수된 크롬은 신장을 통해 소변으로 배설된다. 체내에는 약 6㎎ 정도가 존재하며 피부, 부신, 뇌, 근육 등에 많다.

자연계에 널리 분포되어 있어서 결핍증은 잘 일어나지 않지만 결핍되면 내당력 감소, 인슐린 저항성 감소, 말초신경계 장애, 혈액 내 중성지질과 콜레스테롤 농도 증가 등이 나타난다. 주요 급원식품은 도정하지 않은 곡류, 육류, 해산물, 효모 등이며, 성인의 하루 권장섭취량은 50~200㎍으로 설정하고 있다.

### (3) 코발트(Cobalt, Co)

코발트는 비타민 $B_{12}$의 구성요소로서 인체에는 적은 양이 존재하지만 중요한 무기질 중의 하나이다. 인체에 약 1.0mg이 존재하는 미량 원소로서 주로 간에 들어있으며, 나머지는 그 외의 조직에 적은 양이 존재하고 있다. 식품을 통한 코발트의 섭취는 20~90%가 흡수되며, 자연계에 널리 분포되어 있어서 결핍증은 잘 나타나지 않는다.

### (4) 몰리브덴(Molybdenum, Mo)

몰리브덴은 간, 신장, 뼈, 피부 등에 존재하며, 효소의 구성성분으로서 여러 가지 대사에 관여한다. 두류, 곡류, 우유, 육류, 잎채소 등에 함유되어 있으며, 결핍증 및 과다증은 인간에게는 잘 알려져 있지 않다. 우리나라 성인의 상한섭취량은 600㎍으로 설정하고 있다.

# 5. 무기질과 피부미용

무기질은 인체의 약 4%를 차지하는 미량 물질이지만 생리기능을 조절하는 중요한 작용을 하는 물질이다. 극소량으로서 근육조직, 골격, 체액 등에 존재하며, 체조직 형성, 신경자극 전달, 체내 수분함량 조절, 호르몬과 효소 구성, 생리작용조절 등의 기능을 가지고 있어서 결핍되면 피부미용에도 영향을 미친다.

## 1) 칼슘(Ca)

체내에 칼슘이 결핍되면

① 혈액순환 저하로 피부가 창백해지고 손, 발이 차갑고 축축해진다

② 체내 저항력 약화로 피부가 예민해지며 습진, 소양증 등이 발생한다.

③ 탈모 현상

## 2) 황(S)

① 인체 조직 중의 케라틴(keratin)이라는 단백질을  합성한다. 케라틴은 머리카

락, 손톱, 피부를 구성하는 중요한 단백질이다.

② 황이 결핍하면 빈혈 발생으로 피부가 창백할 수 있고, 머리카락이나 손발톱에 이상이 생길 수 있다.

### 3) 철(Fe)

① 헤모글로빈이라고 하는 혈장을 만들고 조혈작용을 하므로 건강한 피부혈색 형성

② 감염증에 대한 저항력 증가

③ 결핍되면 인체에 산소 부족상태가 되어 빈혈증상이 생겨 피부색 창백하고 윤기부족으로 노화초래

### 4) 아연(Zn)

① 아연은 주로 피부, 손톱, 모발, 안구, 골격 등에 많이 분포되어 있으며 상처 치유 촉진

② 결핍되면 탈모증, 면역 기능손상으로 피부상처 치료지연, 피부염증 발생

### 5) 구리(Cu)

① 멜라닌 생성에 조효소 역할

② 결핍되면 빈혈로 인한 창백한 안색, 부종

CHAPTER 08

# 물

물은 인체 대사 과정에 중요한 물질로서 체중의 50~70%를 차지하며, 혈액은 약 90%, 근육은 약 70%, 지방은 약 20%, 골격은 약 25%가 물로 구성되어 있다. 체내에 존재하는 물의 약 20%를 상실하면 생명을 유지할 수 없을 정도로 중요하지만 물은 식품을 섭취하는 과정에서 자연적으로 체내에 들어오기 때문에 단식이나 절식을 하지 않는다면 물 부족에 의한 생명의 위협은 없을 것으로 판단된다.

## 1. 물의 정의

물($H_2O$)은 산소원자 1개와 수소원자 2개로 구성되어 있다. 물은 인간의 생명유지에 반드시 필요한 물질로서 체내의 지방이나 단백질 같은 영양소는 절반가까이 손실되어도 생명을 유지할 수 있지만 물은 1%만 부족해도 증상이 나타난다. 체내 근육의 70%, 지방의 20%가 물로 이루어져 있기 때문에 체지방 함량이 높으면 체중에 대한 물의 비율이 낮고, 근육조직이 많으면 체중에 대한 물의 비율이 높다.

체내에 존재하는 물은 성별, 연령, 체지방 함량에 따라 차이가 있는데, 남자는 체중의 약 60%, 여자는 약 55%, 신생아는 약 75% 정도를 가지고 있다. 따라서 여자는 남자보다 체지방 함량이 약 5% 정도 높기 때문에 체내 물의 양이 적은 것이다.

## 2. 물의 기능

### 1) 인체의 구성 성분

물은 체조직과 체액을 구성하는 성분으로서 치아의 약 10%, 지방조직의 약 20%, 골격의 약 25%, 근육의 약 70%, 혈액의 약 90%를 구성하고 있다.

### 2) 체내 영양소와 노폐물 운반

물은 탄수화물, 단백질, 수용성 비타민, 무기질 등 물에 용해되는 물질을 녹여 세포에서 다른 세포로, 조직에서 다른 조직으로 운반하는 기능을 한다. 인간은 하루에 약 2.5ℓ의 물을 섭취하고 약 2.5ℓ를 배설하는데, 대사과정에서 생성된 폐기물을 폐, 피부, 신장, 장을 통하여 체외로 배출한다.

### 3) 용매로 작용

물은 체내 대사과정에서 생성되는 물질들을 녹이는 용매로 작용하여 수용성 영양소의 소화 · 흡수를 촉진시킨다.

### 4) 체온조절

체온을 일정하게 유지하는데 물은 중요한 역할을 한다. 운동, 노동 등으로 체온이 높아지면 피부 쪽으로 혈액순환이 증가되어 땀으로 열을 방출하고, 체온이 내려가면 피부를 통한 최소한의 물과 열이 방출된다. 피부를 통하여 땀으로 배출되는 수분은 하루 약 550㎖이고, 이 중에서 약 50%는 수분의 손실을 느끼지만 나머지 50%는 느끼지 못하는 가운데 배출된다.

### 5) 전해질의 평형유지

인간은 매일 수분과 세포액에 존재하는 나트륨, 칼륨 등의 전해질을 섭취하여 세포액의 pH와 삼투압을 유지해야 한다. 세포내액은 칼륨이, 세포외액은 나트륨이 평형을 조절하는데, 물은 세포막을 통하여 농도가 낮은 쪽으로 이동하는 삼투현상으로 나트륨과 칼륨 같은 전해질의 항상성을 유지한다.

### 6) 윤활제 역할

물은 충격을 완화시키는 윤활제의 역할을 하는데, 타액 속의 물은 음식물을 혼합하여 식도를 부드럽게 통과하도록 하며, 안구의 물은 안구운동을 편안하게 하고, 관절 속의 물은 관절의 마찰력을 감소시키는 작용을 하며, 내장 주위의 물은 내장기관이 외부의 충격에 견딜 수 있도록 한다.

### 7) 기타 기능

물은 체내 대사과정에서 일어나는 수많은 화학반응에 반드시 필요한 물질로서 반응속도를 조절하기도하고, 반응을 촉진시키기도 한다. 그리고 음식물의 소화기능도 가지고 있는데, 소화액인 타액, 위액, 장액, 담즙 등의 구성성분이 되어 음식물의 소화·흡수를 돕는 기능이 있다.

## 3. 체내 물의 함량과 분포

인체에 존재하는 물은 체중의 약 50~70%를 차지하고 있는 중요한 구성성분이다. 체내에 존재하는 물은 성별, 연령, 체지방 함량에 따라 차이가 있는데, 성인 남자는 체중의 약 60%, 여자는 약 55%, 신생아는 약 75% 정도를 가지고 있다. 같은 연령 및 성별이라도 체지방 함량에 따라 물의 함량이 다른데 체지방 함량이 높으면 약 40%의 물만을 함유할 수도 있다.

물은 세포 내외에 모두 존재하는데, 세포내액이 전체 체액의 2/3를 차지하고 세포외액이 1/3을 차지하고 있다. 세포내액은 세포막의 안쪽에 들어있고, 세포외액은 세포막의 바깥 쪽에 있는데, 세포외액은 혈장, 세포 사이의 세포 간질액, 세포 횡단액 등이 있다. 인체의 조직을 구성하는 물의 함량과 분포비율은 표 8.1과 같다. 인체에서 차지하는 물의 분포비율은 근육이 44%로 가장 높고, 그 다음이 피부로 21%가 분포되어 있다.

[표 8.1] 인체조직의 구성 수분함량과 체내 분포비율

| 조직 | 수분함량(%) | 분포비율(%) | 조직 | 수분함량(%) | 분포비율(%) |
|---|---|---|---|---|---|
| 근육 | 70 | 44 | 장 | 75 | 2 |
| 피부 | 70 | 21 | 폐 | 80 | 1 |
| 혈액 | 90 | 7 | 심장 | 80 | 1< |
| 골격 | 25 | 6 | 신장 | 80 | 1< |
| 간장 | 65 | 2 | 비장 | 75 | 1< |
| 뇌 | 75 | 2 | | | |

## 4. 체내 물의 균형

인체 내의 물은 섭취와 배설이 균형을 이루어 거의 일정한 양을 유지하고 있다. 성인의 물 요구량은 1kcal를 연소하는데 약 1mℓ의 물이 필요하므로 하루에 2,000~2,500kcal의 에너지를 연소한다면 약 2,000~2,500mℓ의 물을 섭취하고 같은 양을 배설하여 균형을 이룬다.

체내로 들어오는 물은 음료수로 약 1,200mℓ, 식품으로 약 1,000mℓ, 대사수로 약 300mℓ로 하루 약 2,500mℓ의 물을 섭취한다.

체외로 배설되는 물은 소변으로 약 1,500mℓ, 피부를 통한 땀으로 약 550mℓ, 폐를 통한 호흡으로 350mℓ, 대변으로 약 100mℓ로 약 2,500mℓ를 배설하여 섭취와 배설이 균형을 이룬다(그림 8.1 참조).

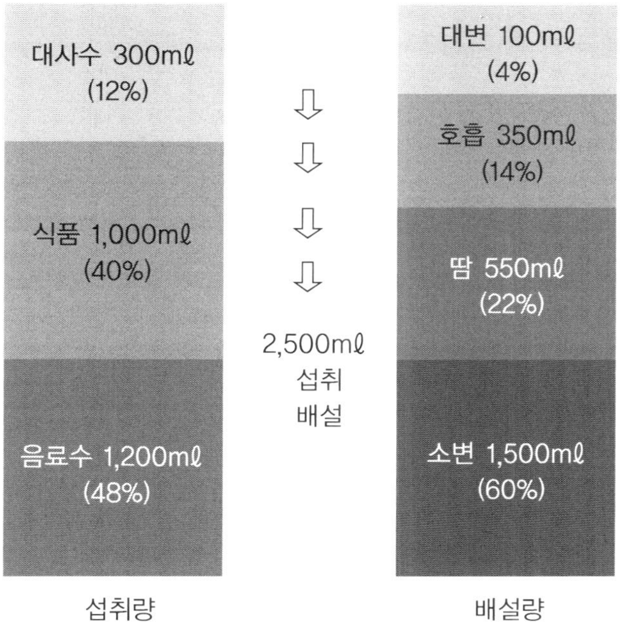


[그림 8.1] 물의 섭취량과 배설량

# 5. 물 섭취 기준 및 섭취 부족

## 1) 섭취 기준

인체에 필요한 물의 양은 여러 가지 요인에 의하여 결정되는데, 연령, 체온, 환경, 온도, 습도, 섭취한 식품의 종류, 질병, 임신, 수유 등이 영향을 미친다. 연령에 의한 물의 필요량은 나이가 어릴수록 섭취량을 증가해야 한다. 그리고 고열, 설사, 다뇨(多尿), 혼수등의 질병과 건조한 환경, 높은 기온, 고단백질 식사를 했을 경우 물의 필요량이 증가한다.

우리나라 사람들의 하루 물 섭취기준은 15~29세 남자 2,700mℓ, 여자 2,100mℓ, 30~49세 남자 2,500mℓ, 여자 2,000mℓ, 50~64세 남자 2,300mℓ, 여자 1,800mℓ,

65세 이상 남자 2,100㎖, 여자 1,700㎖이며, 임신부는 +200㎖, 수유부는 +700㎖를 더 섭취할 것을 권장하고 있다.

## 2) 섭취 부족

물은 인체에 반드시 필요한 물질로서 충분한 양을 섭취하지 않거나 섭취량보다 배설량이 많으면 체내 물의 균형이 무너져 물 부족현상이 나타나는데, 이것을 탈수현상이라고 한다.

인체에 물 부족량이 1~2%일 때 갈증, 불쾌감, 식욕감소 등의 영향이 나타나고, 3~4%가 부족하면 운동 수행능력 감소, 소변량 감소, 구토감, 무력감 등이 나타나며, 5~6%가 부족하면 체온 조절능력 상실, 맥박증가, 호흡증가, 정신집중 장애가 나타난다. 그리고 8%가 부족하면 현기증, 혼돈, 극심한 무력감이 나타나고, 10~11%가 부족하면 근육경련, 열사병 상태가 나타나고, 사망의 위험을 초래한다. 인체의 물이 20% 부족하게 되면 사망에 이른다(그림 8.2 참조).

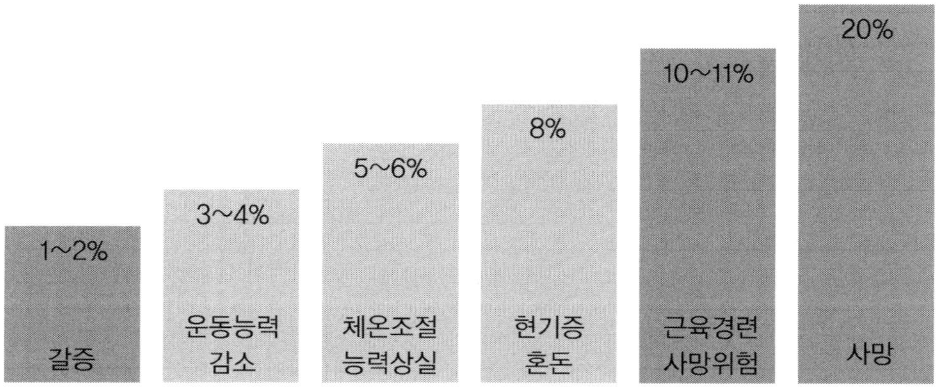


[그림 8.2] 물 부족에 따른 증상

## 6. 수분과 피부미용

표피의 각질층은 수분을 약 10~20% 정도를 함유하고 있으며, 수분의 상태가 10%미만이 될 경우에는 피부가 건조하고 탄력과 윤기도 없어지게 되므로 노화피부가 되기 쉽다. 그러므로 수분은 탄력이 있고 아름다운 피부를 유지하는데 매우 중요하며, 피부의 수분을 어떻게 유지하는가에 따라 탄력이 있고 건강한 피부를 유지할 것인가가 결정된다.

표피의 각질층은 수분의 증발을 억제해 주고, 외부에서 과잉의 수분이 침투하는 것도 방지한다. 즉 각질층의 표면에 천연보호막(피지막)이 있어서 수분의 증발을 차단해주는 것이다. 이 천연보호막이 유중수화형(W/O)의 상태이지만 땀을 흘리게 되면 수중유화형 (O/W)으로 전환되어 땀의 증발을 촉진시켜 체온을 일정하게 유지하도록 하고, 다시 원래 상태인 유중수화형(W/O)으로 전환되어 수분조절을 한다. 수분이 피부를 통하여 배설되는 데는 두 가지 형태가 있는데, 발한(發汗)과 사람이 의식하지 못하는 가운데 피부 표면에서 발산되는 불감증발(Insensible perspiration)이 있다.

수분이 피부를 통하여 배설되는 양은 하루 약 550㎖로서 전체 배출량의 약 22%를 차지한다. 이중에서 50%는 수분의 손실이 느껴지지만 나머지 50%는 수분의 손실을 의식하지 못하는 불감증발이다.

각질층은 천연보습인자(Natural Moisturizing factor, NMF)와 세포간 지질(Intercellular lipid)에 의해 수분을 유지하고, 진피층은 뮤코다당류(Muco-polysaccharide)가 결합수를 만들어 보습효과를 유지한다.

표피와 진피층의 수분함량의 감소가 피부 노화의 중요한 요인 중의 하나이다. 피부 관리의 최상의 목적은 피부에 수분을 공급하고, 수분 증발을 막아주는 것이 피부노화예방의 매우 중요한 일이다. 건강하고 아름다운 피부를 유지하기 위해서는 다양한 영양소가 요구되지만 피부에 있어서 최고의 영양소는 수분일 것이다. 따라서 건조한 실내에서 장시간 근무하거나 바람이 많고 건조한 계절인 봄, 가을에는 수분을 충분히 섭취하여야 하며, 신선한 과일과 채소로 피부에 적당한 수분을 보충해 주어야 촉촉하고 탄력이 있는 피부를 유지할 수 있다.

피부에 수분이 결핍되면

① 탄력성 저하, 노화촉진

② 피부건조로 윤기저하

③ 거친 피부

④ 건조로인한 피부 트러블 야기

CHAPTER 09

# 에너지 대사 및 비만

에너지(energy)는 '일을 할 수 있는 힘'으로 단위는 calorie(칼로리) 또는 킬로칼로리(kilocalorie)이며, 에너지 섭취 및 소비에 사용한다. 에너지 대사는 생물체에 있어서 물질대사와 관련되어 이루어지는데, 에너지의 출입, 변화, 저장 및 이용의 모든 과정을 말한다. 인간은 화학적 에너지를 열에너지 및 기계적 에너지로 변화시켜 체온 유지, 성장, 발육, 신체활동 등을 영위하는데 이용한다.

## 1. 인체 에너지 필요량

인체가 소비하는 에너지는 기초대사량(basal metabolic rate, BMR) 또는 휴식대사량(resting metabolic rate, RMR), 활동 대사량(thermic effect of exercise, TEE), 식품이용을 위한 에너지 소모량(thermic effect of food, TEF), 적응대사량(adaptive thermogenesis, AT) 등 네 분야로 구분한다.

### 1) 기초대사량과 휴식대사량

기초대사량은 생명을 유지하기 위하여 호흡, 체온조절, 혈액순환, 신경전달 등에 필요한 최소한의 에너지를 말한다. 기초대사량을 측정할 때는 식사 후 12~15시간이 지난 완전 공복상태에서 완전히 육체적, 정신적으로 편안한 상태에서 누운 자세로 측정하며, 건강한 사람의 기초대사량은 1,200~1,800kcal로 하루 총 에너지 소비의 60~70%를 차지한다(그림 9.1 참조). 그리고 기초대사량을 구하는 공식은 아래와 같다.

휴식대사량은 식사 후 2~3시간이 지나서 편안하게 휴식을 취하고 있는 상태에서 측정하며, 기초대사량에 비하여 10~20%정도 높아 하루 총 에너지 소비의 60~75%를 차지한다. 휴식대사량을 구하는 방법은 표 9.1과 같다.

〈기초대사량 공식〉

1. 뒤부아식(DuBois equation)
   체표면적(㎡) = 체중(kg)$^{0.425}$ × 신장(m)$^{0.725}$ × 71.84
2. 해리스-베네딕트식(Harris-Benedict equation)
   남자 : 66.47 + (13.75×체중) + (5×키) - (6.76×나이)
   여자 : 655.1 + (9.56×체중) + (1.85×키) - (4.68×나이)
3. 체중이용
   남자 : 1kcal × 체중(kg) × 24시간
   여자 : 0.9kcal × 체중(kg) × 24시간

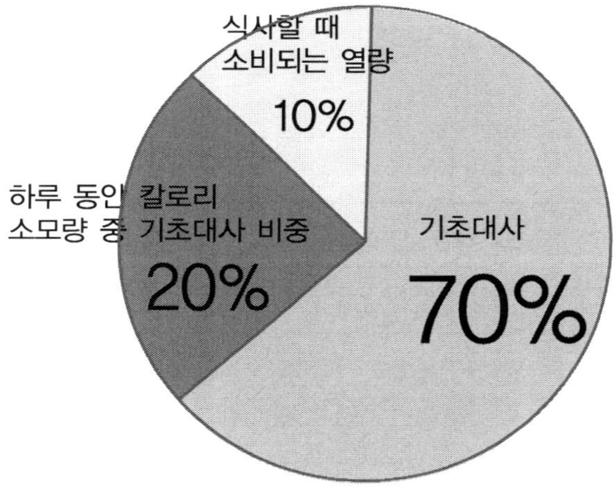


[그림 9.1] 기초대사량 비중

[표 9.1] 휴식대사량 구하는 방법

| 성별 | 연령 | 계산방법 |
|---|---|---|
| 남자 | 10~19 | (17.5×체중)+651 |
| | 20~29 | (15.3×체중)+679 |
| | 30~49 | (20.4×체중)+302 |
| | 50~64 | (18.7×체중)+258 |
| | 65세 이상 | (15.3×체중)+410 |
| 여자 | 10~19 | (12.2×체중)+746 |
| | 20~29 | (14.7×체중)+496 |
| | 30~49 | (15.2×체중)+499 |
| | 50~64 | (13.9×체중)+596 |
| | 65세 이상 | (12.3×체중)+593 |

자료: WHO

## 2) 기초대사량에 영향을 미치는 요인

### (1) 체표면적

인간의 기초대사량은 체중에도 불구하고 체표면적에 비례한다. 체표면적은 1882년 독일의 생리학자 루브너(Rubner)에 의하여 제창되었으며, 체표면적이 넓은 사람일수록 피부를 통해 발산되는 열량이 크기 때문이다.

동물의 체표면적은 피부를 벗겨 측정할 수 있으나 사람은 종이나 은박을 부착한 뒤 다시 떼어내 그 총면적을 측정하는 방법을 택한다. 그러나 기술적으로 매우 번거로워 뒤부아(Dubois)식으로 신장과 체중으로 구할 수 있고 그림 9.2와 같이 구할 수 있다. 그림 9.2의 신장과 체중을 직선으로 연결하면 가운데 체표면적이 구해진다. 예를 들면 키가 170cm이고 몸무게가 65kg인 사람의 체표면적은 1.8$m^2$이다.

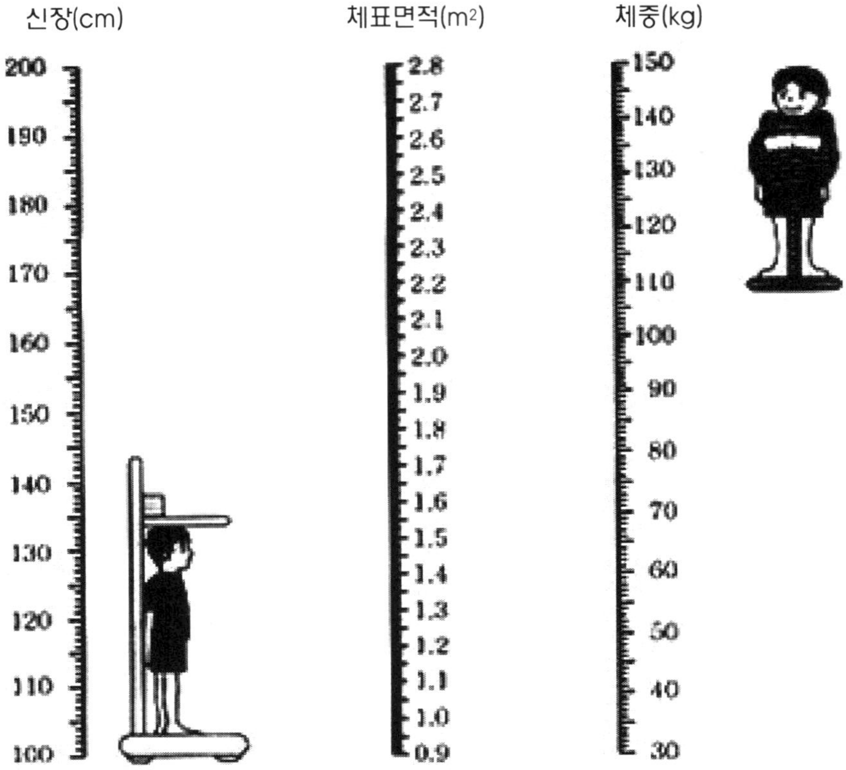


[그림 9.2] 신장과 체중에 의한 체표면적 추정 계산표

### (2) 인체 구성 성분

인체를 구성하는 근육, 간, 위 등의 근육조직은 지방조직보다 대사가 활발하기 때문에 기초대사량이 높지만, 체지방이나 뼈는 대사가 활발하지 않아서 기초대사량이 낮다. 그림 9.3에서 보듯이 근육은 인체의 약 38%를 차지하고 있기 때문에 근육이 잘 발달된 사람일수록 기초대사량이 높다. 그리고 지방은 인체의 약 20%를 차지하고 있지만 기초대사량은 4%의 비율밖에 안 되기 때문에 체지방이 높으면 기초대사량이 낮다는 것을 알 수 있다.

### (3) 성별 및 연령

체중과 키가 같은 사람이라 하더라도 성별과 연령에 따라서 기초대사량이 다르다. 같은 신체조건에서 남자가 여자보다 기초대사량이 높은데 이것은 남자가 여자보다 체지방이 낮고, 근육이 많기 때문에 나타나는 현상이다.

연령에 따른 기초대사량은 그림 9.4에서 보듯이 15~17세 까지는 증가하다가 그 이후에는 감소하는데, 유아기에서 청소년기까지는 새로운 세포가 형성되면서 근육(제지방; lean body)이 증가하여 체표면적이 어른에 비하여 넓기 때문에 기초대사량이 증가한다.

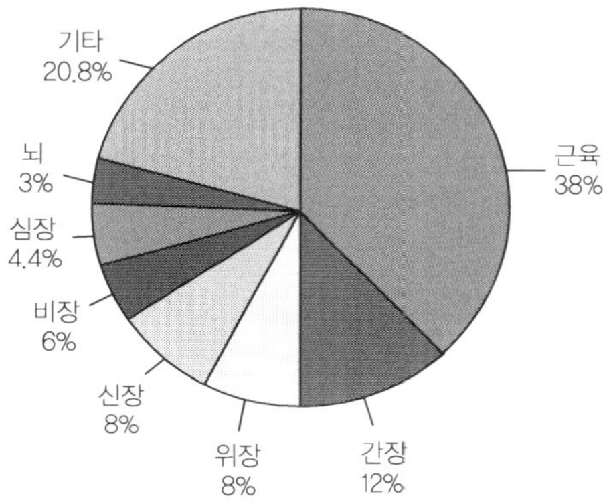


[그림 9.3] 각 조직의 인체 구성비율

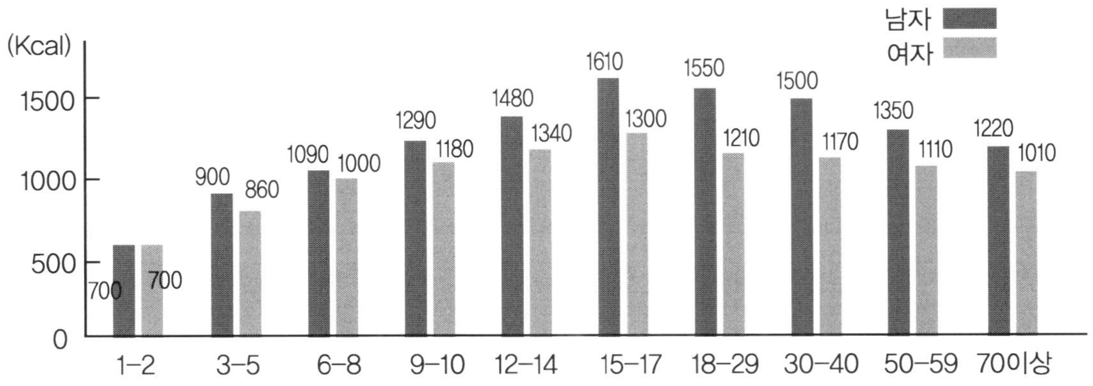


[그림 9.4] 성별 및 연령에 따른 기초대사량

### (4) 호르몬

호르몬은 기초대사량에 많은 영향을 미치는 요인 중의 하나이다. 갑상선, 뇌하수체, 부신, 생식선 등에서 분비되는 호르몬은 기초대사량을 증가시킨다. 갑상선호르몬의 경우 분비의 과다에 의하여 약 50% 정도의 대사변화를 가져온다. 그리고 성장호르몬도 세포의 활동을 촉진하여 대사량을 증가시키고, 남성호르몬인 테스토스테론(testosterone)의 분비와 흥분으로 분비되는 아드레날린(adrenaline)도 기초대사량을 증가시킨다.

### (5) 임신

임신 중에는 태아와 모체의 대사활동이 증가하여, 임신하지 않은 여성에 비하여 기초대사량이 15~20% 증가한다.

### (6) 영양상태

에너지 섭취가 부족하면 기초대사량이 감소하고, 에너지 섭취가 필요량보다 많으면 기초대사량은 증가한다. 지속적으로 칼로리를 제한하였을 경우 체내 세포들의 활동 감소와 신체가 에너지 소비를 줄이려고 하는 지속적인 적응에 의하여 기초대사량을 20~30% 정도를 낮춘다.

### (7) 체온

체온이 높아지면 인체의 화학반응들의 속도가 빨라져서 기초대사량이 증가하는데, 체온이 1℃ 상승함에 따라 기초대사량은 약 13% 정도 증가한다.

**★ 기초대사량을 높이는 방법**

1. 근육을 발달시킨다.
2. 호르몬 분비를 증가시킨다.
3. 온탕욕으로 체온을 증가시킨다.
4. 생활 속에서 최대한 많이 움직인다.
5. 양질의 단백질을 섭취한다.
6. 비타민과 무기질을 충분히 섭취한다.
7. 숙면을 한다.

8. 발마사지를 한다(경락자극).
9. 스트레스, 카페인, 니코틴 등

### 3) 활동대사량

활동대사량은 일상생활에 필요한 에너지를 달하며, 일과 운동에 소비되는 에너지로서 작업대사량 또는 노동대사량이라고 한다. 활동대사량은 사무를 보는 일과 같이 아주 가벼운 일을 할 경우 기초대사량의 20~40% 정도를 소모하고, 청소, 빨래, 보통속도 걷기 등 가벼운 일을 할 경우는 기초대사량의 55~65%가 소모되며, 자전거 타기, 계단 오르기, 춤추기 등 중간 정도의 활동을 할 경우는 기초대사량의 70~75% 정도가 소모된다. 그리고 등산, 달리기, 농구, 축구 등 아주 격심한 활동을 할 경우는 기초대사량의 80~100%가 소모된다. 활동에 따른 활동대사량은 표 9.2에서 보는 바와 같다.

[표 9.2] 활동대사량

| 활동 | 에너지 소모량 (kcal/kg/시간) | 활동 | 에너지 소모량 (kcal/kg/시간) |
|---|---|---|---|
| 달리기 | 7.0 | 빨래 | 1.3 |
| 속보 | 3.4 | 운전 | 0.9 |
| 춤 | 3.0 | 노래 | 0.8 |
| 자전거 타기 | 2.5 | 서있기 | 0.6 |
| 보통 걷기 | 2.0 | 식사, 휴식, 수업 | 0.4 |

### 4) 식품의 열량소 대사량

열량소 대사량은 섭취한 식품이 체내에서 소화, 흡수, 이동, 대사, 저장이 되는데 필요한 에너지를 말한다. 식품의 열량소 대사량은 섭취하는 식사의 구성에 따라서 달라지는데, 단백질 섭취가 많으면 열량소비가 높고, 지질의 섭취가 많으면 열량소비가 낮다. 소비되는 열량은 지질은 3~4% 정도이고, 탄수화물이 10~15% 정도이며, 단백질은 15~30% 정도이기 때문에 기초대사량을 높이기 위해서는 양질의 단백질을 섭취하면 좋다.

### 5) 적응대사량

적응대사량은 환경적응을 위하여 필요한 대사량을 말하며, 주위의 온도, 심리상태, 영양상태, 스트레스에 의한 신경계, 내분비계의 변화로 증가되거나 감소할 수 있는 에너지로서 총열량소비의 10% 정도를 차지한다.

예를 들면 아주 추운 곳에서는 일시적인 열의 발산으로 체온저하를 막기 위하여 대사량이 증가한다. 따라서 운동을 하더라도 서늘한 곳에서 하면 더운 환경에서 하는 것보다 대사량이 증가하게 된다.

## 2. 하루 총 에너지 소비량

인간이 하루 동안 필요한 총에너지 소비량은 기초대사량, 활동대사량, 식품의 열량소 소비량을 합산하여 계산할 수 있다. 즉 하루 총에너지 소비량(kcal) = 기초대사량(kcal) + 활동대사량(kcal) + 식품의 열량소 소비량(kcal)이다. 식품의 열량 소비량은 기초대사량과 활동대사량을 합한 값의 10% 정도이다.

### 하루 총에너지 소비량 계산하기

나이는 20세이고, 키 160㎝에 몸무게가 50㎏인 여대생의 하루 총에너지 소비량은 얼마인지 계산해 보자.

[하루 활동량]

| | | | |
|---|---|---|---|
| 수면 | 8시간 | 식사 | 1시간 |
| 수업 | 6시간 | 등하교 | 1시간 |
| 휴식 | 4시간 | 집안일(빨래, 설걷이 등) | 1시간 |
| 공부 | 2시간 | 보통 걷기 | 1시간 |

1. 기초대사량(체중에 의함)

0.9kcal × 50㎏ × 24시간 = 1,080kcal

2. 활동대사량(표 9-2 참조)

| | |
|---|---|
| 수업: | 0.4kcal × 50㎏ × 6시간 = 120kcal |
| 휴식: | 0.4kcal × 50㎏ × 4시간 = 80kcal |
| 공부: | 0.4kcal × 50㎏ × 2시간 = 40kcal |
| 식사: | 0.4kcal × 50㎏ × 1시간 = 20kcal |
| 등하교: | 0.4kcal × 50㎏ × 1시간 = 20kcal |
| 집안일: | 1.3kcal × 50㎏ × 1시간 = 65kcal |
| 보통 걷기: | 2.0kcal × 50㎏ × 1시간 = 100kcal |
| 합계 | 445kcal |

3. 식품의 열량소 소비량

식품의 열량소 소비량 = (기초대사량 + 활동대사량) × 10%
= (1,080kcal + 445kcal) × 10% = 153kcal

4. 하루 총에너지 소비량

하루 총에너지 소비량 = 기초대사량 + 활동대사량 + 식품의 열량소 소비량
= 1,080kcal + 445kcal + 153kcal = 1,678kcal

## 3. 체내 에너지 상태

인간이 음식을 섭취하게 되면 체내에 섭취한 에너지의 양과 소모한 에너지의 양에 따라 체중이 균형을 이루기도하고, 증감하기도 한다(표 9.3 참조).

따라서 한국인은 2005년 발표된 영양섭취기준에서는 만성질환이나 영양소과다 섭취 예방 등까지를 고려한 여러 수준으로 새로 기준을 설정하였다(표 9.4 참조).

[표 9.3] 에너지 균형

| | |
|---|---|
| 섭취 에너지 = 소모 에너지 | 체중이 유지됨 |
| 섭취에너지 〈 소모 에너지 | 체중이 감소됨 |
| 섭취에너지 〉 소모 에너지 | 체중이 증가함 |

[표 9.4] 한국인 하루 에너지 섭취기준

| 구분 | 연령 | 체중(kg) | 신장(cm) | 에너지(kcal) |
|---|---|---|---|---|
| 영아 | 0~5개월 | 6.5 | 61.9 | 600 |
| | 6~11개월 | 9.1 | 72.3 | 730 |
| 소아 | 1~2세 | 12.2 | 85.9 | 1,000 |
| | 3~5세 | 16.3 | 102 | 1,400 |
| 남자 | 6~8세 | 23.8 | 122 | 1,600 |
| | 9~11세 | 34.5 | 138 | 1,900 |
| | 12~14세 | 49.6 | 159 | 2,400 |
| | 15~19세 | 63.8 | 172 | 2,700 |
| | 20~29세 | 65.8 | 173 | 2,600 |
| | 30~49세 | 63.8 | 170 | 2,400 |
| | 50~64세 | 60.6 | 166 | 2,200 |
| | 65~74세 | 59.2 | 164 | 2,000 |
| | 75세 이상 | 59.2 | 164 | 2,000 |
| 여자 | 6~8세 | 22.9 | 120 | 1,500 |
| | 9~11세 | 32.6 | 138 | 1,700 |
| | 12~14세 | 46.5 | 155 | 2,000 |
| | 15~19세 | 53.0 | 160 | 2,100 |

| 구분 | 연령 | 체중(kg) | 신장(cm) | 에너지(kcal) |
|---|---|---|---|---|
| 여자 | 20~29세 | 56.3 | 160 | 2,100 |
| | 30~49세 | 54.2 | 157 | 1,900 |
| | 50~64세 | 52.2 | 154 | 1,800 |
| | 65~74세 | 50.2 | 151 | 1,600 |
| | 75세 이상 | 50.2 | 151 | 1,600 |
| 임산부 | | | | +0/350/450* |
| 수유부 | | | | +320 |

(사)한국영양학회, 한국인 영양섭취기준(2005년) *충분섭취량

### 1) 에너지 균형

에너지 균형은 섭취한 에너지와 소모한 에너지가 균형을 이루는 것을 말하며, 체중을 정상적으로 유지할 수 있는 상태이다.

### 2) 에너지 부족

섭취한 에너지보다 소모한 에너지가 많을 때를 말하며, 체내 에너지가 고갈되면 지질과 단백질이 분해되어 에너지로 사용되기 때문에 체중이 감소한다. 에너지 부족상태가 장기간 지속되면 영양부족 상태가 되어 신체에 여러 가지 증상이 나타난다.

### 3) 에너지 과잉

섭취한 에너지가 소모한 에너지보다 많을 때를 말하며, 여분의 에너지는 지방의 형태로 체내에 축적되어 체중이 증가한다.

# 4. 비만

섭취한 에너지가 필요량보다 소모량이 많을 경우 단기적으로는 기초대사량과 식품의 열량소 에너지 소비량이 증가하여 열로 발산되기 때문에 체중증가의 폭은 적다. 그러나 이런 상태가 장기적으로 일어나면 과잉의 에너지는 지방으로 전환되어 체내에 축적되고 체중이 증가하는데 보통 정상체중의 20~30%의 체중을 초과하였을 때를 비만이라고 한다.

비만증은 신체에 지방조직이 과잉 축적된 상태이며, 비만에 의해서 나타나는 성인병은 당뇨병, 고혈압, 간경화, 지방간, 심장병, 신장병 등이 있다. 따라서 비만은 인간의 건강을 해치는 주요한 원인으로 작용하며, 인간의 수명을 단축시킨다. 비만이 우리나라 사람들의 걱정거리로 등장한 것은 오래되지 않았다. 과거에는 비만이 풍족한 생활 또는 부의 상징이었으나 비만환자가 많아지면서 각종 성인병 및 암 환자의 증가가 자랑에서 걱정으로 바뀌게 된 원인이다(그림 9.5 참조).

국민건강보험공단이 2005년도 공단 건강검진 수검자를 대상으로 비만도를 측정한 결과 저체중 4.01%, 정상체중 40.38%, 그리고 비만 1, 2, 3단계를 합한 비만체중은 30.64%인 것으로 보고하였다. 이중 남자가 34.27%이고 여자는 25.44%로 남자의 비만율이 더 높았다. 신체비만지수(BMI) 25.0~29.9인 비만 1단계가 전체의 27.8%로 가장 많았으며, 비만 2단계(BMI 30.0~39.9)는 2.8%였으며, 비만 3단계(BMI 40.0 이상)는 0.02%의 비율을 나타내었다. 그리고 이들 비만환자의 암 발생 위험이 정상인보다 높은 것으로 보고하였다(그림 9.6 참조).

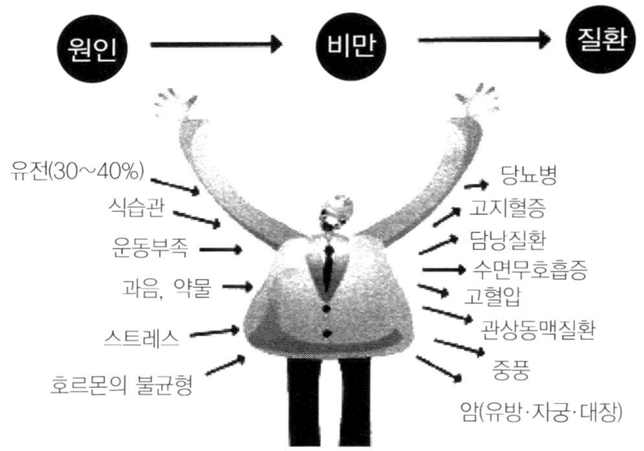


[그림 9.5] 비만과 각종 성인병

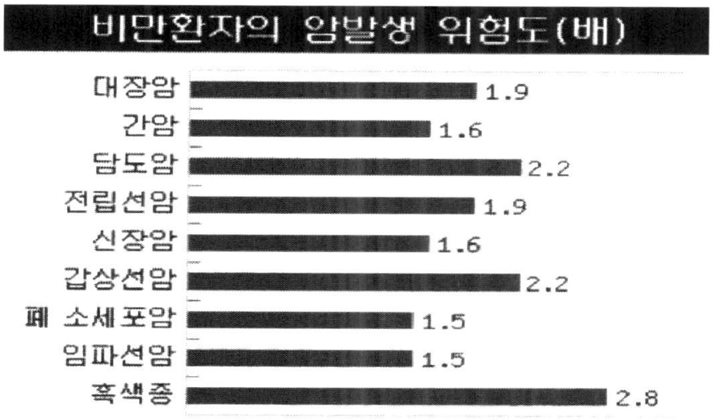


자료: 국민건강보험공단

[그림 9.6] 비만환자의 암 발생 위험도

## 1) 비만의 원인

비만을 일으키는 원인은 유전적 요인, 환경적 오인, 심리적 요인, 대사 장애에 의한 병적 요인 등 다양한 원인들이 복합적으로 작용하여 나타나는 것으로 알려져 있다.

### (1) 유전적 원인

비만은 유전적 요인에 의하여 발생하는 경우도 있다. 그 근거는 특정 가족이나 인종에서 비만율이 높고, 일란성 쌍둥이가 각각 다른 환경에서 자라도 체중증가의 형태나 체지방의 형태가 비슷하다는 것이다. 그리고 부모 양쪽이 비만인 경우 자녀가 비만일 확률이 약 80%이며, 한쪽이 비만인 경우 자녀가 비만일 확률이 약 40%이고, 양쪽이 정상인 경우는 자녀가 비만일 확률이 약 10%라고 한다.

유전에 의한 비만은 지방세포수의 증가와 지방세포의 크기가 커지는 것의 혼합형으로 그만큼 살 빼기가 힘들다는 것을 의미한다. 특히 부모가 비만인 경우 자녀가 비만이 될 확률이 높은 것은 그 가정의 식습관에 의한 영향이 유전적 요인과 복합적으로 작용하여 나타나기 때문이다.

## (2) 환경적 원인

비만은 유전적인 요인을 제외하더라도 식생활습관, 문화적, 사회경제적 상태와 관련된 다양한 환경적 요인이 음식섭취나 신체활동에 영향을 미쳐서 비만을 유발하기도 한다. 현대사회는 많은 칼로리 식품에 쉽게 노출되는 환경을 제공하고 있으며, 생활양식은 주로 앉아서 하는 것이 많아지면서 비만이 더 발생되는 것으로 보인다.

사회경제적 지위가 낮을수록 비만의 발생이 높다고 알려져 있는데, 이것은 지위에 따른 음식의 선택취향이나 질과 관련된 환경적 요인이 원인이다. 그러나 저개발 국가에서는 사회적 지위가 높을수록 열량섭취가 많아 비만의 발생이 높은 경향을 보인다.

그 외에 앉아서 생활하는 경우의 운동부족, 외식산업의 발달과 소득증대로 인한 잦은 외식, 인스턴트식품이나 패스트푸드의 섭취, 섬유질 섭취부족 등도 생활환경에 의한 비만이 되기도 한다. 특히 어린이들의 비만은 그림 9.7에서와 같이 외식으로 인한 에너지 섭취가 일부 원인인 것으로 알려져 있다.

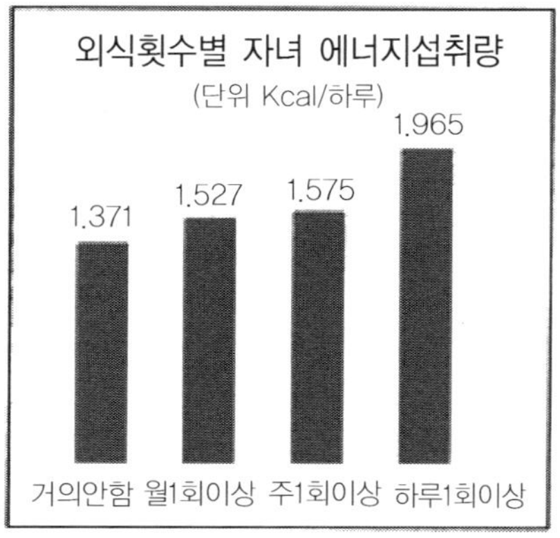


[그림 9.7] 외식횟수와 에너지 섭취량

## (3) 심리적 원인

비만증 환자에게서 흔히 감정의 미숙, 부모의 과잉보호, 열등의식 등을 볼 수 있으며, 사회의 적응곤란, 학업성적불량, 부모의 사랑이 결핍된 경우에도 불만을 해소하기 위한 수단으로 음식물 섭취가 과다하여 비만이 오는 경우도 많다. 즉, 음식

섭취에 대한 욕구현상은 현실을 탈피하거나 주의를 끌거나 동정을 받기 위하여 하는 도전적인 행동의 일종이다. 따라서 이러한 심리적 문제들이 비만의 원인이 될 수 있다.

### (4) 식사습관

소비열량과 섭취열량이 균형을 이루면 체중의 변화는 없다. 현대사회의 비만의 원인은 과식, 대식 그리고 야식이라고 해도 과언이 아니다. 과식은 그 사람이 소비하는 열량에 비하여 더 많이 섭취한다는 사실로 대식과는 구별되어야 한다. 아무리 적은 양의 음식섭취를 하였다고 하더라도 자신이 소비하는 열량보다 많다면 과식이 되는 것이다. 많은 사람들이 자신은 음식섭취를 적게 하기 때문에 과식하지 않는다고 말하지만 그것은 그 사람의 소비열량을 파악하고 난 후에 결정할 일이다. 반대로 아무리 많이 먹어도 마른다는 사람이 있다. 이런 사람은 호르몬에 이상이 있거나 자기로서는 과식한다고 느끼고 있으나 실제로는 섭취한 열량보다 소비한 열량이 많은 경우이다. 그리고 하루정도는 과식할지는 모르나 장기적으로 보면 소비한 열량이 섭취한 열량보다 많기 때문에 열량섭취가 부족한 경우가 많다.

불규칙적인 식생활은 에너지의 효율성을 떨어뜨리기 때문에 신체에 지방을 축적하려는 성향이 강해진다. 음식물은 체내로 들어온 후 약 2시간 동안 인슐린이 분비되는데, 이때는 지방분해가 정지되고 축적이 일어난다. 특히 식사와 식사 중간에 섭취하는 간식은 하루 종일 인슐린을 분비시켜 지방을 분해할 기회를 주지 않는다. 또한 야식은 지방을 축적시키는 부교감 신경이 밤에 활발해지기 때문에 비만의 원인이 된다.

이외에 음식을 빨리 먹는 습관, 몇 차례 끼니를 굶었다가 한꺼번에 폭식하는 경우도 비만을 일으키는 원인이 된다.

### (5) 지방세포의 비대

대체로 지방 세포수가 많은 사람들은 지방을 쉽게 저장하는 것으로 알려져 있다. 지방세포의 크기와 수적 증가가 비만과 관계가 깊은데, 생후 몇 년 동안의 과식은 지방세포의 수가 많아지고 비대해 진다고 한다. 이 세포들은 평생 동안 몸에 남아 공복시에는 영향을 준다. 일반적으로 어릴 때의 지방세포 크기와 수의 증가는 비만의 가장 중요한 원인이 된다. 어린이들의 비만은 성장하면서 과식을 유발하여 지방세포의 수와 크기를 더욱 촉진하기 때문에 더 큰 비만을 일으킨다. 따라서 어렸을 때 비만증이 있는 사람이 성인이 되어서 비만이 된 사람보다 더 위험하다.

#### (6) 중추신경계 및 에너지 대사 이상

열량섭취의 조절은 자율신경계에 의하여 조절된다. 이 자율신경계의 상호자극과 완화의 조절기능이 무너질 경우 식사에 대한 억제와 조절이 되지 않아 영양과잉에 의한 비만이 올수도 있다.

그리고 갑상선 기능저하는 기초대사량이 떨어져 열량소모가 줄어들어 체중이 증가하고, 여성호르몬은 사춘기 여성에서 특정 부위의 지방축적을 유도하여 여성 특유의 몸매를 갖게 한다.

### 2) 비만의 분류

비만은 원인에 따라 단순성 비만과 증후성 비만, 지방조직의 형태에 따라 지방세포 증식형, 지방세포 비대형 및 혼합형이 있으며, 지방분포에 의하여 상체형 비만과 하체형 비만, 내장지방형과 피하지방형으로 나눌 수 있다(표 9.5 참조).

[표 9.5] 비만의 분류

| 분류 | 종류 |
|---|---|
| 원인 | • 단순성 비만(본태성 비만)<br>• 증후성 비만 |
| 지방조직 형태 | • 지방세포 증식형<br>• 지방세포 비대형<br>• 혼합형 |
| 지방분포 | • 체형<br>–상체형<br>–하체형<br>• 비만위치<br>–내장지방형<br>–피하지방형 |

### (1) 단순성 비만과 증후성 비만

단순성 비만은 특별한 유전적 질환, 심리적 원인이 없이 과식과 운동부족에 의한 비만을 말하며, 본태성 비만이라고도 한다. 비만증의 약 95%가 단순성 비만에 속한다.

증후성 비만은 비만의 원인이 되는 질환에 의하여 발생하는 것으로 발생빈도는 적지만 내분비성 질환, 유전성질환, 시상하부성 비만, 전두엽성 비만, 대사성 질환, 약물에 의한 비만 등이 여기에 속한다.

### (2) 지방세포 증식형과 비대형

지방세포의 크기는 정상이지만 세포수의 증가가 원인인 비만이 지방세포 증식형이다. 주로 소아기에 나타나며, 성장기를 거치면서 세포수와 크기가 같이 증가하여 성인비만이 될 가능성이 크다.

지방세포 비대형은 세포의 크기가 커지면서 나타나는 비만으로서 주로 성인에게서 발생한다. 장기간 체중 조절을 시도하면 지방세포 증식형보다 감량의 성공률이 더 높다.

### (3) 상체형 비만과 하체형 비만

상체형 비만은 남성에게 주로 관찰되며 사과도양같이 복부지방이 많아 발생하기 때문에 '남성형 비만', '사과형 비만', '복부형 비만' 이라고 한다. 건강상으로는 복부나 허리에 지방이 축적되어 나타나기 때문에 당뇨병, 고혈압, 고지혈증, 각종 심혈관계 질환 등 성인병의 발생 위험이 높다.

하체형 비만은 여성에게 주로 관찰되는 비만의 형태로 서양배의 모양과 같이 골반부위, 엉덩이, 허벅지에 지방이 축적되어 나타난다. 그러므로 '여성형 비만', '서양배형 비만' 이라고 한다. 체형을 바꾸기에는 상체형 비만보다 어려움이 더 큰 것으로 알려져 있다.

상체형과 하체형 비만은 허리와 엉덩이 둘레비율(WHR) 즉, [허리둘레(W) ÷ 엉덩이둘레(H) = 복부비만도]로 진단할 수 있는데, 상체형 비만은 남자의 경우 WHR이 0.95 이상, 여자는 0.85 이상이다. 그리고 하체형 비만은 WHR이 0.8 이하인 경우이다.

### (4) 내장지방형과 피하지방형 비만

내장지방형 비만은 복부의 장기 주변에 지방이 과다 축적된 형태이고, 피하지방은 피부 밑에 지방이 과다하게 축적된 경우인데 CT촬영으로 확인할 수 있다(그림 9.8 참조).

특히 내장지방형은 여러 가지 합병증을 유발할 수 있다(그림 9.9 참조).

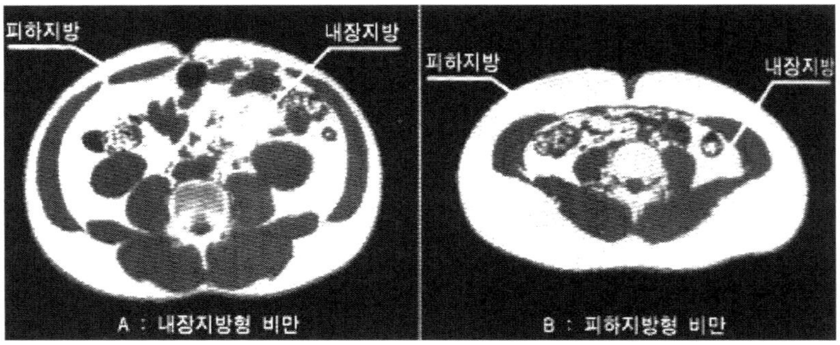


[그림 9.8] 내장지방형 비만과 피하지방형 비만

자료: 대한비만학회

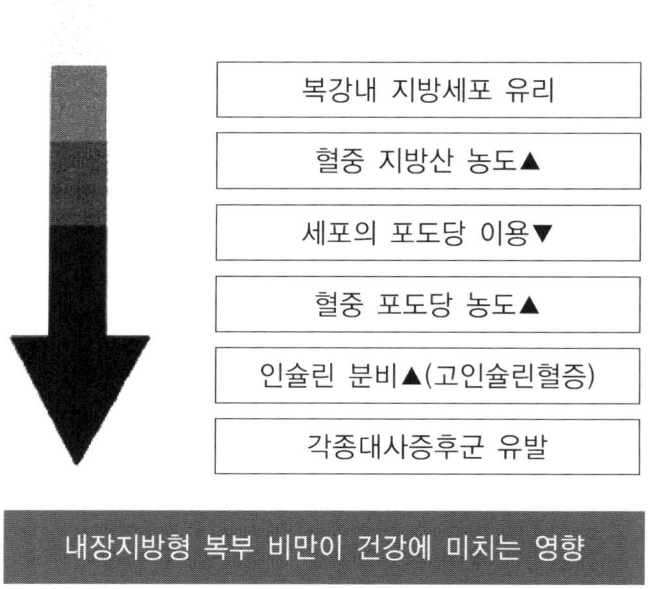


[그림 9.9] 내장지방형 비만과 합병증

★ 참고

– 비만으로 얻는 것과 잃는 것

• 비만으로 얻는 것
당뇨병, 고혈압, 뇌졸중, 관절염
심혈관계질환, 성기능저하, 우울증
식이장애, 이혼, 무능력과 편견 등

• 비만으로 잃는 것
수명, 결혼기회, 직장 혹은 승진기회
업무능력, 대인관계 등

# 5. 비만도 측정

## 1) 표준체중법

표준체중법은 '표준체중(kg) = [신장(cm) × 100] ×0.9' 라는 공식과 '남자의 표준체중(kg) = 신장(m) × 신장(m) ×22, 여자의 표준체중(kg) = 신장(m) × 신장(m) ×21'의 공식이 있는데 둘 다 계산 값은 비슷하다.

표준체중에 의한 비만도를 구하는 방법은 아래와 같으며, 표준체중을 이용한 비만도에 의한 비만 판정은 표 9.6과 같다.

비만도(%) = 현재체중(kg)/표준체중(kg) × 100

[표 9.6] 비만도와 비만판정

| 비만도(%) | 비만판정 |
|---|---|
| 79% 이하 | 심한 체중부족 |
| 80~89% | 약간 체중부족 |
| 90~109% | 정상 |
| 110~119% | 체중과다 |
| 120~129% | 약간 비만 |
| 130 % 이상 | 심한 비만 |

## 2) 신체질량지수

신체질량지수(Body Mass Index, BMI)는 비만도를 체크하는데 가장 많이 쓰이는 방법이며 몸무게를 신장의 제곱으로 나누어 계산한다. 비만도의 판정은 비만 1단계 BMI = 25.0~29.9, 비만 2단계 BMI = 30.0~34.9, 비만 3단계 BMI = 35 이상으로 판단한다(제 1 장 표 1.10 참조).

$$\text{BMI} = \text{체중(kg)} \div \text{신장}(m^2)$$

## 3) 피하지방 두께 측정법

피하지방 두께 측정법은 피하지방을 측정하기 위하여 고안된 캘리퍼(caliper)라는 기구를 이용하여, 팔과 어깨뼈, 종아리, 복부 등을 측정한다. 그러나 이 방법은 전문가가 측정하지 않으면 오차가 커서 많이 이용하지 않는다.

### 4) 허리와 엉덩이 둘레비율

허리와 엉덩이 둘레비율(Waist to Hip Circumference ratio, WHC ratio)은 허리와 엉덩이 둘레비율을 이용하여 비만정도를 체크하는 방법이다. 허리둘레는 배꼽을 중심으로 한 둘레를 재고, 엉덩이는 가장 큰 둘레를 재어서 허리둘레를 엉덩이 둘레로 나누면 된다(제 1 장 표 1.14 참조).

이외에 수중 체중법, 생체전기저항법 등이 있으나 신체질량지수를 이용한 비만정도의 판단이 WHO나 우리나라의 대한비만학회에서 자주 사용하고 있다.

## 6. 비만의 치료

비만은 성인병을 유발할 뿐만 아니라 외모에 대한 자신감을 잃게 하고, 자긍심에 손상을 주기 때문에 정신적으로 장애를 일으켜 건강하고 즐거운 삶에 방해가 된다. 비만의 치료목적은 체중을 감소시켜 정상적인 체중을 유지하게 하는 것이다. 비만 치료요법에는 식이요법, 운동요법, 행동요법이 있다.

### 1) 식이요법

비만은 우선 섭취열량이 소비열량보다 많기 때문이다. 따라서 열량 소모량에 비하여 적게 먹으면 체중조절이 된다. 열량이 적은 식품을 먹거나, 열량이 많은 식품은 조금만 먹으면 된다. 그러나 체중조절을 하기 위하여 먹는 것을 극히 줄이거나 특정한 식품이나 영양소를 과다 섭취하면 영양의 균형이 깨져 건강을 잃게 된다.

★ 참고

체중조절을 위한 식생활 지침

- 열량 섭취량과 운동량을 적절히 유지한다.
- 규칙적인 식습관을 갖는다.
- 영양소가 균형을 이루는 식사를 한다.
- 다양한 음식을 섭취한다.

- 비타민, 무기질, 식이섬유, 물 등이 풍부한 식사를 한다.
- 지방질이 많은 음식은 조금만 섭취한다.
- 포화지방산보다는 불포화지방산을 섭취한다.
- 당분, 염분, 카페인, 알코올 섭취를 줄인다.
- 물을 많이 마신다.
- 여유가 있는 식사를 한다.
- 고열량 식품이나 junk food의 섭취를 줄인다.

## 2) 운동요법

식이요법을 이용하여 체중을 조절하는 것보다는 규칙적인 운동을 병행하면 기초대사량을 증가시켜 더욱 효과적인 체중조절이 된다. 체지방을 감소시키기 위해서는 걷기, 수영, 조깅, 에어로빅 등 유산소 운동을 하는 것이 바람직하다. 너무 강도가 높은 운동은 체내의 산소를 고갈시켜 무산소 운동의 효과가 있고, 무산소 운동은 에너지원을 포도당으로 이용하기 때문에 지방을 분해하는 효과가 적어서 체중감량의 효과가 적다. 따라서 일상생활에서의 운동을 규칙적으로 하는 것이 좋다(표 9.7 참조).

[표 9.7] 운동과 에너지 소모량

| 운동의 종류 | 운동시간 | 에너지 소모량(kcal) |
|---|---|---|
| 계단 오르기 | 30분 | 200 |
| 목욕하기 | 30분 | 120 |
| 자전거 타기 | 30분 | 150 |
| 탁구, 배드맨턴 | 30분 | 150 |
| 조깅(10km) | 60분 | 300 |
| 산책 | 30분 | 130 |
| 에어로빅 | 30분 | 140 |
| 수영(자유형 천천히) | 30분 | 350 |
| 테니스 | 30분 | 200 |
| 축구 | 30분 | 180 |
| 맨손체조 | 30분 | 150 |
| 집안청소 | 30분 | 130 |
| 탁구 | 30분 | 200 |
| 골프 | 5시간 | 600 |

### 3) 행동요법

보통 강도의 작업을 하는 신장 160~170㎝의 성인은 하루 필요한 칼로리가 1,600~1,900 kcal 정도가 된다. 체내 지방 1g을 감소시키기 위해서는 9kcal의 에너지를 소모해야한다. 따라서 지방 1kg을 감소시키기 위해서는 9,000kcal의 에너지를 소모해야한다. 그러나 지방조직의 물을 제외하면 순수 지방함량은 80% 정도이기 때문에 지방 1kg을 감소시키기 위해서는 7,200kcal의 에너지 소모가 필요하다.

체중조절을 위한 행동요법은 다음과 같은 것이 있다.

① 공복시에는 음식 및 재료를 구입하지 않는다. 배가 고플 때 장을 보면 많이 사게 되고 결국은 다 먹게 된다.

② 음식재료는 끼니때마다 새로 준비하는 것이 좋다. 즉 조리해야만 먹을 수 있는 형태로 보관하면 섭취량을 줄일 수 있다.

③ 음식은 눈에 잘 띄지 않는 곳에 둔다. 보던 배가 고프지 않아도 먹게 되는 경향이 있다.

④ 요리할 때에는 먹어야 하는 양보다 적게 하고, 차릴 때도 먹을 양만 작은 용기에 담아 먹는 것이 좋다. 그러면 버리기 아까워 먹는 것을 막는다.

⑤ 음식은 천천히 먹는다. 1회 식사시간을 20~30분 이상의 시간으로 천천히 먹고, 식사 도중에 30초~3분 정도를 쉬었다가 먹는다.

⑥ 음식 섭취순서는 야채류부터 시작하여 지방을 뺀 육류, 밥 순으로 해야만 포만감이 커진다.

⑦ 정해진 시간과 장소에서만 먹는다. 다른 일을 하면서 먹으면 무의식중에 자꾸 먹게 된다.

⑧ 음식을 남기는 습관을 들이고, 남은 음식은 빨리 버린다.

# 7. 셀룰라이트

## 1) 정의

셀룰라이트(cellulite)는 특정부위에 피하지방이 과다하게 쌓이고, 그 주위를 섬유질이 둘러싸면서 주머니처럼 뭉쳐 피부가 오렌지 껍질처럼 울퉁불퉁해진 상태를 말하며, 수분, 노폐물, 지방 등으로 구성된 물질이 신체의 특정부위에 뭉쳐서 발생한다(그림 9.10 참조).

셀룰라이트의 발생부위는 주로 허벅지, 엉덩이, 무릎, 팔, 배 주변이고, 마른 사람, 어린이, 노인에 이르기까지 나이에 관계없이 나타나는 것이 특징이며, 주로 여성에게서 많이 나타난다. 비만은 단순지방의 축적에 의하여 발생하지만, 셀룰라이트는 지방, 수분, 노폐물이 혼합된 특수한 형태의 지방으로서 모든 체형의 사람에게서 생길 수 있으므로 비만과 직결되는 현상은 아니다.

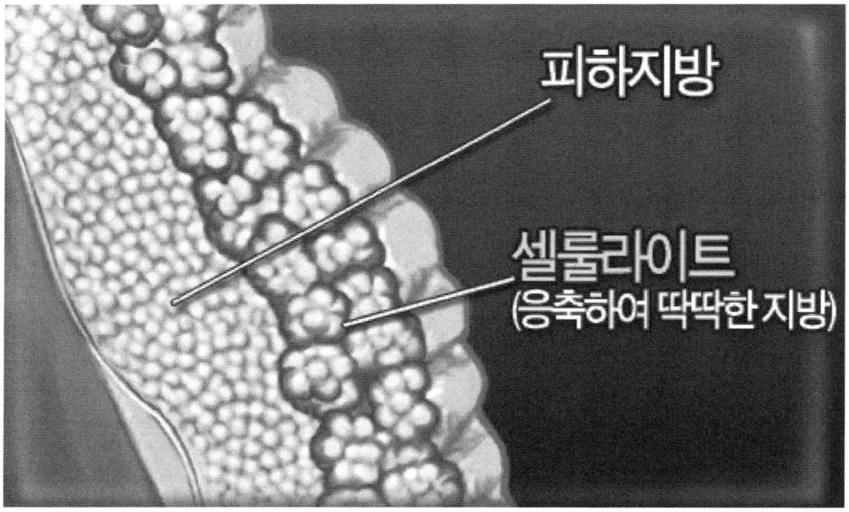


[그림 9.10] 셀룰라이트(Cellulite)

## 2) 발생원인

### (1) 인종적, 유전적 요인

셀룰라이트는 황인종이나 흑인보다 백인에게서 잘 생기며, 유럽의 경우 지중해 주변지역 여성들에게서 잘 생긴다. 비만도 유전에 의한 비만이 있듯이 체형도 유전에 의하여 지방세포의 크기나 수를 부모에게 물려받기 때문에 셀룰라이트도 유전에 의한 원인일 수 있다.

### (2) 내분비 요인

셀룰라이트에서 가장 중요한 호르몬은 에스트로겐이다. 에스트로겐은 콜라겐을 변성시켜 섬유경화를 일으키며, 지방합성, 지방세포 비대, 지방세포 변형 유발, 섬유화, 지방결절을 촉진시킨다.

### (3) 신경학적, 심리적 요인

부신수질세포, 뇌 또는 말초신경세포에서 생합성되는 카테콜아민(catecholamine)은 불안, 스트레스 등이 지속되면서 자율신경계의 이상 긴장증을 유발시켜 셀룰라이트가 생길 수 있는 상황에 간접적인 영향을 준다.

그리고 셀룰라이트는 "psychosomatic disease(정신육체적 질병)"라 불릴 정도로 스트레스, 심리상태와 관련이 크다. 특히 셀룰라이트가 잘 생기는 심리적 상태는 ① 쉽게 피로를 느끼고 기운이 없음 ② 감정의 기복이 심함 ③ 쉽게 불안함 ④ 많이 움직이지 않음 등이다.

### (4) 신체의 활동량 부족

운동량 부족과 신체 활동량 부족은 다음과 같은 메카니즘으로 셀룰라이트를 유발하거나 악화시킨다.

① 운동부족에 의한 근육량 감소로 지방이 쉽게 쌓일 수 있는 상태

② 근력 감소에 의한 근육펌프기능이 원활하지 않아 정맥귀환이 잘 이루어지지 않으면서 울혈, 부종이 잘 생긴다.

③ 에너지 밸런스의 불균형을 초래하여 지방이 쉽게 쌓이게 하고, 하체부종, 정

맥-림프순환장애를 유발한다.

### (5) 영양 및 식이요인

다음과 같은 영양섭취나 식이가 셀룰라이트를 직간접적으로 발생시키는 요인이 된다.

① 성장기 열량 과다섭취에 의한 지방세포의 크기나 숫자가 증가되어 성인이 되었을 때 셀룰라이트가 발생하기 쉬운 상태를 만든다.
② 불규칙적인 식사와 무리한 다이어트로 지방합성이 촉진되어 셀룰라이트 발생 원인이 된다.
③ 탄수화물 과다섭취로 지방합성 촉진과 고인슐린혈증을 유발하여 셀룰라이트를 잘 생기게 한다.
④ 과다한 염분섭취로 수분저류를 초래하여 셀룰라이트를 악화시킨다.
⑤ 섬유질 섭취의 부족으로 하지부종을 일으켜 셀룰라이트를 발생시킬 수 있다.

### (6) 약물요인

여성호르몬, 항히스타민, 항갑상선제, 베타 차단제 등의 약물을 복용함으로서 셀룰라이트 발생에 영향을 미칠 수 있다.

### (7) 기계적 요인

피로를 유발하는 자세(자세 불균형), 반복되는 작은 외상, 근육 긴장저하 등도 말초혈관 순환장애로 혈관을 압박하여 셀룰라이트를 유발하거나 악화시킨다.

### (8) 흡연 및 음주

흡연은 미세순환을 저해하고, 조직 내 산소공급을 감소시켜 자유기(free radical) 생성을 증가시키고, 알코올은 지방합성을 촉진시켜 셀룰라이트 발생의 원인이 된다.

### 3) 셀룰라이트 치료 및 예방하는 식이요법

셀룰라이트를 치료하는 방법으로서는 식이요법, 규칙적인 운동, 약물치료, 특수장비를 이용한 치료, 외과적 수술 등이 있으며, 셀룰라이트 치료 및 예방하는 식이요법으로서는 다음과 같은 방법들이 있다.

셀룰라이트의 식이요법은 비만의 식이요법과는 다르다. 비만은 열량섭취를 제한하지만 셀룰라이트는 영양소의 균형을 요구한다. 따라서 셀룰라이트 식이는 지나치게 열량섭취를 제한할 필요가 없다.

① 탄수화물의 섭취는 전체 열량의 50~60% 정도를 유지한다. 특히 잡곡밥, 현미, 섬유질이 풍부한 과채류의 섭취가 좋다.
② 불포화지방산의 섭취를 늘이고, 포화지방산의 섭취를 줄인다. 특히 생선 기름, 올리브유, 콩기름, 들기름 등의 식물성 기름, 호두와 같은 견과류 등이 좋다.
③ 단백질의 섭취는 전체 열량의 15~20% 정도를 유지한다. 특히 필수아미노산이 풍부하게 함유되어 있는 동물성 단백질, 우유, 계란 등이 좋으며, 동물성 단백질은 지방도 풍부하게 함유하고 있기 때문에 육류는 살코기로, 계란은 흰자위로만, 우유는 저지방 우유를 섭취하는 것이 좋다.
④ 레시틴(lecithin)의 섭취를 적절히 한다. 레시틴은 손상된 세포벽을 재생하고, 헐거워진 세포 사이를 메워주어 피부에 탄력을 준다. 달걀, 두유, 양배추, 토마토 등이 레시틴 공급을 위한 좋은 식품이다.
⑤ 항산화성 식품을 섭취한다. 항산화성 식품은 셀룰라이트를 만드는 노폐물로부터 피부를 보호한다. 식품 중의 항산화 물질은 비타민 A, C 및 E 등이며, 이들은 과일 및 채소류에 많이 있지만 특히 색깔이 진하고 선명한 과일, 채소에 많이 함유되어 있다.
⑥ 무기질의 섭취를 적절히 유지한다. 무기질은 신진대사를 촉진시켜 셀룰라이트로 인하여 딱딱하게 굳고, 울퉁불퉁한 피부를 부드럽게 하는 효과가 있다. 현미, 해조류 등과 시금치, 케일 등 색이 짙은 녹색 채소에 많이 함유되어 있다.
⑦ 그 외에 수분섭취를 충분히 하여 섬유질의 효과를 높이고, 음식을 싱겁게 섭취하도록 하며, 야식이나 과식하는 습관을 고쳐야 한다.

★ **참고**

셀룰라이트를 발생시키는 나쁜 습관

① 평소 운동량이 부족하고 물을 잘 마시지 않는다.
② 편식을 하고 동물성 지방과 당분을 즐겨 먹는다.
③ 스트레스를 많이 받는다.
④ 술, 담배, 커피를 많이 즐긴다.
⑤ 대기오염이 심한 곳에 산다.
⑥ 오래 앉아서 일한다.
⑦ 몸에 꼭 끼는 옷과 하이힐을 자주 신는다.
⑧ 온도 높은 사우나에 오래 앉아 있는 것을 좋아한다.
⑨ 강도 높은 마사지를 받아야 시원하고, 또 자주 받는다.
⑩ 평상시 피임약을 복용한다.
⑪ 근육을 많이 쓰거나 뭉쳐 있어도 잘 풀어주지 않고 그냥 둔다.

CHAPTER 10

# 영양과 미용

피부를 아름답게 하고자하는 욕망은 모든 사람들에게 있다. 피부는 단지 화장품이나 약품으로 유지할 것이 아니라 적절한 식이요법을 통하는 것이 피부를 아름답게 하는 기본일 것이다. 피부는 신체의 일부이기 때문에 신진대사가 원활해져야 건강이 유지되기 때문에 신진대사에 반드시 필요한 영양소를 음식물을 통하여 공급하는 것이 제일 중요하다.

## 1. 피부의 구조 및 기능

피부는 인체의 외부를 싸고 있는 막으로 여러 가지 물리적, 화학적, 생물학적 환경으로부터 생체를 보호하며 내부 장기와 체내 기관을 보호, 조절해 주는 기능과 또한 다양한 생리적 기능을 수행하고 있다. 피부의 총면적은 연령 및 성별에 따라 차이가 있지만 성인의 경우 약 2~4㎜의 두께로 전신을 덮고 있으며, 중량은 체중의 16%이다. 일반적으로 손바닥과 발바닥이 가장 두껍고 눈꺼풀과 고막이 가장 얇다.

피부는 조직학적으로는 표피, 진피, 피하지방의 3층으로 구성되어 있으며, 피부의 구조는 그림 10.1에서 보는 바와 같다.

### 1) 표피(Epidermis)

표피는 기저층, 유극층, 과립층, 투명층, 각질층으로 나누어진다. 각질층을 제외한 기저층, 유극층, 과립층은 각질을 형성하기 위하여 세포가 외곽으로 이동하는데 따른 분화와 각질화의 정도를 나타낸다.

각질층은 피부의 최외곽층으로 외부로부터의 유해물질이나 병원균이 침입하는 것을 막아 피부를 보호하는 일차적인 보호막으로서의 역할을 한다. 각질층은 죽은 세포들로 구성되어 있으며, 약 25개의 층으로 이루어져 있다. 이런 피부표면의 각질세포들은 하루에 0.5~1.0g 정도가 벗겨져 나가고 새롭게 형성된다. 이런 과정을 피부 턴오버라고 하며, 약 26~42일에 걸쳐서 떨어져 나간다.

기저층에서 세포의 증식과 다음의 각질세포 분화과정이 정확하게 조절되면 부드럽고 유연한 피부표면이 만들어 지지만, 기저세포 분열이나 표피 분화의 장해, 각질층의 박리과정 등에 문제가 발생하면 피부가 거칠어지거나 각질이 일어나는 등의 문제가 발생한다.

### 2) 진피(Dermis)

진피의 두께는 부위에 따라 약간이 차이는 있지만 평균 2㎜(표피의 10배) 정도이며, 표피층 바로아래에 위치한다. 피부의 유연성, 탄력성, 강인성 등의 성질을 나타내며 진피조직은 표피에 비해서 세포의 종류가 적고 주로 교원질(Collagen)70%, 탄력섬유(Elastin) 2% 정도의 단백질 섬유로 구성된 결체조직과 그 사이를 채우고 있는 히아루론산, 프로테오글리칸과 같은 다당류의 기질로 구성되어 있으며, 그 속에 신경, 혈관, 림프관, 근육, 모낭, 피지선 등을 내포하고 있다. 진피에는 신경이 많이 분포되어 있는데 촉각과 압각, 온도각, 통각 및 소양각은 진피 유두와 모낭 주위에 많이 분포되어 있다.

### 3) 피하지방층(Subcutaneous tissue)

진피 아래에 있는 조직이며, 지방 세포로 구성되어 있다. 피하조직의 두께는 피하지방 두께에 의해서 좌우되기 때문에 신체 부위, 나이, 성별, 영양상태에 따라서 달라진다. 유아기에는 모든 부위에서 비슷하게 분포되었지만 성장하면서 복부나 대퇴부에 피하 지방량은 점차적으로 증가된다. 특히 여성의 피하조직은 사춘기 이후의 여성호르몬의 영향으로 피하지방량이 증가되면서 여성다운 곡선미를 나타낸다. 또한 열 격리물, 충격 흡수물, 영양저장소의 역할을 하며, 에너지 저장창고의 역할과 피부에서 온 충격을 감소시키는 쿠션의 역할도 한다

피하지방층의 생물학적 구성요소는 15%의 물과 85%의 지방(84%의 중성지방과 1%의 콜레스테롤 지방산)으로 구성되어 있으며, 호르몬의 조절에 따라 에너지의 저장과 방출이 이루어지는 지방대사의 중추적인 역할을 한다.

## 4) 피부의 부속기관

### (1) 한선

땀을 생산하여 피부표면에 분비하며, 피부의 온도를 조절하는 기능을 하는데, 에크린선과 아포크린선 두 가지가 있다.

#### 1 에크린선

에크린선은 체온조절에 중요한 역할을 하며, 열에 의한 스트레스를 받을 때 저장액의 액체를 생산하여 체외로 땀의 형태로 증발, 배출시켜 온도를 떨어뜨리는 기능을 한다. 에크린선은 피부 전체에 약 230만개가 있으며, 특수한 부위를 제외한 거의 모든 부위에서 발견되지만 손발바닥, 이마, 겨드랑이 등이 가장 많이 분포되어 있다.

#### 2 아포크린선

아포크린선은 모낭과 연결되어 피부표면으로 통하게 되어 있고, 특유의 냄새를 갖는데, 피부에 기생하는 세균의 작용으로 점성이 높은 물질을 분비하며, 여기서 분비되는 물질이 체취의 근원이 된다. 아포크린선은 태아에서는 거의 전 피부표면에서 발견되지만 나이가 들면 점점 퇴화하여 겨드랑이, 생식기 등 일부에만 분포한다. 아포크린선은 남성보다 여성에게 많고, 백인보다 흑인에게 많으며, 동양인보다 백인에게 많다.

### (2) 피지선

피지선은 작은 주머니 모양을 하고 있으며, 관을 통해 모낭과 연결되어 모공으로 피지를 배출한다. 피지는 세균이나 곰팡이의 침입을 막으며, 피부와 모발에 윤기를 제공하고, 체온의 저하를 막아준다.

피지선은 출생 직후에는 잘 발달되어 있으나 나이가 들면서 점점 위축되기 시작하고, 사춘기가 되면 다시 활성화 된다. 그러나 사춘기가 지나면 조금씩 쇠퇴하여 노화가 진행되면서 지질이 점점 줄어드는 현상을 보인다.

### (3) 모낭 및 모유두

모낭은 주머니 모양으로 모근을 싸고 있으며, 모낭의 수는 태어날 때부터 정해지는 것으로 알려져 있다.

모유두는 모낭의 맨 밑에 위치하며 모모세포를 가지고 있다. 모세혈관이 연결되어 있어서 모발에 영양을 공급하여 모발을 성장시키는 곳이다.

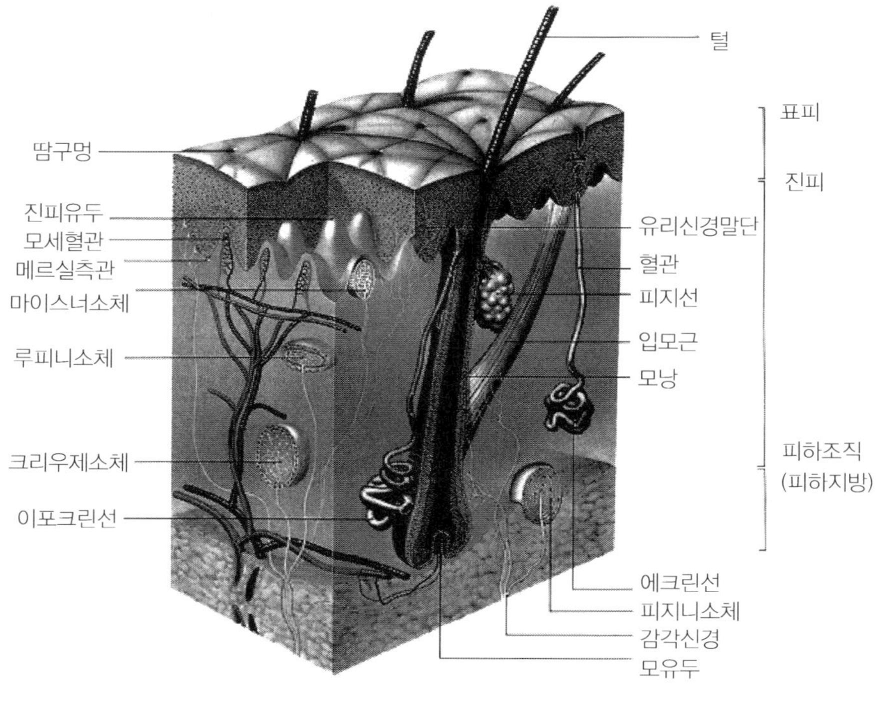


[그림 10.1] 피부의 구조

# 2. 피부와 영양

피부는 혈관계와 림프계에 의해서 영양소(Nutrients)를 공급받는다. 즉 피부의 형성과 발달 및 재생에 필요한 필수 영양소들은 혈액과 림프액을 통하여 피부의 각 조직에 공급이 된다. 이러한 영양소의 공급 상태가 좋으면 피부는 정상적인 기능을 갖게 되지만, 필수적인 영양소의 공급이 부족하면 알르레기, 피부염 등이 발생하고, 피부노화가 촉진된다. 그러므로 피부의 건강유지를 위해서 균형이 잡힌 식단으로 필요한 영양소를 공급해 주어야 한다. 특히 피부와 내장은 밀접한 관계이기 때문에 건강하고 아름다운 피부의 상태는 건강한 몸의 척도이기도 하다. 편식과 불규칙한 식사 등으로 신체에 영양분이 부족해지면 피부에도 영양결핍이 생겨 피부질환이 발생한다. 피부질병의 원인은 피부 자체의 문제이기보다는 인체 내의 배설기관의 장애나 영양결핍이 더 주된 요인으로 볼 수 있다. 그러므로 일상의 식사에서 적절한 영양소의 섭취로 건강한 피부를 유지할 수 있지만 영양의 균형이 깨어지면 건강과 함께 피부의 탄력도 함께 잃는다.

필수 영양소를 적절하게 섭취하여 근육, 내장기관, 혈액 등 체내의 영양상태를 튼튼하게 하여 건강한 피부를 유지해야 하며, 몸의 생리기능을 조절하는 각종 비타민과 미네랄을 반드시 섭취하여 몸의 신진대사를 원활하게 하고, 피부의 재생력도 활발하게 하여야 한다. 아름답고 윤기가 있는 피부는 튼튼하고 건강한 내장기관의 상태에서 나오는 것이며, 이는 바로 내적인 건강이 피부의 건강으로 나타나기 때문이다.

## 1) 피부유형 별 영양관리

### (1) 정상피부(Normal skin)

피지선(기름샘)과 한선(땀샘)의 활동이 정상적인 생리기능을 가진 가장 이상적인 피부상태로서 피부표면이 매끄럽고 촉촉하며 피부결의 입자가 섬세하고 깨끗하다. 표피의 두께 는 보통이며 모공이 섬세하고 탄력성이 좋다. 피부의 정상적인 생리기능으로 여드름, 잡티, 색소침착 등의 문제들은 거의 발생하지 않으며 안색은 분홍빛의 맑은 피부이다.

**1** 영양관리

- 정상적인 피부조직의 유지를 위해 적당한 단백질을 섭취해야한다.
- 피부세포의 건강과 노화방지를 위하여 비타민A, C 및 E 함유식품을 섭취한다.
- 피부의 유분 및 수분의 균형을 위하여 유화된 지방과 수분을 섭취하여야 한다.

**2** 급원식품

생선류(등푸른 생선), 식물성기름, 수분, 무기질 및 비타민 함유량이 많은 과일 및 채소류, 우유 및 유제품, 두부, 달걀 등

### (2) 건성피부(Dry skin)

피지선과 한선의 기능저하로 각질층의 수분량이 적고 피지량도 부족해 피부의 윤기가 없으며, 쉽게 건조하고 심하면 피부가 갈라지고 탄력이 없다. 피지막 형성의 부족으로 인한 피부 당김으로 조기노화가 촉진 될 수 있으며, 모공이 좁다. 또한 머리에 각질이 일어나 비듬이 생기기 쉽고 피부표면은 항상 건조하고 윤기가 없다.

**1** 영양관리

- 지방함유식품 과 단백질 식품을 섭취하여 피부조직의 건강과 수분증발을 방지해야한다.
- 각질화 예방을 위해 비타민 A 함유식품을 섭취한다.
- 피부 거칠음을 예방하기 위하여 염분이 다량 함유한 음식을 피한다.
- 동물성 단백질과 식물성지방을 균형이 있게 섭취한다.
- 수분, 무기질 및 비타민이 많은 과일 및 채소와 물을 충분히 섭취한다.
- 비타민 B complex(복합체)도 섭취한다.

**2** 급원식품

육류, 달걀, 바나나, 우유, 요구르트, 아이스크림, 살코기, 동물의 간, 생선, 내장, 간유, 녹황색채소, 버터, 마가린, 밀배아,수분함량이 많은 과일류, 당근, 감귤, 식물성유, 견과류, 어유 등

### (3) 지성피부(Oily skin)

과다한 피지분비로 피지가 모낭 속에 축적되고, 모낭입구가 피지와 각질들로 막히게 되어 여드름 등 피부병변이 생기기 쉬우며, 피지선과 한선의 기능 증가로 피부는 늘 번들거리고, 지저분해 보인다. 또한 피지분비의 증가로 인하여 모공은 점차 넓어지고, 각질층은 두터워져 피부가 불투명하고 칙칙해 보인다. 피지선의 활동은 나이와 개인의 호르몬 분비 상태에 따라 다르며 사춘기가 되면 왕성해 지므로 여드름의 발생율이 높아진다.

#### 1 영양관리

- 비타민 $B_1$, $B_2$, $B_6$, 비타민 C 등의 함유식품을 충분하게 섭취한다.
- 비타민 A가 함유된 식품을 충분히 섭취하여 피부 각질화와 여드름의 유발을 예방한다.
- 피지분비를 촉진시킬 수 있는 지방, 탄수화물의 과다한 섭취를 제한한다.
- 비타민 $B_1$의 결핍은 여드름을 유발시킬 수 있으므로 충분하게 섭취한다.
- 유화지방을 섭취하고 고당질, 고지방을 제한한다.
- 지성피부로 인한 여드름 발생과 피부질환의 상태를 악화시킬 수 있는 기호식품이나 강한 향신료의 섭취를 제한한다.

#### 2 급원식품

딸기, 오렌지, 감자, 두류, 녹황색 채소류, 시금치, 고추, 당근, 늙은 호박, 달걀, 흰살생선, 우유, 배추, 효모(yeast), 닭고기, 동물의 간, 현미 등

#### 3 제한식품

버터, 베이컨, 햄, 돼지고기, 초콜릿, 코코아, 탄산음료, 커피, 아이스크림, 튀김류, 땅콩, 바나나, 향신료(겨자, 고춧가루, 후추가루 등), 술, 담배 등

### (4) 복합성 피부(combination skin)

피지의 분비량이 균형을 이루지 못하여 건성과 지성의 2가지 이상의 피부상태가 함께 존재한 상태로 이마, 코, 턱 부분은 피지 분비가 많아 모공이 크고 번들거리며, 볼이나 눈 주위에는 피지분비가 적고 보습 함유량도 적어서 건조하거나 잔주름이 형성되기도 한다.

**1** 영양관리

- 필수지방산이 함유된 식품을 섭취한다.
- 비타민 A와 비타민 C 함유식품을 충분하게 섭취한다.
- 고지방, 고당질이 함유된 식품은 제한한다.
- 보습유지를 위하여 수분함량이 많은 과일이나 야채를 충분하게 섭취한다.
- 피부의 유분과 수분의 균형을 맞추기 위하여 적절한 영양섭취를 한다.

**2** 급원식품

채소류, 과일류, 식물성 유지 등

### (5) 민감성 피부(sensitive skin)

외관상 피부결은 맑고 깨끗해 보이나 외부환경에 의해 쉽게 민감해지며 모세혈관이 확장되기 쉬운 피부이다. 계절의 변화, 화장품, 자외선 등에 쉽게 민감해지므로 가려움증이나 붉은 반점 등의 부작용이 일어나며, 외부자극에 대한 저항력도 약하여 알레르기 피부, 접촉성 피부염 등의 피부병변이 나타나기도 한다.

**1** 영양관리

- 콜라겐의 합성과 항산화 작용을 하는 비타민 C를 충분히 섭취하여 저항력을 길러준다.
- 가공식품의 과다 섭취는 제한하고, 알칼리 식품을 많이 섭취한다.
- 피부의 저항력을 높여주는 비타민 B 복합체와 무기질 함유식품을 섭취한다.
- 담배, 술, 커피, 탄산음료, 카페인음료, 향신료 등 자극이 강한 음식은 피한다.

**2** 급원식품

육류, 굴, 갑각류, 동물의 간, 해조류, 효모, 버섯류, 유제품, 달걀, 배아, 고추, 녹황색 채소, 과일류 등

**3** 제한식품

담배, 술, 탄산음료, 카페인음료, 가공식품, 우유 및 유제품, 조개류, 생선류 등

# 3. 피부의 노화

인체의 노화과정 중에서 피부의 변화는 필수적으로 발생하며, 피부의 질환을 억제하거나 치료하는 방법의 일환이 피부미용이다. 피부미용을 통하여 인체의 건강과 아름다움을 표현하는 외적인 아름다움은 사회적으로 자신감이나 우월감을 나타내는 방법이기도 하다. 이러한 노화는 나이가 들어가면서 자연적으로 진행되는 자연적인 노화와 자외선에 의한 광노화로 분류할 수 있다.

## 1) 자연노화(instrinsic aging)

자연노화의 원인은 피부 관리를 전혀 하지 않고 방치하였을 경우, 잘못된 피부관리와 화장품의 과다 및 그릇된 사용, 내부질환이나 기타 건강이 나쁠 때, 심한 운동부족으로 인한 혈액순환의 저하로 세포증식의 감소가 야기될 때, 스트레스로 인한 심리적 불안과 불만이 누적될 때, 의약품의 장기 복용, 편중된 식사로 영양상태의 불균형이 올 때, 음주 및 흡연, 자율신경의 실조, 항염증성 크림의 과다사용, 단기간 내의 심한 체중감소로 인한 피하지방 세포의 함몰 등이 있다. 노화의 결과로 나타나는 피부의 이상 현상은 주름, 피부이완, 색소침착과 변화, 표피조직의 변화, 진피조직의 변화가 나타난다.

피부의 주름은 30세를 전후하여 신체의 각 부위에서 형성되기 시작하는데 나이에 따라 주름의 수와 깊이, 범위가 증가하게 되고, 목에 나타나는 선상주름, 얼굴이나 목덜미에 나타나는 교차된 선에 의하여 삼각형이나 사각형이 나타나는 도형주름, 고령자의 피부에 나타나는 측면주름이 있다. 이러한 주름의 발생에는 신체의 내, 외적인 원인이 있으나 광노화를 제외하면 내적으로는 각질층 수분의 저하로 인한 수분 함유량의 감소, 각질층의 비후, 표피세포 교체율의 감소와 위축, 진피의 히아루론산, collagen, elastin의 질적, 양적인 변질에 의하여 나타나고, 피지생성의 감소가 야기되며, 외적으로는 물리적, 화학적 스트레스가 원인이 된다.

피부의 이완은 약 40세 전후로 나타난다. 이완의 원인은 주름과 마찬가지로 진피를 이루고 있는 collagen의 감소와 elastin의 변질, 그리고 피하지방 조직의 감소에 있다. 피하지방 조직의 감소는 외부로부터의 물리적 자극에 대한 저항력의 저하, 지지력의 감소, 근육력의 저하를 야기한다.

피부에는 강한 자외선으로부터 우리 신체를 보호하기 위하여 멜라닌이 형성된다. 피부의 색깔은 tyrosinase의 작용에 의하여 달라지는데 손바닥이나 발바닥은 tyrosinase가 작용하지 못하여 흰색을 띄게 된다. Melanin에는 두 가지가 있는데 검은색을 나타내는 유멜라닌(eumelanin)과 황색이나 적갈색을 나타내는 피오멜라닌(pheomelanin)이 있다. Melanin 세포가 자극되어 melanin의 양이 증가하는 요인으로는 자외선, 정신적 스트레스, 내장장애, 임신, 음식물, 경구 피임약 등으로서 피부색의 변화를 가져온다. 멜라닌의 생성과정은 그림 10-2와 같다.

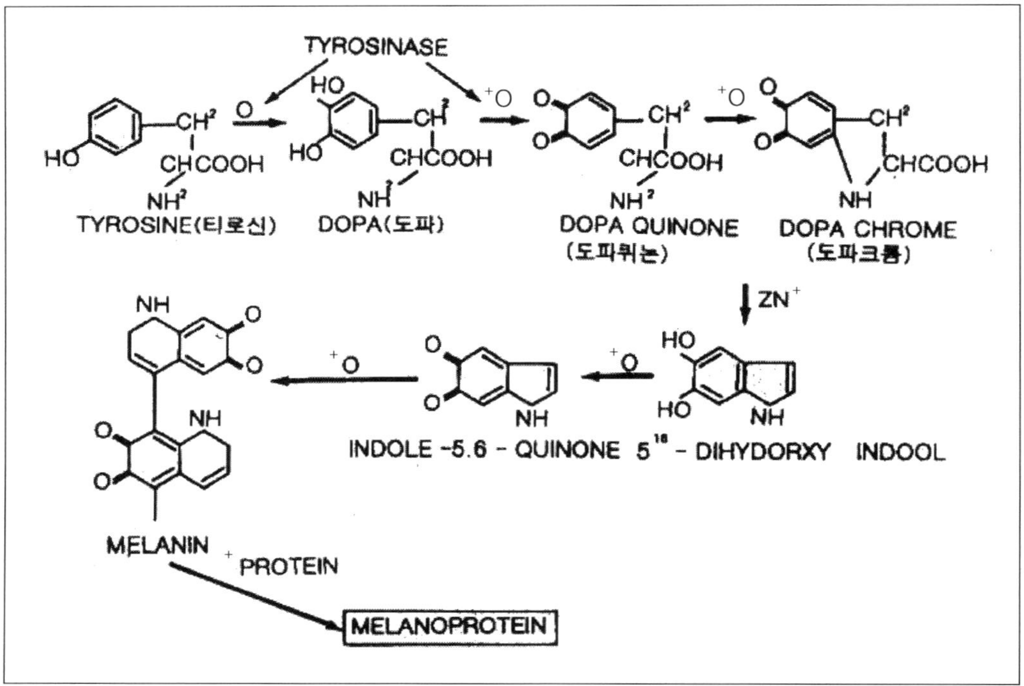


[그림 10.2] 멜라닌의 형성과정

## 2) 광노화(photo aging)

자외선이 원인이 되어 발생하는 노화를 광노화라고 한다. 자외선(UV)은 피부암, 피부노화 등 자외선과 연관된 기타 질병을 유발한다.

광노화에 의한 피부 표피조직의 변화로서 나타나는 현상은 표피가 두꺼워지며, 케라티노사이트의 세포모양이 불규칙해지고, 비더해지며, 각질층의 두께가 두꺼워진다. 또한 각질층의 두께와 크기가 일정치 않고, 멜라노사이트의 세포가 이상항진이 되며, 멜라노좀의 생산이 증가하고 다양한 형태가 생긴다.

피부의 진피조직의 변화로 나타나는 현상은 탄력섬유조직의 이상 증식이 급격해지고, 형태가 불규칙적인 모습을 보이며, collagen이 급격히 감소하고, 망상층의 진피가 함몰된다. 그리고 섬유아세포가 증가하고, 피하조직 상단과 진피층 하단에 있는 지방세포가 증가하며, 진피에 있는 유두층의 collagen 형태가 변형된다. 또한 모세혈관이 감소하며, 림프관이 소실된다.

자외선에 유도된 피부질환에 있어서 활성산소종(reactive oxygen species; ROS)이 더 급격하게 하는 것으로 알려져 있다. Fenton/Haber-Weiss 작용에 의하면 피부의 철분은 특히 수산기(hydroxyl radical)가 있을 때 ROS의 생산을 촉진시킨다고 알려져 있으며, 그 메카니즘은 그림 10.3과 같다.

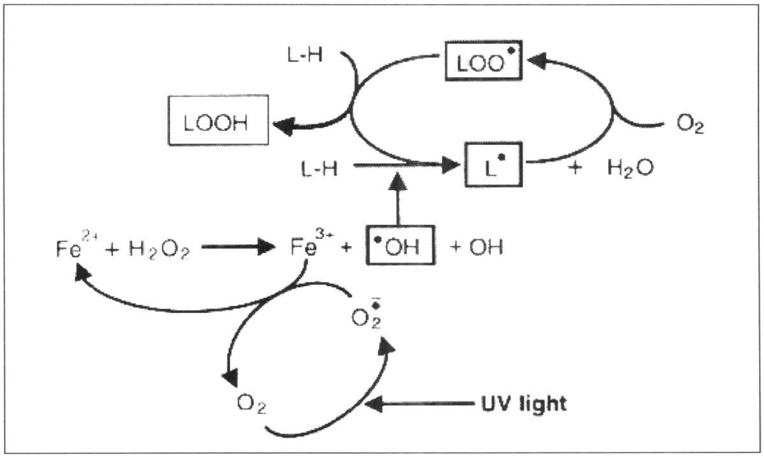


[그림 10.3] Fenton/Haber-Weiss 작용

## 3) 노화에 의한 주름

피부노화에서 발생하는 생리적 변화들 중에서 가장 눈에 잘 뛰는 것이 주름이며, 타인에 의하여 나이를 쉽게 가늠케 하므로 모든 사람들이 관심을 갖고 예방과 개선에 많은 노력을 기울이고 있다. 따라서 주름은 노화의 가장 분명하고 중요한 지표가 된다. 노화에 의한 주름은 Kligman 등이 세 가지 형태로 분류하였다. 첫째, 미세주름(crinkle), 둘째, 도형주름(glyphic wrinkle), 셋째, 윤곽주름(linear facial wrinkle)으로 분류하였다.

### (1) 미세주름(Crinkles)

미세주름은 피부의 노화가 진행됨에 따라 피부의 표면에 아주 미세하게 생기는 주름이다. 나이 75세 이상의 모든 사람들은 신체 표면 전체에 미세주름이 형성된다. 그림 10.4에서 보는 바와 같이 70세인 여성의 피부는 미세주름이 많은 반면 35세 여성의 피부는 정상상태를 나타내고 있다. 미세주름은 약하게 당겨도 주름이 펴진다. 미세주름의 발생은 진피와 함께 표피를 탄력있게 유지해주는 피하 하층부의 가느다란 탄성섬유의 분해나 소멸에 기인한다. 게다가 미세주름은 진피-표피 접촉부분이 평평하게 된 것이 관찰된다. 그리고 탄성섬유(elastic fibers)는 30세부터 퇴화되기 시작하는데 탄성섬유의 분해는 나이가 들어감에 따라 서서히 증가하여 70세 이후에는 탄성섬유의 대부분이 손상을 입고, 햇빛은 이러한 손상을 촉진시킨다.

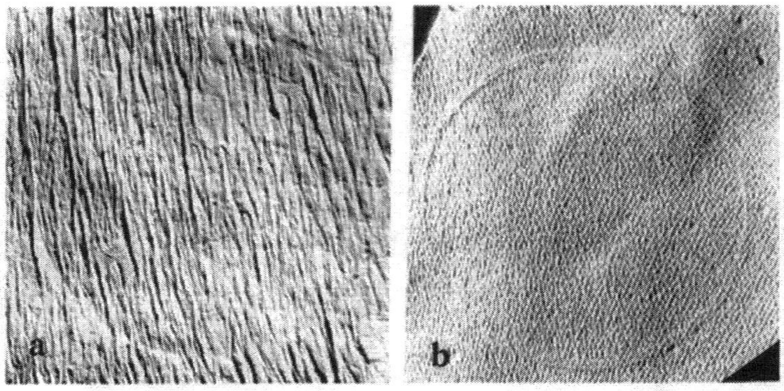


[그림 10.4] (a) 70세 여성의 피부 (b) 35세 여성의 피부

### (2) 도형주름(Glyphic wrinkles)

도형주름은 햇빛 노출에 의한 탄성섬유 분해로 피부에서 나타난다. 따라서 도형주름은 목의 측면과 뒷면, 얼굴 위에서 나타난다. 그림 10.5는 65세의 여성농부의 도형주름을 나타낸 것이다.

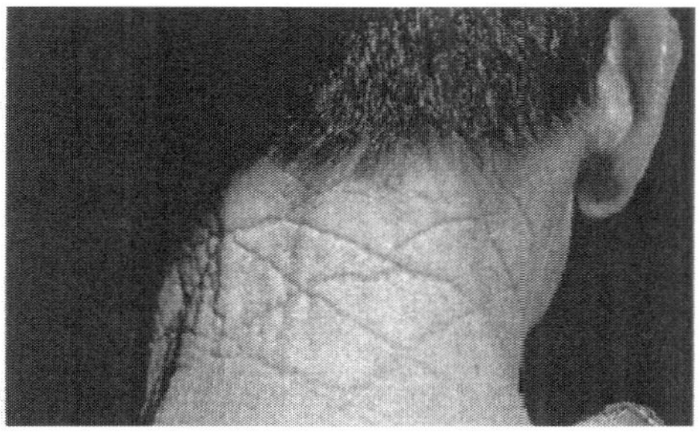

[그림 10.5] 65세 여성 농부의 도형주름

### (3) 표정주름(Linear facial wrinkles)

표정주름은 길고, 직선이거나 완만한 곡선을 이루고 있으며 잡아 당겨도 없어지지 않는다. 이것은 표정을 짓는 면에 나타나고, 노화피부의 가장 깊고 빠르게 나타나는 주름이다. 이러한 표정주름은 얼굴 위의 예측 가능한 부분에서 발생하고, 그들의 생성 경로는 근육섬유 바로 위에 수직으로 나타난다. 젊은 사람들은 표정주름이 피부의 탄성섬유 회복으로 표정 근육수축의 완화 후 즉시 없어진다. 그러나 나이가 많은 사람들의 표정주름은 변화되지 않기 때문에 잠을 자거나 죽어도 영원히 없어지지 않는다. 표정주름은 아래 그림(그림 10.6, 7, 8 및 9 참조)과 같이 형태에 따라서 다르게 나타난다.

① 이마를 따라 찡그려 가로로 생긴 주름

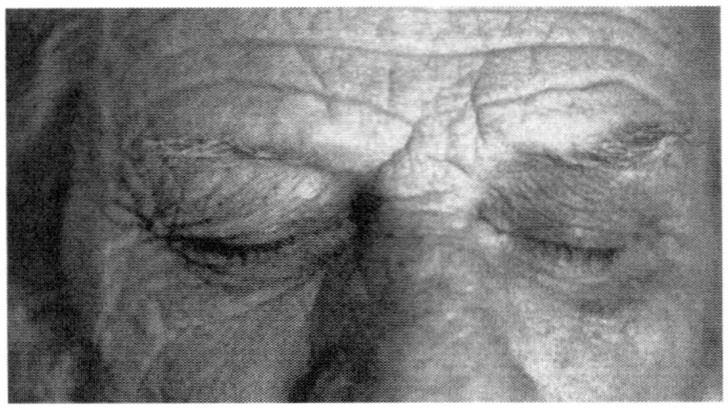

[그림 10.6] 찡그렸을 때 수평으로 생긴 주름(72세 여성)

② 눈 꼬리 측면에 까마귀 발같이 길게 패인 주름

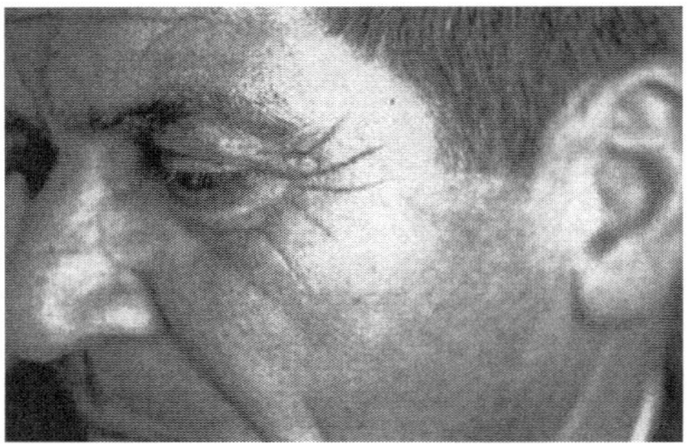

[그림 10.7] 까마귀 발 주름(58세 남성)

③ 코에서부터 잎 꼬리까지 생긴 주름

[그림 10.8] 얼굴 주름의 모든 형태(84세 남성)

④ 입술 위, 아래에 나타난 주름, 보통 여자에게서 많이 관찰된다.

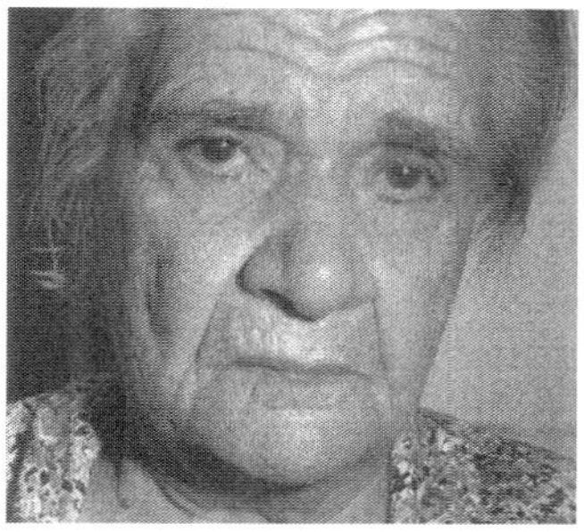

[그림 10.9] 입술 아래위에 나타난 주름(70세 여성)

## 4) 주름개선을 위한 영양관리

**1** 영양관리

- 콜라겐, 엘라스틴의 구성성분인 동물성 단백질 식품을 충분히 섭취해야 한다.
- 각질화와 피부건성화의 예방과 세포의 생성을 돕는 비타민 A가 함유된 식품을 섭취한다.
- 노화나 백발을 방지하는 비타민 E 가 함유된 식품을 섭취한다.
- 콜라겐의 합성에 도움을 주는 비타민 C가 다량 함유된 식품을 충분히 섭취한다.
- 신진대사를 원활하게 하는 각종 무기질이나 활성 효소가 들어 있는 식품을 섭취한다.
- 노화피부의 유형은 피부상태가 건성이므로 각질화현상을 예방하기 위하여 지방성 식품과 수분함유량이 많은 과일과 채소를 섭취한다.

**2** 급원식품

우유 및 유제품, 달걀, 쇠고기, 돼지고기, 닭고기, 생선, 두부, 간유, 어패류(굴, 조개, 게), 식물성기름, 참깨, 레몬, 딸기, 당근, 녹황색 채소 등

# 4. 여드름

여드름(acne skin)은 사춘기 이후의 젊은 사람에게서 흔히 발생하는데, 성호르몬의 급격한 증가에 의해 호르몬이 피지선을 자극하여 피지선의 활동이 촉진되어 과다한 피지가 분비되고 이때 세균감염에 의하여 피지선 내에 염증을 유발시켜 나타나는 것이 여드름이다. 여드름은 11~30세 사이의 청소년과 성인에 있어서 75~98%의 유병률을 나타내는 것으로 보고되고 있으며, 최근에는 성인 여드름도 증가하여 25세 이상의 성인 남성의 경우 40%, 여성의 경우 54%가 얼굴에 여드름이 있는 것으로 밝혀졌다. 여드름이 발생하는 메카니즘은 그림 10.10과 같다.

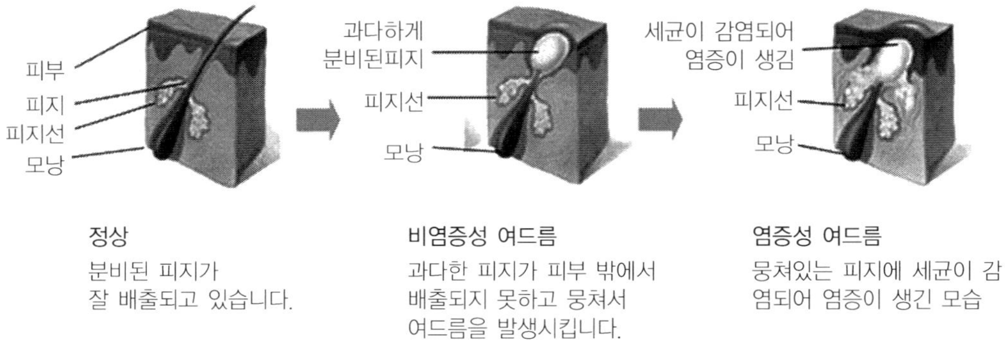


[그림 10.10] 여드름의 형성

## 1) 여드름의 원인

여드름의 원인 및 병인으로서는 androgen, 모낭의 이상 각화, Propionibacterium acnes, 염증 등이 있다. 즉, androgen인 테스토스테론이 피지선을 자극하여 피지분비를 증가시킨 결과로 피지 배출통로가 좁아진다. 그 결과 모공이 막히면 혐기성 세균의 증식이 일어나게 되고, 정상피부에도 소량 존재하고 있는 Propionibacterium acnes가 대량 증식하여 염증을 일으키게 된다. 이 세균은 지방분해효소인 triglyceride lipase를 분비하여 피지를 분해하고, 분해산물로 생성된 유리지방산이 더욱 모낭벽을 자극하여 진피 내의 염증이 악화된다.

## 2) 여드름의 분류

피부 관리학적으로 여드름을 정도에 따라 분류하면 아래와 같다.

**1** 검은 여드름(Black-head or open comedo)

기름이 털주머니의 잘록한 부분 속에 쌓여 딱딱하게 막히는 것이다. 여드름의 끝 부분이 검게 된 것은 공기 중에 노출되어 산화가 되었거나 먼지 같은 것이 묻어서 변화된 것이다.

**2** 흰 여드름(White-head or closed comedo)

자극을 받은 기름샘이 분비하는 기름의 양이 많아 모공 속에 막혀서 발생한다. 흰 여드름은 잘못 시술하면 노란 여드름처럼 염증이 쉽게 생긴다.

**3** 노란 여드름(Pimple)

모공에 고여 있는 기름이 세균에 감염, 모공이 파괴되면서 염증이 퍼진 상태의 여드름을 말한다.

**4** 심한 화농성 여드름(Cyst)

모공의 염증이 진피 깊은 곳에서 파괴되어 그 주위가 넓고 깊게 부풀어 딱딱하고 단단한 덩어리가 형성되어 통증이 심한 상태의 여드름을 심한 화농성 여드름이라고 한다.

여드름을 피부 의학적으로 분류하면 아래와 같다.

**1** 영아성 여드름(Infantile acne)

영아성 여드름은 노인의 여드름과 유사한 염증성 구진이나 농포를 형성하고 있는 신생아나 유아에게 드물게 일어나는 여드름의 변형성 질환이다.

**2** 응괴성 여드름(Acne conglobata)

응괴성 여드름은 성인에게만 존재하는 피지성 여포염증의 심한 질병이다. 임상적 병변은 낭, 종양, 염증성 소결절로 구성되어 있으며, 종종 얼굴을 제외한 체간에 주로 분포되어 있다.

**3** 괴사성 여드름(Acne necroticans)

괴사성 여드름은 보통 체간 상부에 발생하는 미란성의 질환이다. 여포염증은 매우 심하기 때문에 괴사가 발생한다.

**4** 전격성 여드름(Acne fulminans)

궤양을 일으키는 여드름 과정인 전격성 여드름은 폭발적으로 발생하며, 열, 백혈구 증가, 기타 전신성 증상 등을 수반할 수 있다.

**5** 부종성 여드름(Acne edema)

부종성 여드름은 안면을 흉하게 변형시키는 여드름이다. 여드름 자체는 대수롭지 않지만 여드름과 관련이 있는 염증의 아래에 있는 림프관을 경화시키며, 림프부종을 일으킨다.

**6** 관절병성 여드름(Acne arthropathy)

관절병성 여드름은 류마티스 관절염의 파괴적인 관즐병증을 암시하며, 염증성 여드름의 경화과정 중에 일어나는데, 이것은 면역학적인 문제로 발생되는 것으로 추측된다.

**7** 화장품성 여드름(Acne cosmetica)

화장품성 여드름은 성인 여성에게서 중금속이 함유되어 있는 미백효과가 있는 화장품의 사용으로 발생한다.

**8** 포마드 여드름(Pomade acne)

화장품성 여드름과 마찬가지로 포마드나 머리카락의 보호를 위하여 농도가 높은 기름을 사용하는 경우 피부가 검은 사람에게서 종종 발생한다.

**9** 세제성 여드름(Acne detergicans)과 물리적 여드름(Acne mechanica)

강제적인 세정에 의한 여드름을 세제성 여드름이라고 하며, 의복이나 헬멧에 의하여 반복되는 마찰로 발생하는 여드름을 물리적 여드름이라고 한다.

⑩ 스테로이드성 여드름(Steroid acne)

스테로이드성 여드름은 경구용이나 국소적인 부신피질 스테로이드 호르몬의 투여에 의하여 몇 일이나 몇 주 후에 일어나는 여드름상 모낭염이다.

⑪ 약품성 여드름(Drug acne)

많은 약품들은 여드름을 발전시킬 수 있는데, phenytion sodium과 isoniazid는 농포성 발진을 유발하고, 리튬은 심상성 좌창을 악화시킨다.

### 3) 여드름 치료

여드름은 세균에 의하여 피지선 내에 염증이 생겨서 나타나는 것이 일반적이며, 치료방법은 다양하게 알려져 있다. 그러나 여드름 치료는 근본적인 원인치료가 이루어져야하며, 단순히 피부만 치료한다면 악순환이 될 수 있다. 대체로 여드름의 발생원인은 장기 기능의 부조화에서 오는 경우가 많으며, 체내에서 발생된 열이 피부로 나와 생기기도 한다.

일반적으로 여드름에 좋은 음식은 감초, 된장, 쑥 등을 원료로 한 것들이 있으며, 여드름에 좋지 않은 음식은 튀김류, 육식, 다양하게 양념된 음식, 자극이 강한 음식, 인스턴트 식품, 인삼, 홍삼 등의 기능성 식품 등인 것으로 알려져 있다.

그리고 "미국피부과학저널"에 발표된 논문에 의하면 저혈당 지수 식품 즉, 섬유질과 복합 탄수화물이 많은 식품을 섭취할 경우 여드름 병변이 22% 감소하였다는 결과를 볼 때 고혈당 식품이 여드름에 나쁜 영향을 미치는 것으로 보인다.

이 외에도 여드름 원인균에 대하여 항균력을 나타내는 약용식물에 대한 연구도 많이 이루어져 천연성분을 이용한 여드름 치료제의 개발도 적극적으로 추진되고 있다. 특히 국내에서 자생하는 약용식물 중에서 황련, 단삼, 오배자, 찔레, 스테비아, 오이, 오디, 창포, 은방울 꽃, 생강나무, 후박, 구절초, 고삼, 관중, 지유 등이 여드름 원인균에 대하여 항균력이 있어 앞으로 획기적인 여드름 치료제의 개발이 기대된다.

★ 여드름 예방을 위한 생활 습관

1. 하루에 두 번이상, 문지르지 않고 자극을 최소화하여 세안하자.
2. 자외선을 피하자.
3. 술, 담배, 커피 등 자극적인 기호식품을 피하자.
4. 화장을 가볍게 하자.
5. 기름진 음식, 육류, 초콜릿, 가공식품, 인스턴트 식품을 피하자.
6. 혼자 자가 치료하는 것을 피하자.
7. 심한 운동을 피하자.
8. 사우나를 자주하지 말자.
9. 충분한 숙면을 취하자.

## 5. 피부미백과 영양

### 1) 기미

피부에 색소가 침착되어 나타나는 가장 대표적인 것이 기미이다. 기미는 우리 몸에서 만들어진 멜라닌(melanin)이 피부에 침착되어 나타나는 현상이다. 멜라닌은 우리 몸의 여러 곳에서 만들어 지는 색소로서 피부, 모구, 눈의 망막, 뇌막에서 만들어 진다. 멜라닌 색소는 표피에 가까이 위치할수록 흑갈색(Eu-melanin)을 띄며, 진피층에 깊이 존재할수록 적갈색(Phao-melanin)을 띈다. 피부에서 멜라닌이 만들어지는 곳은 멜라닌 생성세포로서 표피와 진피의 경계선상의 기저세포들 사이에 있다. 멜라닌의 생성과정은 그림 10.11과 같다.

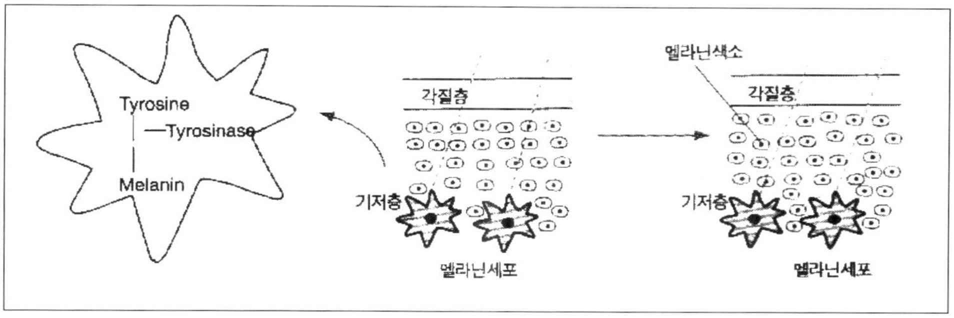


[그림 10.11] 멜라닌 색소의 형성과정

## 2) 기미의 원인

### (1) 유전적 요인

기미는 남성에 비하여 여성에게서 잘 생기도, 피부가 흰 사람보다 검은 사람에게서 잘 생긴다. 그리고 기미 환자의 30% 이상이 가족력에 있는 것으로 알려져 있다.

### (2) 자외선

자외선에 많이 노출되면 세포막 손상을 가져와 멜라닌 세포에서 멜라닌 생성이 촉진된다.

### (3) 호르몬

임신 중, 경구피임약 복용 중 기미발생이 높고, 폐경기 여성에서는 호르몬 보충요법을 받은 후 기미가 발생할 수 있으며, 심한 감정적 스트레스를 받은 경우에도 멜라닌 세포 자극 호르몬의 분비가 증가되어 기미의 발생 및 악화를 초래할 수 있다.

### (4) 내분비계 질환

난소질환, 갑상선기능 이상도 기미와 관련이 있는 것으로 보고되고 있다.

### (5) 광과민성 약물

일부 약물은 광독성 반응, 광알르레기를 유발하여 기미를 생성할 수 있다.

### (6) 화장품

피부에 맞지 않는 화장품을 사용하였을 때도 기미를 유발할 수 있는 것으로 알려져 있다.

## 3) 미백효과가 있는 식품

당근, 브로콜리, 시금치, 육류의 간 등에 함유되어 있는 비타민 A, 귤, 딸기, 토마토, 감잎, 참다래, 샐러리 등 비타민 C가 많은 식품, 곡물의 씨눈이나 콩류 등 비타민 B가 많은 식품, 그리고 과일, 야채, 도정하지 않은 곡류 등 식이섬유가 많은 식품 등은 부드럽고, 건강하면서 깨끗한 피부에 좋은 식품이다.

# 6. 모발의 구조

모발은 사람의 몸을 구성하고 있는 인체의 일부이므로 인체가 건강을 유지하기 위하여 각종의 영양소를 섭취하듯이 아름답고 건강한 모발을 유지하기 위해 모발이 필요로 하는 영양소를 충분히 섭취해야하며, 그 영양소들을 모근까지 원만히 수송할 수 있는 혈관의 역할도 매우 중요하다. 모발의 구조는 그림 10.12에서 보는바와 같다.

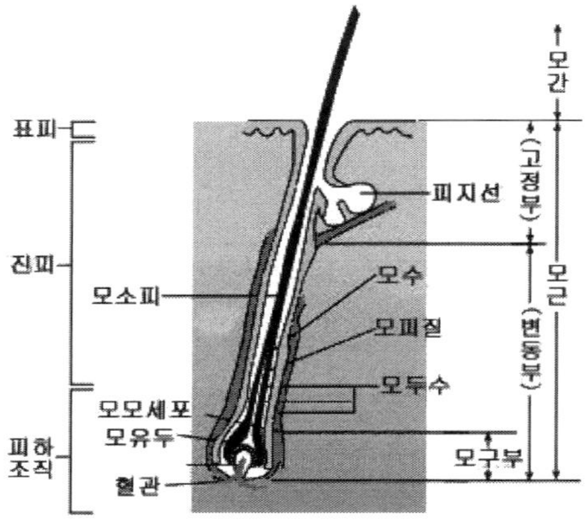


[그림 10.12] 모발의 구조

### 1) 모낭(Hair follicle)

모발은 모낭에서 만들어지며, 밖으로 나온 모간(hair shaft)과 피부 속에 묻혀있는 모근(hair root)으로 구성한다. 모낭은 머리털이 자라는 주머니같이 생긴 막으로, 모낭의 깊이는 탈모가 될 때 두피표면 가까이로 이동한다.

### 2) 모구(Hair bulb)

모구는 털의 뿌리부분의 둥근 모양으로 이 부분이 크고 튼튼하면 새 머리털이 잘 자라고 탈모 또한 많지 않다. 또 머리털을 강제로 뽑을 때 희고 끈끈한 것이 딸려 나오는데 이것이 바로 모구이다.

### 3) 모유두(Hair papilla)

모구 가장 아래쪽 중심에는 모유두가 있는데, 이 속에서 새 머리털이 되는 세포가 자란다. 모유두에는 모세혈관이 거미줄처럼 망을 형성하고 있으며, 아미노산, 미네랄, 비타민 등의 영양소와 단백질 합성 효소 그리고 산소가 공급되고 있다. 따라서 모유두의 활동이 왕성하면 모발이 건강하고 탈모가 적다.

### 4) 모모세포(Hair mother cell)

모모세포 모유두를 덮고 있으면서 모유두로부터 영양을 공급받아 끊임없이 세포분열을 하면서 증식을 되풀이한다. 모유두의 중심부에서는 모수질이 된 세포가 분열하고, 그 아래 부분으로부터는 모피질이 된 세포가 분열하며, 가장 아래 외측으로는 모표피가 된 세포가 분열하여 위로 올라간다.

# 7. 모발의 성장주기

모발은 일정한 주기를 갖고 성장하고 빠지며, 동일한 모낭에서 계속 다른 종류의 털을 생산해 내는데 손톱이나 발톱처럼 일생동안 계속해서 자라는 것이 아니라 일정 기간 동안만 성장하다가 빠져나가고, 빠져나간 바로 그 자리에서 다시 새로운 성장주기가 시작된다. 이 성장주기를 모주기라고 하며 성장기, 퇴행기, 휴지기의 3단계로 구분한다(그림 10.13 참조).

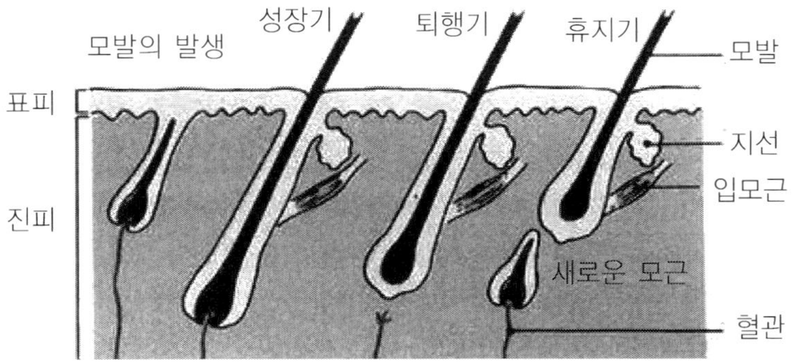


[그림 10.13] 모발의 성장주기

## 1) 성장기

모발이 계속 자라는 시기로 모낭의 기저부위 즉, 모구에서는 세포 분열이 활발하게 일어나며, 약 85% 정도가 성장기 모발이다.

## 2) 퇴행기

모낭의 성장활동이 정지되고 급속도로 위축되는 시기이며, 이때의 털 모양은 곤봉과 유사한 모양이 된다. 퇴행기 모발은 숫자가 적어 발견하기가 힘드나 보통 기간은 4주 정도인 것으로 알려져 있다.

### 3) 휴지기

우리 인체에서 쉽게 장식을 할 수 있는 부분이 바로 머리카락이다. 같은 사람이라도 헤어스타일과 전체 모발의 14% 정도가 휴지기이며, 휴지기는 약 3~4개월이다. 이 시기의 모낭은 활동을 완전히 멈추고, 머지않아 다가올 탈모를 기다리게 된다. 휴지기 모발의 기저부에서 새로이 나타나 자라게 되는 성장기 모발에 의해 밀려나 빠지게 되거나 자고 나면 베개에 머리카락이 떨어져 있거나 머리를 감을 때 빠지는 머리, 그리고 빗질을 할 때 쉽게 빠지는 머리카락들은 모두 휴지기의 모발이다. 휴지기는 다음의 새로운 모발이 준비되고 구세대는 물러나는 시기라고 할 수 있다.

## 8. 모발과 영양

모발의 영양은 무유두의 모모세포가 혈액으로부터 모근에 공급되어지며, 이 모근에서 영양을 흡수하여 분열 및 증식하고, 새로운 모발세포가 생겨난다. 모발성분은 대부분이 케라틴(keretin)이라는 경단백질로 이루어지고, 그 외에 지질, 미량원소, 색소 등으로 이루어져 있다. 케라틴은 18종의 아미노산이 결합되어 있는 결합 단백질이며, 모발에서 가장 중요한 영양은 케라틴을 구성하고 있는 아미노산인데, 그 중에서도 가장 많이 필요로 하는 것은 시스틴(cystine)이라는 황(S)을 함유한 아미노산이다. 이러한 아미노산은 인체에서 음식물로 공급받고 있으며, 주 공급원은 단백질이다. 섭취한 단백질은 위장에서 아미노산으로 분해되어 혈액에 의해 신체의 각 조직에 운반되고 흡수되어 인체에 필요한 단백질로 재합성 된다.

인체에 분포되어 있는 털은 남녀에 따라 다소의 차이는 있지만 대략 100만개 정도로 구성되어 있다. 그 중에서 모발은 사람에 따라 약간의 차이는 있으나 약 10만개~12만개로 구성되어져 있으며 머리를 외부의 충격에 대한 완충작용이나 직사광선에 의한 뜨거운 자외선의 피해를 줄여 주는 보호기능을 한다.

모발의 케라틴을 구성하는 아미노산은 시스틴이 가장 많고, 그 다음은 글루탐산이다. 케라틴은 아미노산의 합성에 의하여 만들어지기 때문에 아미노산이 모세포에 가장 중요한 원료인 것이다. 이러한 아미조산은 혈액에 의해 운반되지만, 그 근본은 역시 음식물로 섭취하는 단백질이다(표 10.1 참조).

모발은 모근 모유두의 모세혈관을 통해 영양분이 보내져 모발의 성장을 촉진시키므로 시스틴이 많이 함유된 대두, 멸치, 계란, 돼지고기,고 등어, 콩, 땅콩, 우유 등의 음식물을 먹어주면 좋지만 편식하지 않는 이상 일상의 음식물로도 충족되어진다. 그 외에도 비타민류나 미네랄의 섭취도 필요하다. 비타민은 건강한 피부를 만들며, 모발에 있어서 비듬과 탈모를 방지한다. 털의 영양 목적에는 아름답고 튼튼한 모발을 만들어 내는 것과 모발과 모유두의 결합을 좋게 하여 잘 빠지지 않게 하는 것이다

[표 10.1] 케라틴(keratin)을 구성하는 아미노산

| 아미노산명 | 성분함량 |
|---|---|
| 아스파르트산 (Aspartic acid) | 7.27 |
| 글루타민산 (Glutamic acid) | 15.00 |
| 류신 (Leucine) | 3.30 |
| 이소류신 (Isoleucine) | 0.21 |
| 글리신 (Glycine) | 6.50 |
| 시스틴 (Cystine) | 13.72~16.00 |
| 알라닌 (Alanine) | 4.40 |
| 발린 (Valine) | 4.72 |
| 티로신 (Tyrosine) | 5.80 |
| 트립토판 (Tryptophan) | 0.70 |
| 트레오닌 (Threonine) | 6.76 |
| 세린 (Serine) | 9.41 |
| 프롤린 (Proline) | 6.75 |
| 페닐알라닌 (Phenylalanine) | 3.70 |
| 메티오닌 (Methionine) | 0.71 |
| 알기닌 (Arginine) | 10.40 |
| 리신 (Lysine) | 3.30 |
| 히스티딘 (Histidine) | 0.70 |

## 1) 비타민과 모발

### (1) 비타민 A

모발의 건조를 예방하며 결핍되면 피지의 분비가 감소하고, 땀샘의 작용이 쇠약해지며 모공에 각화증을 유발한다. 그리고 모공의 각질층이 두꺼워져 출구를 막기 때문에 모발성장에 방해가 되며 피부와 모발이 건성으로 변하여 부서지거나 탈모가 촉진된다.

■ 급원식품

당근, 달걀 노른자, 우유, 동물의 간, 시금치, 호박, 버터, 마아가린, 장어 등

### (2) 비타민 $B_1$

부족하면 두피 건조증으로 인한 비듬을 발생시킨다.

■ 급원식품

콩류, 동물의 간, 보리, 현미, 땅콩, 효모, 돼지고기, 참깨, 마늘 등

### (3) 비타민 $B_2$

모발 성장에 도움을 주는 비타민이다. 결핍되면 피부가 건조하고 딱딱하게 되며, 모발이 쉽게 빠질 수 있다.

■ 급원식품

생선의 알, 동물의 간, 시금치, 효모, 토마토, 메주콩, 우유, 달걀 노른자 등

### (4) 비타민 C

항 스트레스성 비타민으로 스트레스로 인한 백모 현상을 예방하여 준다.

■ 급원식품

피망, 딸기, 레몬, 토마토, 녹황색야채, 푸른잎야채 등

### (5) 비타민 D

모발 발육, 재생에 탁월한 효과가 있으며 두피의 혈액순환을 원활하게 하여 모발에 윤기를 준다. 음식물로 섭취하지 않아도 일광을 쪼이면 피부에서 자연히 생기며, 여름에 일광욕을 하면 다리의 모발이 강하게 늘어난다. 이는 일광으로 인한 피부의 비타민 D가 많이 생겨 모발의 성장이 좋아지고 건강해지기 때문이다.

■ 급원식품

동물성 지방, 버터, 달걀 노른자, 동물의 간, 표고버섯 등

### (6) 비타민 E

난소의 활동을 활성화하고, 호르몬의 분비를 촉진하여 간접적으로 모발 성장에 도움을 준다.

■ 급원식품

치즈, 땅콩, 콩류, 참깨, 당근, 시금치, 동물의 간, 우유, 맥아, 밀배아, 효모 등

## 2) 무기질과 모발

### (1) 요오드(I), 철(Fe), 칼슘(Ca)

두피의 신진대사 촉진 작용을 원활하게 하여 모발의 발육에 도움을 준다.

■ 급원식품

해조류, 어패류, 쇠고기, 새우, 달걀 노른자, 감, 생선, 우유, 조개, 굴 등

### (2) 아연(Zn)

모발의 성장을 촉진시켜 윤기가 있고 튼튼한 모발을 만들며, 백모 예방을 돕는다. 결핍되면 탈모가 발생된다.

■ 급원식품

돼지고기, 쇠고기, 조개류, 동물의 간, 시금치, 낙화생, 콩류, 참깨 등

### 3) 단백질과 모발

사람의 몸을 구성하고 있는 피부, 모발, 손톱, 발톱, 근육, 내장기관 등을 구성하는 세포조직들은 모두 단백질로 이루어져 있다. 단백질의 섭취는 인체의 영양에 중요한 역할을 하지만 모발의 영양에 있어서도 매우 중요한 역할을 한다. 모발의 주성분은 케라틴이라는 단백질로서 모발에 있는 단백질의 90%를 차지하며, 18종의 아미노산으로 구성되어져 있으므로 단백질 섭취가 부족하면 모발에 있어 각종 노화현상이 촉진된다.

■ 급원식품

동물성 식품, 달걀, 콩, 두유, 우유 등

CHAPTER 11

# 기호식품과 건강

기호식품은 식품이 갖는 영양학적인 측면보다 섭취의 즐거움, 갈등해소, 향미, 습관성, 생리적 안정과 만족감 등의 이유로 많이 애용되고 있다. 그러나 기호식품은 긍정적인 영향을 주기도 하지만 부정적인 영향을 미치는 것도 많다. 기호식품을 과다하게 섭취하면 영양 불균형뿐만 아니라 중독 및 습관성을 초래할 수 있어서 기호품의 기능보다는 독성물질로 작용하여 인체에 악영향을 줄 수 있기 때문에 주의해야 한다.

## 1. 알코올과 건강

### 1) 알코올 대사과정

#### (1) 흡수

알코올은 1g당 약 7.1kcal의 에너지를 생산하지만, 에너지 외에는 다른 영양소가 없기 때문에 알코올의 열량을 empty calorie(빈열량)라고 한다. 알코올을 섭취하면 구강점막, 식도, 소장, 대장 등에서 흡수된다.

**1** 구강점막 및 식도

체내에 들어온 알코올은 구강점막 및 식드에서 소량만이 흡수된다.

**2** 위에서의 흡수

위에 들어온 알코올 중에서 10~30% 정도의 알코올은 위 점막에서 흡수되며 점막세포를 통과하여 모세혈관의 벽을 통해 혈관으로 들어가서 혈액에 용해되어 체내로 분산된다. 위 내 음식물이 있는 상태에서는 음식물이 알코올이 위벽에 직접 접촉하는 것을 막고, 알코올의 흡수를 지연시킨다.

**3** 소장에서의 흡수

위에서 흡수되고 남은 나머지 70~90%의 알코올은 소장으로 음식물과 함께 들어가 빠르고 완벽하게 흡수되어버린다. 그런 이유로 소장 다음의 대장은 알코올을 직접 받는 경우가 거의 없다. 소장에서 흡수된 알코올은 위에서와 같이 혈액에 용해되어 문맥을 통하여 간장으로 흘러 들어간다.

### (2) 알코올 흡수에 영향을 미치는 요인

알코올의 흡수는 여러 가지 요인에 의해 결정된다. 지방이 많은 음식물은 이동속도가 느려 알코올의 흡수를 느리게 하며, 공복 시에는 음식물과 함께 음주를 하는 경우보다 3~4배 빨리 흡수된다. 또한, 술을 빨리 마실수록 흡수되는 속도도 증가한다. 따라서 음주 시에는 알코올의 흡수를 줄일 수 있도록 반드시 안주와 함께 천천히 음주하는 습관을 가져야 한다. 한편, 술의 도수 즉, 술에 포함된 알코올의 농도도 흡수에 영향을 미치는 데 일반적으로 15~30%의 술이 가장 빨리 흡수된다. 흔히 마시는 폭탄주의 경우 알코올 함유량이 낮은 맥주(4~5%)와 높은 양주(30% 이상)가 섞여 가장 흡수되기 좋은 상태가 되어 각각의 술을 따로 마시는 경우에 비해 쉽게 취하게 되므로 주의하여야 한다.

알코올 농도가 낮고 탄산가스가 다량 함유된 맥주와 같은 술은 위 속의 음식물의 유무에 상관없이 혈중 알코올 농도의 상승 및 흡수의 차이를 보이지 않는다. 이것은 술에 함유된 탄산가스의 기포가 위의 유문을 자극하여 소장으로의 이동을 촉진시키기 때문이다.

반면 알코올 농도가 높은 술을 마시면 위의 유문이 경련을 일으켜 출구를 막기 때문에 위에서 머무는 시간이 길어지고 흡수도 나쁘게 된다. 따라서 고농도의 술을 빠르게 마셨을 때 구토, 메스꺼움, 울렁거림이 나타나는 이유도 이 때문이다.

### (3) 대사과정

위장에서 흡수되어 문맥을 통하여 들어온 대부분의 알코올은 화학 공장인 간에서 처리되는데, 알코올은 아세트알데히드(acetaldehyde)가 되고 이것은 다시 아세트산(acetic acid)이 되어 일부는 간장 밖으로 송출된다. 아세트산은 체내의 여러 세포에 도달하여 탄산가스와 물로 변하며 탄산가스는 폐에, 물은 신장에서 버려지게 된다. 그러나 간의 알코올 분해 능력은 한계가 있어서 분해 되지 못한 알코올이 혈액을 타고 온몸을 돌며 인체의 여러 장기에 치명적인 해를 끼칠 수 있다.

술을 빠르게 마시면 알코올은 빠르게 체내에 퍼지는데 공복 시에는 30분 이내에 60~90%, 1시간 이내에 95% 이상이 흡수된다고 알려져 있다. 알코올은 저분자의 수용성이기 때문에 흡수된 후 각 조직으로의 이동이 용이하다. 알코올이 혈중에서 장기조직으로의 이동을 결정하는 중요한 요인은 각 조직의 수분함량과 혈액 순환량인데, 특히 혈액 순환량이 큰 뇌, 간, 신장 등에서는 단시간 내에 알코올 농도가 혈중 알코올 농도와 평형상태가 된다.

근육조직은 간이나 뇌보다 혈액 순환량이 낮기 때문에 근육의 알코올 농도와 혈중 알코올 농도가 평형상태가 되기 위해서는 1시간 이상이 필요하다. 그러나 운동으로 근육조직의 혈액 순환량을 높여주면 근육으로의 알코올 이행이 빨라진다. 즉, 음주 중 활동을 많이 하면 할수록 술은 빨리 취한다.

혈중 알코올 농도는 섭취 후 단시간에 최고에 달하는데, 알코올은 각 장기조직에 축적됨과 동시에 대부분 화학적 변화를 통해 혈중 알코올 농도는 점차 낮아지며, 알코올 농도의 저하에 따라 각 조직에 축적된 알코올이 혈중으로 이동한다. 체내의 알코올은 이러한 순환을 반복하며 소실된다.

## 2) 알코올이 인체에 미치는 영향

알코올은 위 점막을 자극하여 위산분비를 촉진시켜 소화장애, 구토, 위염, 위궤양, 십이지장궤양, 췌장염 등을 유발한다.

알코올은 간 기능을 저하시켜 지질대사에서 지단백질(lipoprotein)의 합성에 이상을 초래하여 혈액 내의 중성지방의 합성이 높아져 지방간이 발생한다. 음주 후 간에 축적된 지방은 3일 정도 지나야 분해되는데, 간에 지방이 축적된 상태에서 계속 술을 마시면 지방간이나 알코올성 간염, 또는 간암까지도 발생한다.

술을 많이 마시면 대사 속도가 느려져 혈중 알코올이 순환되어 뇌의 기능을 마비시켜 자제력을 잃게 하며, 알코올 농도가 0.4%를 초과하면 혼수상태에 빠져 사망할 수도 있다.

또한 만성적인 음주는 중추신경계의 장애로 발음장애, 보행장애 등을 유발하며, 신경계통에 영향을 미쳐 기억력, 집중력, 판단력 등을 상실하게 한다. 그리고 뇌조직 자체가 알코올에 의하여 손상을 받기 때문에 알코올성 치매를 유발시킬 수 있다(표 11.1 참조).

[표 11.1] 알코올이 인체에 미치는 영향

| 부 위 | 증 상 |
|---|---|
| 뇌 | • 뇌세포 감소, 뇌기능 저하<br>• 지능저하, 기억력상실, 집중력 부족<br>• 알코올성 치매 |
| 식도 | • 식도염, 식도암 |
| 심혈관계 | • 고혈압<br>• 심장병 |
| 간 | • 지방간, 알코올성 간염<br>• 간경변 |
| 소화기관 | • 위염, 위궤양<br>• 췌장염, 당뇨병<br>• 십이지장염, 십이지장 궤양 |
| 피부 | • 피부탄력 및 재생능력 저하<br>• 화농성 여드름 악화 |

### 3) 알코올과 피부미용

음주는 간에 부담을 주어 체내의 독성물질들을 해독하는데 시간이 걸리게 하며, 피부세포에서 자외선에 의한 피부의 산화를 방지하는 글루타티온(glutathione)을 감소시켜 잔주름과 기미를 발생시키고, 장기간의 음주는 피부노화를 촉진시키고 탄력과 재생능력을 저하시킨다.

음주는 모세혈관을 확장시켜 화농성 여드름을 악화시키고, 수분손실을 증가시켜 피부를 거칠게 만들며, 혈액순환이 떨어져 피부의 재생능력이 늦어지므로 음주 후의 얼굴색을 검게 한다. 또한 과음으로 인하여 숙취를 해소하지 못하였을 경우 자율신경이 마비되어 피부가 거칠어져 화장이 잘되지 않는다. 그리고 모세혈관이 확장되고 축소되는 과정을 반복하면서 피부는 탄력을 상실하고, 모세혈관의 수축기능이 약해져 장기간의 과음은 피부가 계속 붉어지는 현상을 일으킬 수도 있다.

### 4) 바람직한 음주방법

술은 기호식품으로 적당량을 섭취하면 생활의 활력소가 되어 육체적, 사회적으로 안정감과 만족을 얻게 된다. 그러나 지나친 음주는 중독이나 습관성을 초래하여 개인의 육체적 질병유발뿐만 아니라 사회적으로도 많은 해를 끼치게 된다. 따라서 바람직한 음주문화를 정착시키기 위하여 모두 노력해야 한다.

① 공복에는 술을 마시지 않는다.
② 안주와 함께 마신다.
③ 다음 음주까지 3일 이상의 간격을 두고 마신다.
④ 술은 천천히 마신다.
⑤ 여러 종류의 술을 섞어 마시지 않는다.
⑥ 목욕 전에 마시지 않는다.
⑦ 되도록 적은 양을 마신다.
⑧ 말을 많이 한다.
⑨ 음주 전 또는 음주 중 숙취해소 음료를 마시지 않는다.
⑩ 음주 중 흡연을 하지 않는다.
⑪ 음주 후 운전은 절대 하지 않는다.
⑫ 불안 또는 스트레스 상태에서 마시지 않는다.

# 2. 흡연과 건강

## 1) 한국인의 흡연 실태

한국금연운동협의회의 조사결과에 따르면 2007년 우리나라 국민 전체 흡연율은 23.2%, 흡연자 수는 840만명이며, 성인 남성 흡연율 43.7%, 여성 흡연율 3.7%로 성인 남성 흡연율은 전년도 동기에 비해 2.2% 감소, 여성 흡연율은 0.9% 증가한 것이다.

연령별로는 30대(29.5%), 20대(26.9%), 40대(23.7%), 50대(19.8%), 60대(12.3%) 순이었으며, 성별로는 남성은 30대(54.6%), 20대(48.0%), 40대(44.2%), 50대(37.5%), 60대 이상(21.7%) 순이었고, 여성에서는 60세 이상(5.6%), 20대(4.8%), 30대(3.3%), 40대(2.4%), 50대(2.1%) 순이었다. 직업에 있어서는 블루칼라(47.8%), 자영업(36.3%), 농임어업(32.1%), 화이트칼라(26.6%), 학생(26.4%), 무직(26.1%), 가정주부(3.1%) 순으로 많이 피웠다.

## 2) 담배의 유해 성분

담배의 독성물질은 약 4,000종으로 알려져 있으며, 흡연할 때에 인체로 흡입된다. 담배의 연기성분은 기체성분과 미립자 성분으로 나눌 수 있다. 인체에 유해한 기체성분은 일산화탄소, 이산화탄소, 니트로자민, 시안화수소, 암모니아 등이 있다. 미립자 성분으로서는 니코틴, 타르, 석탄산, 크레졸, 비소, 벤조피렌 등이 있지만 가장 인체에 유해한 것은 타르, 니코틴 및 일산화탄소이다.

한번 흡입할 때 약 50mg의 담배연기가 흡입되는데, 이때 18mg의 미립자 성분과 32mg의 기체 성분이 흡입된다. 기체 성분의 약 5%는 일산화탄소이다. 한번 흡입된 담배의 유독물질 중 일산화탄소는 전량이 흡수되고, 니코틴의 90%는 뇌에 도달하며, 타르의 70% 정도가 기도에 축적하여 독성을 나타낸다.

### (1) 타르(Tar)

일반적으로 '담뱃진'이라고 부르는 타르는 흡연이 우리 건강에 해를 주는 대부분의 유해물질들의 원천이다. 타르는 200종 이상의 화합물로 구성되어 있으며, 폐암을 일으키는 원인이다. 담배가 800℃로 연소될 때 작은 입자로 되어 폐나 기관지로 들어가며, 입자의 크기가 10㎛ 이상인 것은 가래로서 밖으로 나오지만 1㎛ 전후의 입자는 60% 이상이 폐 속으로 들어가 배출되지 않는다.

타르는 호흡기 점막의 상피세포와 폐포 세포에 손상을 입히고, 그 결과로 폐에 비정상적인 세포들이 나타나서 폐암을 유발한다.

### (2) 니코틴(Nicotin)

담배 연기 속에 들어있는 니코틴은 강력한 습관성 중독을 일으키기 때문에 의학적으로는 마약으로 분류된다. 담배를 피우면 인이 박혀 담배를 끊을 수 없게 되고, 무의식적으로 30~40분에 한 대씩 담배를 피우게 되는데, 이것이 바로 니코틴의 작용 때문이다.

니코틴의 가장 중요한 작용이 심리적 효과이다. 니코틴은 정신적 안정감을 느끼게 하고, 긴장감이 해소되는 일시적인 진정 효과가 있다. 그러나 니코틴은 모세혈관 및 말초혈관 수축, 혈압 상승, 심박동 항진, 신경자극, 위산분비 증가, 혈청지질의 변화(LDL-콜레스테롤 증가, HDL-콜레스테롤 감소), 혈소판 응집력 증가 등의 작용이 있으며, 특히 혈관벽에 손상을 일으켜 동맥경화를 유발한다. 무엇보다도 습관성을 일으켜 담배를 계속 피우게 하는 것이다.

### (3) 일산화탄소(CO)

일산화탄소는 무연탄 냄새로 이미 우리에게 잘 알려진 물질이다. 담배를 피우는 것은 적은 양의 무연탄 냄새를 지속적으로 맡고 있는 것과 같다. 그러므로 담배를 계속 피우게 되면 결국 혈액의 산소 운반 능력이 떨어져 만성 저산소증 현상을 일으킴으로써 모든 세포의 신진대사에 장애가 생길뿐 아니라 노화현상을 일으키게 된다. 담배를 많이 피우거나 담배 연기가 자욱한 방에 오래 있으면 머리가 아프고 정신이 멍해지게 만드는 주범도 바로 일산화탄소이다.

일산화탄소의 환경기준은 24시간 생활공간에서 10ppm, 8시간 생활공간에서 20ppm으로 규정되어 있는데, 담배연기 속에는 최고 45,000ppm의 일산화탄소가 함유되어 있다. 따라서 흡연자의 산소 이용률은 비흡연자보다 20~30% 정도가 떨어진다. 일산화탄소의 혈중 농도가 2%에 도달하면 중추신경계의 기능이 떨어져 기억력이 감퇴한다.

### 3) 흡연과 질병

우리나라에서는 매년 49,000명이 흡연관련 질병으로 사망하고, 2030년이 되면 사망자가 10만명에 이를 것으로 추산하고 있다. 간접흡연의 피해도 심각해 부모 중 한명이 담배를 피우면 자녀가 폐렴이나 기관지염에 걸릴 확률이 1.7배 늘어나고, 부모 양쪽이 담배를 피우면 그 확률은 2.6배로 늘어난다. 세계보건기구(WHO)는 담배를 60여종의 발암물질과 4천여종의 화학물질이 들어있는 마리화나보다 더 중독성이 강한 독극물로 분류하고 있다.

흡연에 의하여 발생하는 암은 전체 암의 30~40% 정도인 것으로 알려져 있는데, 대표적인 암은 구강, 식도, 폐, 기관지처럼 담배연기가 직접 접촉하는 부위가 90% 정도이고, 자궁경부, 췌장, 방광, 위장 등도 흡연자가 비흡연자보다 발생률이 높은 것으로 알려져 있다.

흡연은 혈중 LDL-콜레스테롤을 증가시키고, HDL-콜레스테롤을 감소시킴으로서 고혈압, 동맥경화, 부정맥 등을 일으키는 요인이 된다.

### 4) 흡연과 피부미용

흡연은 심장과 폐처럼 내부 장기에 심각한 영향을 주지만, 피부와 체중 및 체형을 변화시킴 으로써 외모에도 영향을 끼칠 수 있다. 담배연기는 최소한 두 가지 방식으로 피부에 영향을 끼치는데 첫째, 공기 중으로 퍼진 담배연기는 피부표면을 건조시킨다. 둘째, 흡연은 혈관을 수축시켜 충분한 혈액이 피부에 공급되지 않도록 만들어 피부가 필요한 산소와 필수 영양분이 부족하게 한다. 또한 흡연은 피부 손상을 보호해주는 몸속의 비타민A를 고갈시킨다.

#### (1) 주름살의 증가

담배를 많이 오래 피울수록 얼굴 주름이 많아지는데, 30년간 하루에 한 갑씩(또는 두 갑씩 15년간) 담배를 피운 사람은 비흡연자에 비해 2.8배, 50년간 피운 경우는 5.5배 정도 주름살이 많은 것으로 알려져 있다.

### (2) 건선

건선은 생명을 위협하지는 않지만 매우 불편하고 미관상 좋지 않은 만성 피부질환이다. 흡연자가 건선에 걸릴 위험은 비흡연자보다 2~3배 정도 높다. 흡연을 많이 할수록 건선에 걸리기 쉬운데, 모든 건선환자의 1/4은 흡연으로 인해 발생한 것으로 알려져 있다.

## 3. 카페인과 건강

### 1) 카페인의 특성

카페인을 50~100mg을 섭취하면 각성 상태가 증가되고, 안정감이 느껴지며, 언어, 동작 등의 수행이 개선된다. 이런 효과 때문에 사람들이 카페인에 의존한다. 그러나 안절부절못함, 과민성, 흥분, 불면증이 나타날 수도 있다. 기타 카페인은 이뇨작용, 안면홍조, 심장근육 자극작용, 장운동 자극, 위액 분비 증가, 혈압상승 등의 효과를 가지고 있다. 대부분의 중독 증상은 카페인 섭취 후 6~16시간 동안 지속된다.

카페인을 500mg이상 섭취하면 중독증상이라고 부를 수 있는 증상이 나타난다. 그 증상은 용량에 비례하여 불안, 불면증, 불안정, 과민성, 정신신체증상 호소(예 : 근육 경련, 홍조, 불쾌감, 소변 과다, 소화기관 장애, 불면 등) 등이다. 개인에 따라 보다 소량에서도 이러한 중독증상이 나타날 수 있다.

섭취량이 하루 1,000mg이 넘으면 사고와 언어의 혼동, 부정맥, 격정, 흥분, 근육경련 등이 나타난다. 사람에 따라 이명과 눈에 섬광이 보이는 현상을 나타내기도 한다. 만성으로 카페인을 사용하다보면, 위장 운동을 자극하여 위궤양 등을 악화시킬 수 있으며, 심장 부정맥을 야기하기도 한다.

### 2) 금단증상

카페인 사용자의 25~100%에서 복용 중단 시 18~24시간 내에 금단증상을 경험한다고 한다. 대개 금단한지 12~24시간에 나타나며 24~48시간에 최고조에 달하고, 1주간 지속된다. 과량이 아니고 소량(매일 100~200mg)이라도 장기간 남용하면 금단증상이 나타날 수 있는 것으로 알려져 있다.

주된 증상은 두통이 가장 심하고, 졸음, 피곤, 불안, 정신운동 기능 수행 장애, 불쾌감, 구토, 하품, 카페인에 대한 갈망 등이다. 환자에 따라 특히 장기간 대량을 남용했을 때 금단 시 우울, 무쾌감증, 과민성 등을 나타낸다.

### 3) 부작용 및 독성

부작용은 개인의 감수성에 따라 차이는 있지만 많은 양의 카페인을 섭취하게 되면 심장 박동이 증가하기도 하고 불규칙해지기도 한다. 지나친 카페인의 섭취가 두통을 일으키는 지의 여부는 아직 알려져 있지 않다. 다만 초조, 불안, 발한, 안면 홍조, 소화장애, 복통, 설사 등 장운동의 항진 그리고 위궤양 등이 관찰되거나 악화된다. 기타 빈뇨, 방광의 과민성 등 비뇨기계 증상, 손발의 저림 그리고 이명, 섬광이 비치는 듯한 감각장애 등이 관찰된다.

과도한 카페인의 사용은 기분장애, 식사장애, 정신병적 장애, 수면장애 그리고 물질관련 장애와 흔히 관련된다. 드문 보고이기는 하지만 카페인 남용은 심혈관계 장애, 유방 질환, 암의 발생(방광, 췌장)등과 관련된다는 연구도 있다.

태아에 대한 장기간의 카페인 노출이 미치는 영향에 대해서는 연구가 부족하지만, 태아, 영아 그리고 어린이는 카페인에 대하여 견디는 능력이 부족하다. 임산부 역시 카페인을 대사하는 능력이 감퇴됨으로 임신 시 카페인 섭취를 삼가는 것이 좋다.

# 부록 찾아보기

ㄷ



ㄹ



ㅁ

ㅂ

ㅅ



ㅇ

ㅈ



ㅊ



ㅋ

ㅎ

# 참고문헌


강갑석 외 4인 『식품과 건강』 형설출판사, 2003
강남이 외 3인 『영양생리학』 지구문화사, 2000
김갑순 외 10인 『기초영양학』 도서출판 효일, 2006
김광옥 외 1인 『청소년의 여드름과 정서상태와의 관련성 연구』 한국미용학회지 제5권 1999
김기현 『피부의 자연노화와 광노화에 대한 비교 연구』 한국미용학회지 제3권 1997
김숙희 외 7인 『영양학』 신광출판사, 2006
김종대 『여드름의 피부관리 및 예방에 관한 연구』 한국미용학회지 제1권, 1995
농촌진흥청 축산기술연구소 『콜레스테롤의 새로운 탐구』 농촌진흥청, 1999
박성수 『최신 식품학』 형설출판사, 2007
보건복지부 식품의약품안전본부 『한국식품성분표』 도서출판 특수교육, 1996
(사)한국식품기술사협회 『제19차 정기총회 및 기술세미나』 (사)한국식품기술사협회, 2007
이규한 『식품화학』 형설출판사, 1997
이성호 외 10인 『인체 해부학』 현문사, 1999
이성우 외 1인 『신편 종합영양화학』 동명사, 1997
이양우 외 2인 『건강기능식품의 제조와 이해』 월드사이언스, 2007
이현화 『피부노화에서 주름과 그 관리방법에 관한 고찰』 한국미용학회지, 제5권 1999
임영희 외 3인 『식생활과 다이어트』 형설출판사, 2004
장유경 외 2인 『기초영양』 형설출판사, 2004
정동효 외 7인 『생화학』 선진문화사, 1997
정영태 외 7인 『인체해부생리학』 청구문화사, 2004
최영선 외 3인 『영양판정』 형설출판사, 2007
中村 食 외 5인 『식품기능화학』 지구문화사, 2000
김명숙 외 3인 『미용영양학』 훈민사, 2003
곽진희 외 2인 『미용과영양』 청구문화사, 2004
김순옥 외 6인 『미용영양학』 수문사, 2002
Hatzis, J. 『The wrinkle and its measurement-A sking surface profilometric method』 Micron, Vol. 35, 2004
Ishitsuka, Y. etc. 『A novel anti-photoaging ingredient with the effect of iron sequestering』 Journal of Dermatological Science Supplement, Vol 1, 2005
Kanda, N. and Watanabe, S. 『Regulatory roles of sex hormones in cutaneous biology and immunology』 Journal of Dermatological Science, Vol 38, 2005
Kim, H, J. etc. 『Synthesis and in vitro biological activity of retinyl retinoate, a novel hybrid retinoid derivative』 Bioorganic & Medicinal Chemistry, Vol. 16, 2008
Lehninger, A. L. 『Principles of Biochemistry』 Worth Publishers, 1982
Stryer, L. 『Biochemistry』 Freeman, 1981
Tver, D. F. etc. 『The Nutrition and Health Encyclopedia』 Van Nostrand Reinhold, 1989
http://www.bioeducatio
http://www.mohw.go.kr
http://www.nbc6.net
http://www.nmaseminars.com/osteoDESCRIPTION.html
http://www.nso.go.kr
http://www.onlinepharmacydirect.com/procedure/Thyroid_Blood_Tests.html
http://www.portfolio.mvm.ed.ac.uk/studentwebs/session4/60/M.htm
http://www.wpclipart.com/medical/bones/
http://www1.moe.edu.sg/learn@/quest/winners/secondary/st_anthony_canossian
http://phamacy-and-drags
http://blog.daum.net/philipmed/3520116
http://blog.naver.com/jonnys/4002436422
http://blog.naver.com/mokichoi/80039087949
http://blog.naver.com/manchess01/150037208114
http://bueb125.com.ne.kr/gongbu_1_41.htm
http://cafe.daum.net/binuage/1×Iy/4
http://kr.blog.yahoo.com/chgsn21
http://kr.blog.yahoo.com/chods5200
http://kr.blog.yahoo.com/dr_kaljaby
http://kr.blog.yahoo.com/ekfahsh
http://kr.blog.yahoo.com/esarang@ymail.com
http://kr.blog.yahoo.com/hanhua23
http://kr.blog.yahoo.com/hl5uwr
http://kr.encycl.yahoo.com/enc/info.htm/1328660
http://knhanes.cdc.go.kr/result/Result_03.aspx
http://pharma.kolon.co.kr:8080/test/newstopic/main_contents.jsp
http://science.kongju.ac.kr/highschool/bio/bio2/con222104a.html

## 저자 소개

윤동화(대구공업대학교 뷰티아트디자인계열 교수)
염 걸(부산여자대학교 보건행정과 교수)
조희숙(삼육보건대학교 피부미용과 교수)
김은주(김천대학교 보건건강관리학과 교수)
정인철(대구공업대학교 호텔외식조리계열 교수)

알/기/쉬/운 영양학

2012년 8월 17일 1판 1쇄 인쇄
2012년 8월 22일 1판 1쇄 발행

지은이: 윤동화 · 염걸 · 조희숙 · 김은주 · 정인철
펴낸이: 박정태

펴낸곳: 광 문 각

413-756
경기도 파주시 문발동 파주출판문화도시
500-8번지 광문각빌딩 4층
등 록: 1991. 5. 31 제12-484호
전 화(代): 031)955-8787
팩 스: 031)955-3730
E-mail: kwangmk@unitel.co.kr
홈페이지: www.kwangmoonkag.co.kr

ISBN : 978-89-7093-699-4 93590

정가 : 20,000원

한국과학기술출판협회회원
KSPA